W0192251

Persönlichkeits-typologie

Instrument der Mitarbeiterführung
Mit Persönlichkeitstest

von
Professor
Dr. Hans Jung

3., vollständig überarbeitete und wesentlich erweiterte Auflage

Oldenbourg Verlag München

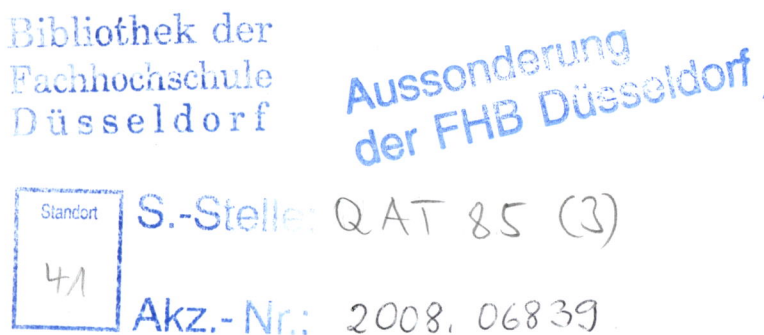
Bibliografische Information der Deutschen Nationalbibliothek

Die Deutsche Nationalbibliothek verzeichnet diese Publikation in der Deutschen
Nationalbibliografie; detaillierte bibliografische Daten sind im Internet über
<http://dnb.d-nb.de> abrufbar.

© 2009 Oldenbourg Wissenschaftsverlag GmbH
Rosenheimer Straße 145, D-81671 München
Telefon: (089) 45051-0
oldenbourg.de

Lektorat: Wirtschafts- und Sozialwissenschaften, wiso@oldenbourg.de
Herstellung: Anna Grosser
Coverentwurf: Kochan & Partner, München
Coverbild: Marius Largu
Gedruckt auf säure- und chlorfreiem Papier
Druck: Grafik + Druck, München
Bindung: Thomas Buchbinderei GmbH, Augsburg

ISBN 978-3-486-58643-5

Inhaltsverzeichnis

Vorwort

Die veränderten Bedürfnisstrukturen des arbeitenden Menschen, der Arbeitsmarkt, die gewandelte wirtschaftliche und gesellschaftliche Situation, all dies zwingt jeden Betrieb und jede Führungskraft, sich intensiv mit den Mitarbeitern, aber auch mit sich selbst, zu beschäftigen.

Um diesem Anspruch gerecht zu werden, muss die Führungskraft ihre Menschenkenntnis verbessern, will sie den Menschen im Betrieb gerechter werden. Bessere Menschenkenntnis der Führungskraft heißt aber auch, bei der Wahl neuer Mitarbeiter urteilsfähiger zu werden sowie bei Beförderungen von Mitarbeitern diejenigen herauszufinden, die am besten für die neue Position geeignet sind.

Dieses Buch soll der Führungskraft die Möglichkeit geben, ihre Menschenkenntnis mit Hilfe der Persönlichkeitstypologie zu verbessern. Als eine moderne und praxisnahe Methode hat sich die Persönlichkeitstypologie von Riemann erwiesen.

Fritz Riemann hat eine psychoanalytische Studie über die möglichen Charaktere von Menschen entwickelt. Er unterscheidet vier Charaktere, schizoid, depressiv, zwanghaft und hysterisch, die er aus Krankheitsbildern abgeleitet und an Beispielen verdeutlicht hat. Die Entstehungsgeschichte und die detaillierte Beschreibung der einzelnen Charaktere geben ein genaues Typenbild ab.

In der Literatur wird Riemann als ein Schüler von Schulz-Hencke angesehen, da er die wissenschaftlich fundierten Ergebnisse der Charakterformen von Schulz-Hencke übernommen und erweitert hat. Eine Aktualisierung erhält die riemannsche Typologie durch Karl König.

In diesem Buch wird zunächst die riemannsche Persönlichkeitstypologie in einer neugegliederten Fassung dem interessierten Leser näher gebracht, so dass er die Charaktere leichter miteinander vergleichen kann. Darauf aufbauend wird die Bedeutung der Persönlichkeitstypologie für die Führungskraft veranschaulicht. Die Einschätzung der Leistungsfähigkeit der einzelnen Persönlichkeitstypen und das Modell der Mitarbeit sollen der Führungskraft die Möglichkeit geben, sich selber besser einzuschätzen, das eigene Verhalten in typischen Situationen objektiver zu beurteilen sowie das Entwicklungspotential ihrer Mitarbeiter zu steigern.

Hans Jung

Vorwort zur 2. Auflage

Nachdem die 1. Auflage sehr schnell vergriffen war, habe ich mich entschlossen, die erfolgreiche Konzeption des Buches beizubehalten. Auf vielfachen Wunsch habe ich im Anhang zusätzlich einen Persönlichkeitstest beigefügt, aus dem der eigene Charaktertyp erkennbar wird.

Mein Dank gilt allen StudentInnen, KollegInnen, und PraktikerInnen, die an dem Test teilgenommen und wertvolle Anregungen gegeben haben. Dem Lektor des Verlages, Herrn Dipl.-Volksw. Weigert, danke ich für die gute und vertrauensvolle Zusammenarbeit.

Hans Jung

Vorwort zur 3. Auflage

Die dritte Auflage wurde komplett überarbeitet und erweitert. Zur Einführung in die Thematik wurde auch ein Überblick über einige weitere Typologien vorgestellt. Außerdem wurde die Transaktionsanalyse neu aufgenommen, da sie ebenfalls ein wichtiges Instrument für die Mitarbeiterführung und Kommunikation darstellt und vom Verfasser auch häufig in Führungskräftetrainings eingesetzt wird.

Ich danke allen Lesern, die durch Ihre Anregungen zur Verbesserung und Weiterentwicklung des Buches beigetragen haben. Für die Unterstützung bei der Überarbeitung des Buches gilt mein besonderer Dank Frau Kuschka. Dem Lektor des Verlages, Herrn Dr. Schechler, und seinen Team danke ich für die bewährte und vertrauensvolle Zusammenarbeit.

Hans Jung

Einleitung

Jeder Mensch ist ein einzigartiges soziales Wesen und dort, wo Menschen gemeinsam miteinander leben, entstehen Konkurrenz und Konflikte. Dies ist alltäglich in sozialen Gebilden wie in einer Familie, in intimen Beziehungen, in Teams, im Freundeskreis sowie im Berufs- und im Arbeitsleben. Eine Beseitigung sozialer Konflikte ist daher ausgeschlossen. Es gilt daher Strategien für das Management und die Personalführung zu entwickeln, die zu einer Analyse und zur Reduzierung sozialer Konflikte im Unternehmen und in der Arbeitswelt beitragen können.

Bei der Betrachtung ökonomischer Sachverhalte in Theorie und Praxis kommen verstärkt verhaltenswissenschaftliche Aspekte des Handelns zum Einsatz. Immer mehr setzen sich Manager mit der sozialen Analyse ihrer Human Ressourcen auseinander. Verhalten ist nicht nur analysierbar, sondern bezogen auf die Interessen einer Unternehmung steuerbar. Die Persönlichkeitstypologie kann dazu beitragen, zwischenmenschliche Beziehungen angenehmer zu gestalten und entfaltet damit in den Unternehmen unterstützende Kraft.

Individuen reagieren unterschiedlich und auf ihre besondere Art und Weise in den verschiedenen Lebenssituationen. Diese Reaktionen sind meist einem bestimmten Charakterbild zuzuordnen. Wie sich Charaktere zusammensetzen, wann sie sich herausbilden und wie sie sich über die Lebensbiographien entwickeln, ist bisher wenig bekannt. Eine kontinuierliche Analyse ist daher erforderlich.

Die Persönlichkeitstypologie ist nicht nur für Führungskräfte ein wichtiges und hilfreiches Mittel, seine Mitarbeiter besser zu verstehen, zu beurteilen und stellengerecht einzusetzen, sondern sie kann auch jedem Einzelnen das persönliche Alltagsleben erleichtern. Sie gibt Hilfestellungen, um mit den einzelnen Charaktertypen besser umgehen zu können oder sich auf deren Verhaltensweisen einzustellen und bestimmte Verhaltensweisen richtig zu interpretieren.

Gerade im Berufsleben von Führungskräften spielt die Kenntnis über die Besonderheiten bestimmter Charaktertypen eine wichtige Rolle. Bereits vor über 1500 Jahren sagte Augustinus, dass die Hand nur das Werkzeug des Geistes sei.[1] Der Bedeutungszuwachs der Unternehmenskultur zieht eine Auseinandersetzung mit den verschiedenen Charakteren bzw. Persönlichkeiten nach sich und kann so langfristig zum Unternehmenserfolg beitragen.

Nicht mehr nur den harten Faktoren (Organisationsstruktur, Produkt und Steuerung / Kontrolle), sondern auch den weichen Faktoren (Werte, Personal, Spezialkenntnisse und Führungsstil) eines Unternehmens, wird eine immer stärkere Bedeutung beigemessen.[2]

In jedem Menschen stecken Kreativität und positive Eigenschaften, die es zu wecken gilt, da nicht jeder in der Lage ist, aus sich heraus zu gehen und sich zu öffnen. Dies sind jedoch Potenziale, auf die eine Führungskraft in seiner Aufgabenverteilung baut.

---

[1] Vgl. Eiguer A.: Ganz gewöhnliche Scheusale und wie man sie erkennt, Originalausgabe, München 2002
[2] Vgl. Jung H.: Personalwirtschaft, 8. Aufl., München/ Wien 2008, S. 836 ff.

Des Weiteren können ebenso negative Charaktereigenschaften erkannt und ihnen entgegengewirkt werden, bevor es durch Täuschung zur Manipulation kommt oder gar durch berechnende, durchtriebene Charaktere herbeigeführt wird.

Ein weiterer Anhaltspunkt für die Bedeutsamkeit der Persönlichkeitstypologie ist die Analyse interner und externer Bewerbungen. Die Eignung eines Bewerbers für eine Stelle wird heute im Wesentlichen durch die Persönlichkeit bestimmt. Das heißt nicht, dass fachliche Fähigkeiten und Fertigkeiten unwichtig sind, jedoch unterliegt das geistige Potenzial und Wissen ebenso einem ständigen Wandel.[3]

Die Charaktereigenschaften, welche die Persönlichkeit eines Menschen bilden, sind determiniert und somit ein wichtiges „Werkzeug" für Führungskräfte im Bewerberverfahren, wie es auch in einem Assessment-Center angewendet wird.

Das Personal eines Unternehmens bildet einen wichtigen Faktor, da es oft im Besitz von ungeschriebenem Know-how ist, welches bei Fluktuation verloren geht und somit ist das Bestreben des Personalmanagements nach dem Finden und der Bindung dieser Mitarbeiter von großer Bedeutung. Für die Bindung der wertvollen Mitarbeiter müssen die Leistungsträger erst identifiziert werden. Die Persönlichkeitstypologie unterstützt daher maßgeblich die Erstellung von Personalportfolios.

Dies sind nur einige Bereiche, in denen die Persönlichkeitstypologie ihre Anwendung findet. Auch Mitarbeitern ist es wichtig, ihre Vorgesetzten richtig einzuordnen und zu wissen, wie die Charaktere in bestimmten Situationen reagieren. Eine Grundkenntnis in der Persönlichkeitstypologie ist somit wichtig und für jedermann durchaus im Alltags- und Berufsleben von großem Nutzen. Es schadet nicht zu wissen, mit wem man es zu tun hat.

Nach einer Einführung in die Persönlichkeitstypologie im Kapitel A werden im Kapitel B die sogenannten klassischen Persönlichkeitstypologien vorgestellt und im Kapitel C einige neuere Typologiemodelle angesprochen.

Ein weiteres Erklärungsmodell zur Psychologie der menschlichen Persönlichkeit stellt die Transaktionsanalyse dar, die in einem eigenständigen Kapitel behandelt wird. Ein praktischer Übungsteil soll zum besseren Verständnis beitragen.

Einen weiteren Schwerpunkt stellt der tiefenpsychologische Ansatz von Fritz Riemann dar. Die Charaktertypologie von Riemann bildet den Hauptteil dieses Buches und gibt typische Verhaltensweisen und Eigenschaften der schizoiden, depressiven, zwanghaften und hysterischen Persönlichkeit wieder. Mit den detaillierten Darstellungen können Persönlichkeiten durch charakteristische Verhaltensweisen einfacher identifiziert werden.

Um zu erfahren wer man selbst ist (Introspektion), befindet sich im Anhang ein Test zur besseren Erkenntnis und Beurteilung des eigenen Charakterbildes sowie zur Selbsterforschung und –analyse der Persönlichkeit.

---

[3] Vgl. Titze C., Rischar K.: Methoden der Persönlichkeitsanalyse, 2. Aufl., Renningen 2002

A Einführung in die Persönlichkeitstypologie

1 Wie ist Persönlichkeit definiert?

Menschen unterscheiden sich in vielerlei Hinsicht und das nicht nur durch ihr Aussehen, durch ihre Hautfarbe, das Geschlecht oder die Herkunft. Auch das Handeln und die Verhaltensweisen sind unterschiedlich. Die einen sind offener gegenüber anderen Menschen, während andere Probleme haben auf andere zuzugehen und sich ihnen zu öffnen. Andere reagieren grundlos mit Ablehnung auf andere Menschen. Aber alle suchen Antworten auf Fragen, wie:

- **Wer bist Du? – Die Frage nach dem anderen als Person.**

- **Wer bin ich? – Die Frage nach meiner Person.**

- **Wie wurde er/sie zu dem, was er/sie ist? – Die Frage der Lebensbiografie.**

- **Warum verhält er/sie sich gerade so und nicht anders?[4] – Die Selbstdiagnose.**

Die Frage, wie man Persönlichkeit definieren kann, ist auch unter Psychologen nicht einfach zu beantworten. Der Begriff Persönlichkeit ist davon abhängig, wer ihn in welchem Zusammenhang definiert, das heißt nach theoretischer Zuordnung oder Forschungsstadium. Generell versteht man unter dem Begriff Persönlichkeit einen Menschen mit gefestigtem Charakter. Das Wort Person stammt vom lateinischen **persona** und bedeutet so viel wie „Maske des Schauspielers".[5] Eine Persönlichkeit entwickelt sich im Laufe der Biographie eines Menschen. Jeder Mensch nimmt für ihn typische Charakterzüge und Verhaltensweisen wie eine Rolle an, die er nur schwer wieder ablegen kann.[6]

Es gibt sehr viele Erklärungsversuche des Begriffes Persönlichkeit. Hier seien einige Beispiele beziehungsweise Definitionen angeführt:

Eysenck (1970):

Persönlichkeit ist "die mehr oder weniger stabile und dauerhafte Organisation des Charakters, Temperaments, Intellekts und Körperbaus eines Menschen, die seine einzigartige Anpassung an die Umwelt bestimmt.

Der **Charakter** eines Menschen bezeichnet das mehr oder weniger stabile und dauerhafte System seines konativen Verhaltens (des Willens); sein Temperament das mehr oder weniger stabile und dauerhafte System seines affektiven Verhaltens (der Emotion oder des Gefühls); sein Intellekt, das mehr oder weniger stabile und dauerhafte System seines kognitiven Verhaltens (der Intelligenz); sein Körperbau, das mehr oder weniger stabile System seiner physischen Gestalt und hormonalen Ausstattung".

---

[4] Vgl. Simon, W.: GABALs großer Methodenkoffer, Persönlichkeitsentwicklung, Bad Nauheim 2007
[5] Vgl. Duden, Das Herkunftswörterbuch, Band 7, 3. Aufl., 2001
[6] Vgl. GABAL's großer Methodenkoffer, a.a.O., S. 20 ff.

Pawlik (1973):

„Gesamtheit reliabler inter- und intraindividueller Unterschiede im Verhalten, sowie deren Ursachen und Wirkungen"[7]

Guilford (1974):

„Die Persönlichkeit eines Individuums ist seine einzigartige Struktur von Persönlichkeitszügen (Traits)... Ein Trait ist jeder abstrahierbare und relativ konstante Persönlichkeitszug, hinsichtlich dessen eine Person von anderen Personen unterscheidbar ist."[8]

Fiedler (1997):

„Persönlichkeit und Persönlichkeitseigenschaften eines Menschen sind Ausdruck der für ihn charakteristischen Verhaltensweisen und Interaktionsmuster, mit denen er gesellschaftlich-kulturellen Anforderungen und Erwartungen zu entsprechen und seine zwischenmenschlichen Beziehungen auf der Suche nach einer persönlichen Identität mit Sinn zu füllen versucht. Dabei sind jene spezifischen Eigenarten, die eine Person unverkennbar typisieren und die sie zugleich von anderen unterscheiden, wegen ihrer individuellen Besonderheiten immer zugleich von sozialen Regeln und Erwartungen mehr oder weniger abweichende Handlungsmuster."

Bronisch (2000):

„Persönlichkeitsstörungen sind gekennzeichnet durch charakteristische, dauerhafte (zeitlich stabile) innere Erfahrungs- oder Verhaltensmuster des Betroffenen, die insgesamt deutlich von den kulturell erwarteten Normen abweichen (einige Verhaltensweisen werden heute nicht mehr als Persönlichkeitsstörungen diagnostiziert, da sich die sozialen Normen geändert haben, z.B.: wird die Diagnose „sexuelle Haltlosigkeit" nicht mehr gestellt). Durch das Verhalten kommt es zu Leidensdruck des Betroffenen und / oder nachteiligem Einfluss auf die soziale Umwelt."

Die verschiedenen Persönlichkeitsstörungen werden allgemein in **drei Hauptgruppen** zusammengefasst:

- paranoide und schizoide Persönlichkeitsstörungen,

- dissoziale, emotional instabile, histrionische und narzisstische Persönlichkeitsstörungen

- ängstliche, abhängige, zwanghafte und passiv-aggressive Persönlichkeitsstörungen

---

[7] Pawlik, K.: Zur Frage der psychologischen Interpretation von Persönlichkeitsfaktoren, Arbeiten aus dem Psychologischen Institut der Universität Hamburg Nr. 22, Hamburg 1973, S. 3

[8] Guilford, J.: Persönlichkeitstypologie, 4. Aufl., Weinheim 1974, S. 6

2   Die Entstehung der Persönlichkeit

Persönlichkeit ist uns nicht von Geburt an automatisch gegeben, sie ist vielmehr eine ständige Anpassung individueller Eigenschaften an die Umweltbedingungen.

Die Entwicklung einer Persönlichkeit erfolgt mit dem Zeitpunkt der Geburt und ist ein lebenslanger, dynamischer Prozess. Hierbei wird die Person, die eine solche ausbildet, von vielen anderen Personen und Umwelteinwirkungen beeinflusst; aber auch die genetische Struktur hat einen wesentlichen Beitrag bei der Herausbildung der individuellen Unterschiede einer Persönlichkeit.

Zu den genetischen Faktoren lässt sich sagen, dass sie nicht nur für die äußerlichen Merkmale zuständig sind, sondern auch für persönlichkeitsbestimmende Charaktereigenschaften, wie zum Beispiel Emotionen und soziale Kompetenz.

Die Umwelt eines Menschen, die auf die Persönlichkeit einen Einfluss hat, setzt sich aus so genannten **inneren** und **externen Faktoren** zusammen.

- Die **inneren Faktoren** werden durch Gewohnheiten, durch zu lösende Konflikte im Alltag, durch verarbeiten von Informationen und ähnlichen bestimmt.

- Die **externen Faktoren** sind ebenfalls sehr vielfältig. Sie werden durch die Familie, Freunde, Medien, den Beruf oder durch traumatische Erlebnisse (wie zum Beispiel Krieg, Naturkatastrophen, Verbrechen) bestimmt.

Die externen Faktoren können in **vier große Gruppen** unterteilt werden, die in der folgenden Abbildung dargestellt sind:

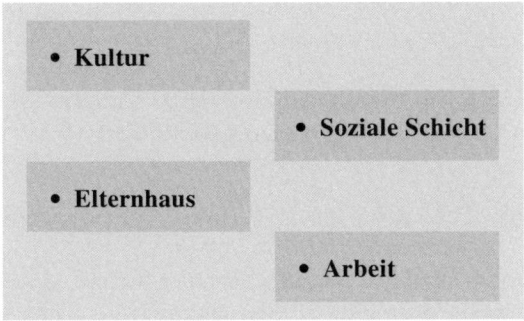

Der Mensch wird durch die Umwelt beeinflusst, aber er beeinflusst auch seine Umwelt. So ruft beispielsweise das gepflegte Äußere bei den meisten Menschen eine andere Reaktion hervor, als ein ungepflegtes Erscheinungsbild.

Zusammenfassend gilt, dass nicht nur die Umwelt und die Gene den Menschen beeinflussen, sondern, dass ebenso eine starke Interdependenz zwischen Person und Umwelt existiert.

B Klassische Charaktertypologien

Das Verlangen, menschliches Handeln zu ordnen und vergleichbar zu machen, wurde schon sehr frühzeitig untersucht, um die Individuen in Charaktertypologien einteilen und somit deren Reaktionen verstehen und vergleichen zu können. Die zur Bewertung und Klassifizierung herangezogenen Merkmale, wie etwa Aussehen, Körperbau, Kindheit oder Reaktionsweisen, sind zumeist unterschiedlichster Art. Ein Vergleich differierender Typenlehren ist somit meist unmöglich, einige wenige können jedoch auch als Ergänzung oder Basis für andere Theorien verwendet werden.

Im Altertum finden sich erste Bestrebungen, menschliche Eigenarten und Auffälligkeiten zu vergleichen und zu klassifizieren. Hierbei wurden Charakteristika hauptsächlich zurückgeführt auf kosmische und biologische Beobachtungen, denen eine Wirkung auf das menschliche Verhalten unterstellt wurde. Astrologen bezogen sich hierbei auf den Lauf der Sterne und deren Konstellation bei der Geburt eines Menschen. Ärzte, wie etwa der Grieche Hippokrates (406 - 377 v. Chr.), leiteten Verhaltensweisen einzelner Personen von in deren Körpern vorhandenen „Säften" ab.

Im Folgenden werden beispielhaft einige klassische Typenlehren kurz dargestellt. Diese Charaktertypologien wurden bewusst als Vertreter unterschiedlicher Richtungen ausgewählt. Im Einzelnen sind dies

- eine antike Theorie nach **Hippokrates**,

- eine vorrangig auf körperbauliche Aspekte bezogene nach **Kretschmer**,

- eine psychologische unter besonderer Berücksichtigung des Verhältnisses zwischen Mensch und Umwelt nach **C. G. Jung** und

- eine tiefenpsychologische unter besonderer Berücksichtigung des Individuums und dessen Kindheit nach **Freud**.

Zunächst soll jedoch kurz auf die Astroanalyse als Charaktertypologie eingegangen werden, da sie im Alltagsgebrauch sehr oft angesprochen wird.

1 Die Astroanalyse als älteste Charaktertypologie

Schon seit Anbeginn der Menschheit hat man den Sternen Mystisches und Mythologisches zugeordnet. Die **Astrologie** als **Sternenkunde** hat daher für die menschliche Entwicklung einen starken Einfluss. Sie diente zunächst der Vorhersage der Zukunft. Das Individuum selbst wurde nicht analysiert, sondern die Sternenkonstellation zum Geburtszeitpunkt eines Menschen.

Die Astrologie nutzt für ihre Voraussagen das Modell der **Himmelskugel**. Als Voraussetzung für alle astrologischen Voraussagen, so zum Beispiel auch über die Persönlichkeit eines Menschen, gilt es, den genauen Standort der Gestirne an der Himmelskugel zu bestimmen.

Gerade mit der Entwicklung hin zur Persönlichkeitsastrologie nimmt die (charakterlich erklärende) Astrologie heutzutage erheblichen Einfluss auf das menschliche Zusammenleben. Viele versuchen mittels eines **Horoskops** Rückschlüsse auf den eigenen Charakter und die Zukunft bzw. das Schicksal der eigenen Person zu schließen.

Es können folgende **Horoskope** unterschieden werden:

- **Geburtshoroskope** sollen Aufschluss über die spätere charakterliche Entwicklung eines Neugeborenen geben.

- **Elektionshoroskope** helfen dabei günstige Zeitpunkte für Planungen und Unternehmungen festzustellen.

- **Partnerschaftshoroskope** geben Aufschluss über das Zusammenpassen von Charaktertypen und die Entwicklung der eingegangenen Beziehungen.

- **Zeitungshoroskope** sind eher im Unterhaltungswert anzusiedeln.

Die Astrologie ist als Pseudo- bzw. als Parawissenschaft verschrien. Ihre Aussagen sind wissenschaftlich nicht eindeutig belegbar. Dennoch glauben viele Menschen an die Astrologie, was nicht zuletzt erheblichen Einfluss auf ihr Privat- und Berufsleben hat. Für die Führungskraft im Unternehmen geht es nicht darum, ob die Astrologie wahre oder unwahre Aussagen tätigt. Vielmehr soll der Manager verstehen, dass es Menschen gibt, die ihr Leben und tägliches Handeln an den Aussagen der Astrologie ausrichten. Das Human Ressource Management tut daher gut daran sich mit astrologischen Grundlagen zu befassen.

Die nachstehende Abbildung zeigt ein Bild aus dem Jahre 1515, auf dem das Modell der Himmelskugel[9] dargestellt ist.

Abb. 1:   Modell der Himmelskugel

---

[9]   Vgl. Drössler, R.: Planeten, Tierkreiszeichen, Horoskope, Leipzig 1984, S. 75 und Wirth, B. P.: Alles über Menschenkenntnis, Charakterkunde und Körpersprache, 5. Aufl., München 2006, S. 225 ff.

Die Ringe der Himmelskugel stehen für die Breiten- und Längenkreise des Himmels. Auf dem Bild ist die Himmelskugel auf dem Kopf stehend dargestellt, so dass sich hier der Nordpol unten und der Südpol oben befinden. Der waagerechte Ring in der Mitte der Himmelskugel wird als Himmelsäquator bezeichnet. Dieser wird vom Gürtel der Tierkreiszeichen im Winkel von dreiundzwanzigeinhalb Grad geschnitten. Der Gürtel der Tierkreiszeichen folgt der Ekliptik, also der scheinbaren Sonnenbahn.

Die Namen und die Reihenfolge der **Tierkreiszeichen** stammen von den Griechen. Jedoch haben auch die Griechen den größten Teil von den Babyloniern übernommen. Auch in Ostasien befasste man sich schon in alter Zeit mit Tierkreiszeichen. Allerdings haben die ostasiatischen Gestirne andere Namen als die der europäischen Astrologen. Die ostasiatische Sterndeutung hat die der europäischen Länder beeinflusst.

Die folgende Abbildung stellt die unterschiedlichen Bezeichnungen der Tierkreiszeichen gegenüber.

Bezeichnung der Tierkreiszeichen	
Europäische Bezeichnung	**Ostasiatische Bezeichnung**
Widder	Ratte
Stier	Büffel oder Rind
Zwillinge	Tiger
Krebs	Hase
Löwe	Drache
Jungfrau	Schlange
Waage	Pferd
Skorpion	Schaf oder Ziege
Schütze	Affe
Steinbock	Huhn oder Hahn
Wassermann	Hund
Fische	Eber oder Schwein

Abb. 2: Bezeichnung der Tierzeichen

Diese Tiere bestimmen nach der Astroanalyse über einen Zeitzyklus, der jeweils zwölf Doppelstunden, zwölf Tage, Monate und Jahre umfasst.[10] Nach diesem System würde sich ein Zwölfjahreszyklus zum Beispiel von 1996, dem Jahr der Ratte, bis 2007, dem Jahr des Ebers, erstrecken. Dann beginnt der Zwölfjahreszyklus wieder von vorn. Das Jahr 2008 steht demzufolge wieder im Zeichen der Ratte.

Dass die Sternbilder eine unterschiedliche Länge und Breite im Bereich des scheinbaren Sonnenverlaufes aufweisen, stellte ein Problem dar. Deshalb wurden bereits in hellenistischer Zeit[11] die ekliptikalen Figuren schematisch in zwölf Abschnitte zu je dreißig Grad unterteilt.[12] Der astrologischen Deutung und Benennung der einzelnen Abschnitte und Zeichen lagen trotzdem weiterhin die Sternbilder zugrunde. Doch hier besteht ein weiteres Problem. Die Erdachse vollzieht eine Kreiselbewegung (auch als Präzession bezeichnet), welche die beiden Schnittpunkte der Ekliptik mit dem Himmelsäquator (den Frühlingspunkt am 21. März und den Herbstpunkt am 23. September) im Verlaufe von rund sechsundzwanzigtausend Jahren durch alle zwölf Sternbilder der jährlichen Sonnenbahn verschiebt.

Dieser astronomische Tatbestand wird jedoch nicht von den Astrologen berücksichtigt, da die Wirkung der Tierkreiszeichen von kosmischen Kraftfeldern, deren Standort am Himmel immer gleich bleibt, ausgehen soll und nicht von den Sternbildern selbst. In der so genannten Zeitalterlehre findet die Präzession dann aber doch wieder Beachtung. Denn nach dieser Lehre findet ca. alle zweitausendzweihundert Jahre eine Verschiebung des Frühlingspunktes von einem Sternbild zum nächsten statt.

Auch antike Vorstellungen über Konstitutionen, Elemente und Temperamente sind auf die Tierkreiszeichen übertragen worden. So unterscheidet man unter anderem auch hier nach den vier menschlichen Grundtypen, die schon Hippokrates mit seiner Theorie der Körperflüssigkeiten erforscht hat.

Astrologen können also auch Aussagen über die Charaktereigenschaften einer Person machen. So wird zum Beispiel allen in den Sternzeichen Schütze, Löwe und Widder geborenen Menschen eine besonders dynamische und energische Grundhaltung vorausgesagt. Das cholerische Temperament käme einer solchen Grundhaltung am nächsten.

Realistische, nüchterne und praktische Charaktereigenschaften werden den Sternzeichen Jungfrau, Stier und Steinbock zugeschrieben und eine Verwandtschaft mit dem melancholischen Temperament nachgesagt. Allen Wassermännern, Zwillingen und Waagen werden dagegen Führungsqualitäten, Willensstärke und Aufgeschlossenheit bescheinigt. Das sanguinische Temperament wird also auf diese Sternzeichen übertragen.

Die übrigen Tierkreiszeichen Fische, Skorpion und Krebs sind durch das phlegmatische Temperament mit den Charaktereigenschaften der Gefühlsbetontheit, der Phantasie und der Empfindsamkeit gekennzeichnet.

---

[10] Vgl. Drössler, R.: Planeten, Tierkreiszeichen, Horoskope, a.a.O., S. 76
[11] hellenistisch - Hellenismus bezeichnet die geschichtliche Epoche vom Regierungsantritt Alexander des Großen bis zur Einverleibung Ägyptens in das römische Reich
[12] Vgl. Drössler, R.: Planeten, Tierkreiszeichen, Horoskope, a.a.O., S. 76 ff. und Rotter, W.: Charaktere erkennen – Menschen verstehen, 2. Auflage, Güllesheim 2008

Des Weiteren ordnen Astrologen den verschiedenen Tierkreiszeichen die folgenden Charaktereigenschaften zu[13]:

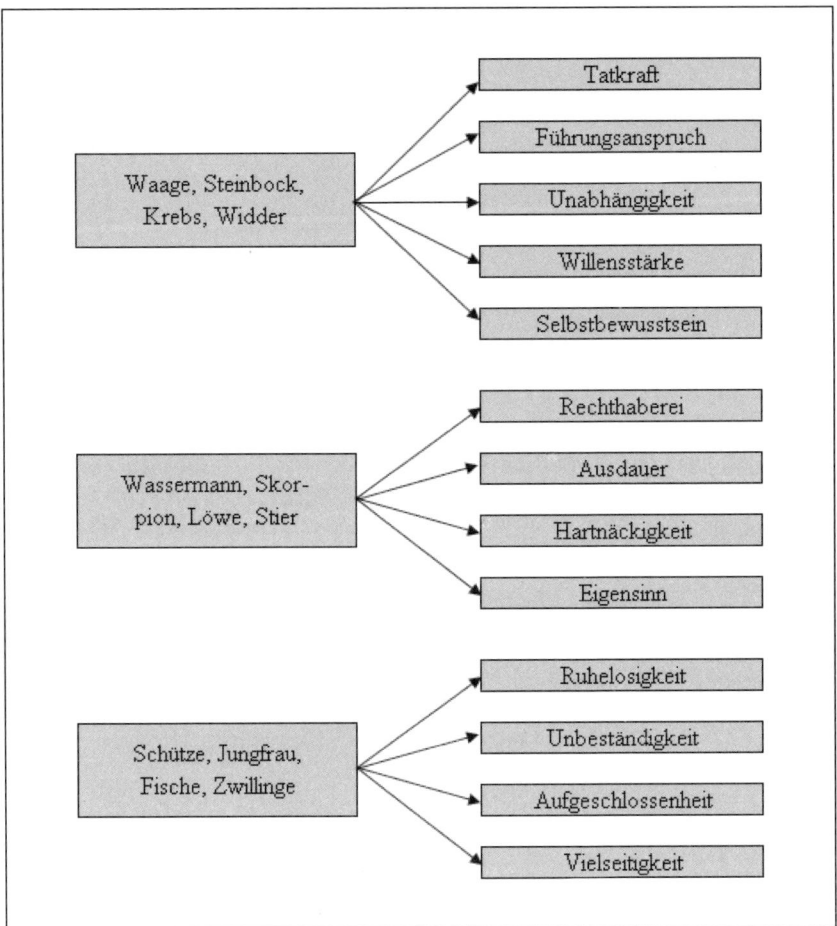

Abb. 3: Charaktereigenschaften der Tierkreiszeichen

Da aber die Himmelskörper, wie zum Beispiel die Sonne, der Mond, Jupiter und Mars, auf die Tierkreiszeichen einen Einfluss ausüben können, sind diese Charakterzüge nicht hundertprozentig auf die Tierkreiszeichen festgelegt. So kann aus einem bedächtigen und konservativen Stier unter einer bestimmten Konstellation der Himmelskörper auch eine leidenschaftliche und lebenslustige, fast widderartige Person werden.

Auch werden verschiedene Sternzeichen in Bezug auf Ihre Charaktereigenschaften nochmals unterteilt.

- Zwillinge, die eher dem **Kastor-Typ** zuzuordnen sind, zeichnen sich durch Gefühlsbetontheit aus, während der Zwilling des **Pollux-Typs** insgesamt als beherrschter und ruhiger gilt.

---

[13] Vgl. Hamann, B.: Die zwölf Archetypen–Tierkreiszeichen und Persönlichkeitsstruktur, München 2005, S. 81

- Beim Sternzeichen Schütze ist dann eine Unterteilung in einen harmonischen und einen rebellischen Typ der Fall. Trotz der unterschiedlichen Charaktereigenschaften der beiden Schütze-Typen ist es durchaus möglich, dass eine Person Charakterzüge beider Typen in sich trägt. Diesen Tierkreis-Typen in Reinkultur zu begegnen, ist aber eher unwahrscheinlich.

- Ein Widder-Typ könnte zum Beispiel in einem beliebigen Monat geboren worden sein und zufällig auch im Widder-Zeitraum vom einundzwanzigsten März bis zum zwanzigsten April.[14]

Tierkreiszeichen lassen sich also sehr unterschiedlich deuten. Deshalb enthalten astrologische Voraussagen auch meist ein „Entweder-Oder", so dass sich der Leser eines solchen Horoskops das für ihn Passende herauslesen kann. Der Wahrheitsgehalt astrologischer Aussagen nimmt scheinbar auf diese Weise zu.

Im Folgenden werden die Aussagen der Astrologie auf die zwölf **Tierkreiszeichen** übertragen:[15]

Tierkreiszeichen Widder:

Für Widder-betonte Menschen muss es immer eine Herausforderung und Ziele geben. Ihr Tatendrang muss immer auf etwas gerichtet sein. Auf etwas, das es zu bestehen gilt und wodurch sie sich angespornt fühlen. Dafür setzt der Widder-betonte Mensch auch sehr viel Energie ein. Allerdings ist dies meist nicht von langer Dauer, denn Beständigkeit und Ausdauer sind eher nicht die dominanten Charakterzüge des Widders. Eine festgelegte Welt ist dem Widder nicht sehr angenehm. „Fest vorgegebene Tagespläne, Alltagsroutine, Tradition und eine überschaubare Zukunft vermitteln ihm schnell das Gefühl, keine Luft zu bekommen."

Charaktereigenschaften der Tierkreiszeichen	
Widder 21. März – 20. April (cholerisches Temperament)	• liebt die Abwechslung, dynamisch • risikofreudig, impulsiv, starrköpfig, uneinsichtig • reaktionsschnell, unternehmerisch • vorwärtsdrängend, tatkräftig, jähzornig • manchmal von ungestümer Aggressivität

Abb. 4: Charaktereigenschaften des Widders

Tierkreiszeichen Stier:

Der Stier ist Realist. Von Interesse für ihn ist nur, was auch greifbar und tatsächlich vorhanden ist. Spekulationen und philosophische Fragen liegen dem Stier nicht besonders. Auch ein angeborenes Talent zum Lösen materieller Fragen und zur Entwicklung von Strategien zur Befriedigung seiner Bedürfnisse, darf der Stier sein Eigen nennen. Allerdings braucht er immer ein wenig Zeit um sich auf neue Situationen einzustellen

---

[14] Vgl. Drössler, R.: Planeten, Tierkreiszeichen, Horoskope, a.a.O., S. 84
[15] Vgl. Hamann, B.: Die zwölf Archetypen–Tierkreiszeichen und Persönlichkeitsstruktur, a.a.O, S. 49 ff.

und etwas Neues zu beginnen. Hat er aber erst einmal angefangen, lässt er sich von kaum etwas wieder von dem Begonnenen abbringen.

Charaktereigenschaften der Tierkreiszeichen	
Stier 21.April – 20. Mai (melancholisches Temperament)	• konservativ, bedächtig • kaum anpassungsfähig • leben und handeln nach festen Grundsätzen • friedlich, gemütlich • gefällig

Abb. 5: Charaktereigenschaften des Stiers

Tierkreiszeichen Zwillinge:

Der Zwilling will immer über alles Bescheid wissen. Er ist vielseitig interessiert und kann klar argumentieren und scharf analysieren. Der Zwilling möchte gern alles einmal ausprobieren, aber am Besten ohne sich dabei festzulegen. Starre Prinzipien und vorgezeichnete Wege liegen ihm nicht besonders. Er möchte viel lieber flexibel sein und durch den geschickten Einsatz seiner Stärken vorhandene Schwierigkeiten und Probleme umgehen.

Charaktereigenschaften der Tierkreiszeichen	
Zwillinge 21. Mai – 21. Juni (sanguinisches Temperament)	• anpassungsfähig • überzeugend im Argumentieren • lernbereit, interessiert, kontaktfreudig • gefühlsbetont, launisch • aufgeschlossen

Abb. 6: Charaktereigenschaften des Zwillings

Tierkreiszeichen Krebs:

Der Krebs ist passiv, empfindsam und sehr gefühlsbetont. Er nutzt seine Anpassungsfähigkeit um sich durchzusetzen. Dabei verlässt er sich meist auf seine Intuition und sein exzellentes Gespür dafür, die Gefühle anderer zu manipulieren. Für die direkte Durchsetzung seiner Ziele fühlt sich der Krebs oft nicht stark genug, manchmal kommt dann umgarnende Fürsorge oder das Arbeiten mit Schuldgefühlen zum Einsatz.

Charaktereigenschaften der Tierkreiszeichen	
Krebs 22. Juni – 22. Juli (phlegmatisches Temperament)	• phantasievoll • häuslich, bequem • beschaulich, sesshaft • launisch, schrullig • träumerisch

Abb. 7: Charaktereigenschaften des Krebs

Tierkreiszeichen Löwe:

Das Löwe-Prinzip hat mehrere Seiten. Die eine Seite ist die eher naiv-spontane Seite, die dem Grundgefühl des Löwe-betonten Menschen, zu etwas Höherem geboren zu sein und das Recht zu haben im Mittelpunkt zu stehen, entspricht. Der anderen Seite des Löwe-Prinzips liegt ein natürliches Gefühl für Würde und dem Willen zur Selbstentfaltung zugrunde. Der Löwe möchte die Welt spielerisch, farbenfroh und genussvoll erleben.

Charaktereigenschaften der Tierkreiszeichen	
Löwe 23. Juli – 22. August (cholerisches Temperament)	• ehrgeizig, unbeirrbar • willensstark • begeisterungsfähig, tatkräftig • eitel, selbstherrlich • hochmütig

Abb. 8: Charaktereigenschaften des Löwen

Tierkreiszeichen Jungfrau:

Die Jungfrau hat Angst vor der Zukunft und will immer auf alles vorbereitet sein. Schon im Voraus werden alle Eventualitäten durchdacht und die entsprechenden Vorkehrungen getroffen. Etwas dem Zufall zu überlassen, kommt für sie nicht in Frage. Die Jungfrau beäugt immer alles mit einer kritischen und nüchternen Sichtweise. Wenn sie sich jedoch betroffen fühlt, kann sie sehr sarkastisch und zynisch werden.

Charaktereigenschaften der Tierkreiszeichen	
Jungfrau 23. August – 22. September (melancholisches Temperament)	• gute Beobachtungsgabe • streben nach Sicherheit • analytisch, rebellisch • reizbar und aggressiv • eigensinnig, sparsam

Abb. 9: Charaktereigenschaften der Jungfrau

Tierkreiszeichen Waage:

Der Waage liegt die Harmonie besonders am Herzen. Sie möchte sich immer mit allen gut verstehen und ist daher stets verträglich und kompromissbereit. Der Waage ist ihre Umwelt und deren Meinung sehr wichtig, da es ihr sonst schwer fällt Entscheidungen zu treffen, welche sich nur auf ihre eigenen Interessen stützen. Sie kann aber auch bei Meinungsverschiedenheiten objektiv zuhören und helfen einen Kompromiss zu finden.

Charaktereigenschaften der Tierkreiszeichen	
Waage 23. September – 22. Oktober (sanguinisches Temperament)	• abwägend, kunstliebend, objektive Urteile • wollen es allen recht machen • streben nach Harmonie • wollen Auseinandersetzungen vermeiden • zögerlich, sachlich

Abb. 10: Charaktereigenschaften der Waage

Tierkreiszeichen Skorpion:

Der Skorpion kann mehr Selbstdisziplin aufbringen als alle anderen Tierkreiszeichen. Konzentration und Disziplin sind für ihn selbstverständlich. Wenn er sich für etwas einsetzt dann schreckt er auch nicht vor Selbstaufopferung und Selbstzerstörung zurück. Der Durchschnitt ist ihm nicht gut genug, alles muss intensiv und leidenschaftlich getan werden.

Charaktereigenschaften der Tierkreiszeichen	
Skorpion 23. Oktober – 21. November (phlegmatisches Temperament)	• rebellisch, risikofreudig • argwöhnisch, zuverlässig • individualistisch • verschlossen, scharfsinnig • streben nach Verantwortung

Abb. 11:   Charaktereigenschaften des Skorpions

Tierkreiszeichen Schütze:

Der Schütze ist meist die Toleranz selbst. Jedoch liegt hierfür oft Desinteresse an der Sache zugrunde. Um die Aufmerksamkeit des Schützen zu wecken, ist schon etwas Besonderes notwendig. Dann kann er allerdings sehr begeisterungsfähig sein. Bis es dazu kommt, sieht er lächelnd über alles hinweg. Das fällt ihm nicht besonders schwer, da es ihn nicht sonderlich interessiert.

Charaktereigenschaften der Tierkreiszeichen	
Schütze 22. November – 20. Dezember (cholerisches Temperament)	• anpassungsfähig • heiter und fröhlich, gesellig • verständnisvoll • rebellisch, kühn • unbesonnen

Abb. 12: Charaktereigenschaften des Schützen

Tierkreiszeichen Steinbock:

Die Fähigkeit des Steinbocks auch unter kargen und erschwerten Bedingungen zu überleben, sowie sein innerer Ehrgeiz, ermöglichen es ihm über sich selbst hinauszuwachsen. Im Berufsleben werden sie wegen ihrer hohen Belastbarkeit, ihrer Zuverlässigkeit und ihrem starken Leistungswillen oft zu gesuchten Mitarbeitern.

Charaktereigenschaften der Tierkreiszeichen	
Steinbock 21. Dezember – 19. Januar (melancholisches Temperament)	• distanziert, schweigsam, verschlossen • kühl, ausdauernd • bedächtig, verantwortungsbewusst • spröde • fleißig

Abb. 13: Charaktereigenschaften des Steinbocks

Tierkreiszeichen Wassermann:

Im Wassermann ist der Drang sich von Einschränkungen und Konventionen zu befreien tief verankert. Dieser Drang wird jedoch durch das Bewusstsein der Existenz von gesellschaftlichen Konventionen begrenzt. Deshalb ist für ihn Fortschritt ein wichtiger Punkt. Dieser Fortschritt soll für ganz allgemeine Umstände umfangreiche Verbesserungen schaffen.

Charaktereigenschaften der Tierkreiszeichen	
Wassermann 20. Januar – 18. Februar (sanguinisches Temperament)	• Gefahr ausgenutzt zu werden • wollen es allen recht machen und gefallen • großzügig, gesellig • uneigennützig • gewissenhaft, rationell

Abb. 14: Charaktereigenschaften des Wassermannes

Tierkreiszeichen Fische:

Empfindsamkeit, Verletzlichkeit und die Neigung zur Melancholie sind typische Charaktereigenschaften eines Fische-betonten Menschen. Eher schwach ausgeprägt sind auch Willenskraft und Durchsetzungsvermögen. Das Leben wird als Leidensweg empfunden, daher werden Dinge auch passiv hingenommen und nicht versucht auf Entwicklungen Einfluss zu nehmen.

Charaktereigenschaften der Tierkreiszeichen	
Fische 19. Februar – 20. März (phlegmatisches Temperament)	• empfindsam • hohe Erwartungen und Ansprüche • mitfühlend, selbstlos • hilfsbereit • feinfühlig, verständnisvoll

Abb. 15: Charaktereigenschaften der Fische

Die Aussagen der Astrologie als Charaktertypologie sind begrenzt. Dies gilt vor allem dann, wenn Individuen um die Thesen der Astrologie wissen, denn hier besteht die Gefahr, dass Rollen oder Rollenverhalten bewusst oder unbewusst vorgespielt werden. Menschen zu entlarven, die die Rolle eines Tierkreiszeichens nur simulieren, ist gerade für das Management ein schweres Unterfangen.

2 Die Temperamentstypen nach Hippokrates

Im Altertum finden sich, wie bereits aufgeführt, erste Bestrebungen, menschliche Eigenarten und Auffälligkeiten zu vergleichen und zu klassifizieren. Hierbei wurden Charakteristika hauptsächlich zurückgeführt auf kosmische und biologische Beobachtungen, denen eine Wirkung auf das menschliche Verhalten unterstellt wurde. Astrologen bezogen sich hierbei auf den Lauf der Sterne und deren Konstellation bei der Geburt eines Menschen.

Ärzte, wie etwa der Grieche Hippokrates (406 - 377 v. Chr.), leiteten dagegen die Verhaltensweisen einzelner Personen von in deren Körpern vorhandenen „Säften" ab. Die Theorie Hippokrates misst vier **Körperflüssigkeiten**[16] eine besondere Wirkung auf den Menschen zu. Im Einzelnen sind dies

- die **schwarze Galle**,
- die **gelbe Galle**,
- der **Schleim** und
- das **Blut**.

Am günstigsten für Gesundheit und Wohlbefinden ist eine Harmonie in Form eines Gleichgewichts der vier Stoffe. Ist einer der „Körpersäfte" im Übergewicht vorhanden, so führt dies zu körperlichen und geistigen Beschwerden, die dementsprechend vier „Temperierungen"[17] oder Temperamentstypen erzeugen.

Bei dem Melancholiker (von griech. melas = schwarz und chole = Galle) überwiegt die schwarze Galle, beim Choleriker (von griech. Chole = Galle) die gelbe Galle, beim Phlegmatiker (von griech. phlegma = Schleim) ist ein Übergewicht an Schleim zu finden und der Sanguiniker (von lat. sanguis = Blut) wird hauptsächlich durch das Blut beeinflusst. Die aus dieser Theorie hervorgegangenen Begriffe finden im heutigen Sprachgebrauch noch immer ihre Anwendung und sollen daher kurz näher erläutert werden. Die optische Darstellung dient zur Verdeutlichung der im Folgenden beschriebenen Temperamentstypen:

Choleriker   Melancholiker   Phlegmatiker   Sanguiniker

Abb. 16: Die Temperamentstypen nach Hippokrates

---

[16] In der mittelalterlichen Naturlehre heißen diese „Flüssigkeiten" humores aus dem sich der Begriff Humor entwickelte

[17] Der Begriff Temperament leitet sich aus dem lat. temperare (ins richtige Mischungsverhältnis bringen)

- **Der Sanguiniker**

Der **Sanguiniker** zeichnet sich durch eine frohe, optimistische Grundstimmung und ein leicht ansprechbares Naturell aus. Sorgen oder Ärger kann er schnell wieder vergessen und wendet sich mehr den heiteren, amüsanten Dingen des Lebens zu. Hierbei kann er sich schnell begeistern und ist jeder Neuerung gegenüber aufgeschlossen und interessiert. Nachteilig wirken sich beim Sanguiniker seine Unzuverlässigkeit, Oberflächlichkeit und Unkonzentriertheit aus. Durch seine flüchtige Arbeitsweise, seine übertriebenen Gesten und seine Lebhaftigkeit fällt er bei seinen Mitmenschen oft in Missgunst.[18]

- **Der Melancholiker**

Minderwertigkeitsgefühle, chronische Unsicherheit und Schicksalsfurcht sind charakteristisch für den **Melancholiker**. Schwermütig und pessimistisch blickt er auf das Leben und lässt dies in einer gequälten Mimik, einer langsamen Sprechweise und einem tiefen Weltschmerz zum Ausdruck kommen. Gleichzeitig hat er für seine Mitmenschen viel Verständnis, ist hilfsbereit und besitzt zumeist künstlerische und musische Fähigkeiten. Im Arbeitsalltag fällt er besonders durch Fleiß, Ausdauer und Gründlichkeit auf.

- **Der Choleriker**

Ständiger Missmut, Unzufriedenheit und Aggression prägen das Verhalten des **Cholerikers**. Seine im Übermaß vorhandene Energie und Kraft lassen ihn schnell rechthaberisch und wütend reagieren. Eine aufbrausende, jähzornige Art ist für ihn charakteristisch. Ihm „läuft schnell die Galle über". Sein draufgängerischer Elan, seine zündenden Reden und seine starke Arbeitskraft haben für seine Mitmenschen etwas Mitreißendes und Motivierendes.[19] Bei der Arbeit fällt er durch geringe Geduld auf und erteilt oder überwacht lieber Aufträge, als sie selbst durchzuführen.

- **Der Phlegmatiker**

Phlegmatische Menschen zeichnen sich durch ein ruhiges und unerschütterliches Gemüt, ohne großen Ehrgeiz und Interessen aus. Sie sind mit sich selbst zufrieden, zu ihren Mitmenschen freundlich, tolerant und gutmütig und fallen eher durch eine unverhüllte Bequemlichkeit und Faulheit auf, als durch Aktivitäten und Tatendrang. Im Arbeitsverhalten bewähren sich ihre Seelenruhe und ihr Hang zum Gleichmäßigen und Bedächtigen.

Obwohl in der heutigen medizinisch aufgeklärten Zeit die Temperamentslehre Hippokrates als unwahrscheinlich angesehen werden kann, wurde ihr doch über zwei Jahrhunderte eine prägende Bedeutung zugemessen. Sie beschäftigte Philosophen wie Kant und Schopenhauer und selbst die moderne Psychologie misst den neuzeitlichen „Körpersäften", den Hormonen und Enzymen, eine das Temperament beeinflussende chemische Wirkung zu.

---

[18] Vgl. Remplein, H.: Psychologie der Persönlichkeit, 6. Aufl., München, Basel 1967, S. 431 ff.
[19] Vgl. Spieth, R.: Menschenkenntnis im Alltag, München, Gütersloh, Wien 1996, S. 109

3   Die Konstitutionstypen nach Kretschmer

Der Tübinger Psychiater **Ernst Kretschmer** (1888 - 1964) entwickelte eine These, nach der psychische Erkrankungen des Menschen an dessen äußere Gestalt gekoppelt sind. Er gelangte hierbei zu drei Körperbautypen - im Einzelnen sind dies der Pyknische, der Leptosome und der Athletische - und verband diese mit drei psychischen Krankheitsbildern - der Schizophrenie, des manisch-depressiven Irreseins und der Epilepsie.

Die Theorie Kretschmers wurde sowohl von ihm selbst als auch von anderen Wissenschaftlern in unterschiedlichen Untersuchungen überprüft. Eine Mehrzahl der vorwiegend in den 30'er Jahren durchgeführten Experimente bestätigte zwar die zugrunde liegende Vermutung, aber gleichzeitig wurden Ungenauigkeiten, wie etwa die nicht repräsentative Zusammensetzung der Testpersonen, kritisiert.

Die Konstitutionstypologie Kretschmers hat auf wissenschaftlichem Gebiet zwar an Bedeutung verloren, ist im Alltag vielfach jedoch noch gegenwärtig, so dass eine kurze Darstellung als geeignet erscheint.

Zur Verdeutlichung der geschilderten Typologie folgt eine optische Darstellung der im Folgenden beschriebenen drei Konstitutionstypen.

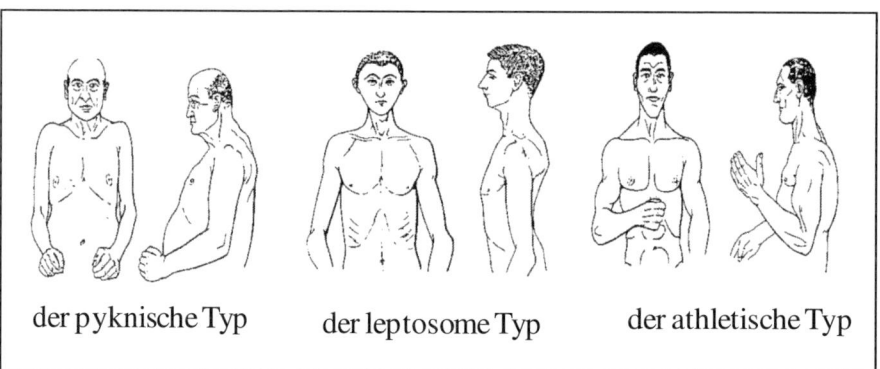

der pyknische Typ   der leptosome Typ   der athletische Typ

Abb. 17: Die drei Konstitutionstypen[20]

• Der pyknische Typ

Der Körper des Pyknikers ist „gekennzeichnet durch die starke Umfangsentwicklung der Eingeweidehöhlen (Kopf, Brust, Bauch) und die Neigung zum Fettansatz am Stamm, bei mehr graziler Ausbildung des Bewegungsapparates (Schultergürtel und Extremitäten).

Das grobe Eindrucksbild ist bei ausgeprägten Fällen sehr bezeichnend: mittelgroße, gedrungene Figur, ein weiches breites Gesicht auf kurzem massivem Hals zwischen den Schultern sitzend; ein stattlicher Fettbauch wächst aus dem unten sich verbreiternden tiefen, gewölbten Brustkorb heraus".[21]

---

[20] Vgl. Kretschmer, E.: Körperbau und Charakter, Berlin, Göttingen, Heidelberg 1955, S. 25 ff.
[21] Ebd., S. 29

Im psychischen Bereich zeichnet sich der pyknische Typ durch seine gutmütige, warmherzige und humorvolle Art aus. Er ist wenig zielstrebig, impulsiv und leicht zu beeinflussen. Pykniker haben zumeist vielseitige, praktische Ideen und sind im Umgang mit ihren Mitmenschen offen und anpassungsfähig.

• Der leptosome Typ

Der Körper des Leptosomen ist gekennzeichnet durch ein „geringes Dickenwachstum bei durchschnittlich unvermindertem Längenwachstum. Diese spärliche Dickenentwicklung geht durch alle Körperteile, Gesicht, Hals, Rumpf, Extremitäten, und durch alle Gewebsformen, Haut, Fettgewebe, Muskeln, Knochen und Gefäßsysteme hindurch. Infolgedessen finden wir das Durchschnittsgewicht, ebenso wie sämtliche Umfangs- und Breitenmaße, gegen den allgemeinen männlichen Mittelwert herabgesetzt".[22]

Leptosome Menschen gelten als schnell erregbar, nervös und überempfindlich. Ihr Wille und Tatendrang ist konsequent, zielstrebig und sie besitzen ein hohes Maß an Selbstbeherrschung. Ihre Art zu denken ist meist abstrakt und theoretisch. Nüchtern und wenig gesellig begegnen sie ihren Mitmenschen und wirken daher steif und förmlich.

• Der athletische Typ

Der Athlet ist „ein mittel- bis hoch gewachsener Mann[23] mit besonders breiten, ausladenden Schultern, stattlichem Brustkorb, straffem Bauch und einer Rumpfform, die sich eher nach unten verjüngt, so dass das Becken und die immer noch stattlichen Beine im Vergleich mit den oberen Gliedmaßen und besonders dem hyperstrophischen[24] Schultergürtel zuweilen fast grazil erscheinen.

Der derbe, hohe Kopf wird auf freiem Hals aufrecht getragen, wobei die schräg lineare Kontur des straffen Trapezius von vorn gesehen der Halsschulterpartie ihr besonderes Gepräge gibt".[25]

Den kraftvollen äußerlichen Eindruck des athletischen Typs prägt auch sein Inneres. Diese Menschen besitzen Zähheit, Ausdauer und ein hohes Maß an Widerstandsfähigkeit. Ihr Wille ist zäh und unbeugsam und im Denken sind sie zumeist schlicht und trocken. Mitmenschen fällt es schwer, den athletischen Typ zu aktivieren, da er sich wortkarg, passiv und wenig beweglich ihnen gegenüber verhält.

Gerade die Erfahrungen im „Dritten Reich" raten zur Vorsicht bei der Anwendung der Konstitutionstypologie. Insbesondere eine Vermischung des Merkmals Intelligenz mit ethnischen oder rassischen Merkmalen ist unzulässig, weswegen eine psychologisch wissenschaftliche Beratung in jedem Fall zur Fehlervermeidung notwendig ist.

---

[22] Kretschmer, E.: Körperbau und Charakter, a.a.O., S. 21
[23] Kretschmer benutzt nur die maskuline Form, da nach seiner Theorie der Athlet überwiegend beim männlichen Geschlecht zu finden ist
[24] überdurchschnittlich entwickelt
[25] Kretschmer, E.: Körperbau und Charakter, a.a.O., S.24 f.

4   Die Einstellungstypen nach C. G. Jung

Während die zwei vorhergehenden Typologien eine krasse Unterscheidung in die einzelnen Charaktertypen vollzogen und somit nur eine alleinige Wirkung eines Typus möglich war, geht **Carl Gustav Jung** (1875 - 1961) von einer Vorherrschaft, einem Überwiegen eines Verhaltens aus. Nach der Theorie Jungs besitzt der Mensch zwei mögliche Einstellungen zu seiner Umwelt; er kann mehr auf die Außenwelt gerichtet sein – C. G. Jung nennt diesen Typ extravertiert[26] (vom lat. extra = außen, vetere = wenden) – oder sich mehr nach innen konzentrieren, introvertiert (vom lat. intra = innen, vetere = wenden).

Beide Verhaltensweisen sind gleichzeitig in ein und derselben Person vorhanden. Die Stärke der einen Einstellung und die komplementär sich dazu verhaltende Schwäche der anderen ergeben gemeinsam das Charakterbild eines Menschen. Die dominierende Einstellung bestimmt hierbei das Bewusstsein, die unterdrückte hingegen das Unbewusste, wodurch unerwartete, überraschende Verhaltensweisen zu Tage treten können. C. G. Jung spricht in diesem Zusammenhang von einem sogenannten „Gegensatzproblem".[27]

Er unterscheidet in **extravertierte** und **introvertierte** Personen.

• Der Extravertierte

Extravertierte Menschen sind der Außenwelt zugewandt, lebhaft und lieben den Kontakt mit den Mitmenschen. Eine An- und Einpassung in eine Gruppe fällt ihnen nicht schwer, da sie schnell, ohne Bedenken, allgemeine Meinungen übernehmen und sich konform verhalten. Durch ihre offene und lebhafte Art werden sie von ihrer Umwelt oft als störend oder lästig empfunden. Sie achten wenig auf ihre Innenwelt, so dass sie zumeist oberflächlich sind, den Hang zum Angebertum und zur Charakterlosigkeit besitzen und plötzliche, unerwartete Gefühlsäußerungen sie überwältigen können. Extravertierte übernehmen vorwiegend organisatorische, kreative oder repräsentative Tätigkeiten, die ihnen den Kontakt mit anderen ermöglichen und Dramatik und Abwechslung versprechen.

• Der Introvertierte

Introvertierte Menschen meiden den Kontakt mit der Außenwelt und richten sich mehr nach innen. Sie sind zumeist scheu, verschlossen und teilweise weltfremd, so dass man viele Sonderlinge und Eigenbrötler unter ihnen findet. Ihrer Umwelt gegenüber sind sie zurückhaltend, schweigsam und zeigen nur geringe Bereitschaft, auf andere einzugehen. Oft kommt es zu Streitigkeiten mit diesem Menschentyp, da er zu Rechthaberei und Eigensinn neigt. Introvertierte sind in ruhigen, gleichförmigen Berufen mit wenig Veränderung zu finden und sind meist mehr Theoretiker und Bewahrer als Praktiker und Reformer.

---

[26] Oft auch extrovertiert statt extravertiert genannt
[27] Vgl. Jung, C.G.: Psychologische Typen, Zürich, 1950, S. 13

Weiterhin unterscheidet C. G. Jung noch vier Grundfunktionen der Psyche, die nicht in Abhängigkeit von der Extraversion und Introversion auftreten. Dabei handelt es sich um folgende Funktionen:

- rationale Funktionen des **Denkens** und **Fühlens**[28]

- irrationales **Empfinden** und **Intuieren**[29]

Durch Kombination des Einstellungstyp (introvertiert oder extravertiert) und dem Funktionstyp ergeben sich acht Variationsmöglichkeiten der Persönlichkeit.

- **Denken**

Kennzeichnend für den **extravertierten Denktyp** ist, dass er sich mit seiner Welt analytisch auseinander setzt. Dinge werden von ihm auf eine sachliche Art bewertet und beurteilt. Er weiß genau, was zu tun ist, er hat keine Probleme Entscheidungen zu treffen und Anweisungen zu geben. Er versucht seine Umwelt zu organisieren und zu lenken und verfolgt von daher seine Ziele. Der **introvertierte Denktypus** hingegen lässt sich nur mit Tatsachen überzeugen. Er denkt und handelt logisch, objektiv, kritisch und unpersönlich. Er versucht nicht seine Umwelt zu ändern oder ihr seine Ideen aufzudrängen. Negativ für einen solchen Typus ist, dass seine Gedankengänge für andere Personen schwer verständlich sind und diese ihn missverstehen können.

- **Fühlen**

Dem **extravertierten Fühltypus** können Eigenschaften wie Offenheit gegenüber anderen Meinungen, Toleranz, Teamfähigkeit und Konservativität zugesprochen werden. Er ist loyal, treu, sucht Harmonie und Geselligkeit, nimmt Menschen mit ihren positiven und negativen Eigenschaften wie sie sind. Seine Gefühle beschränken sich nicht nur auf seine Innenwelt. Wenn eine Person seine Gefühle nur auf seine Innenwelt beschränkt und sie nur den Menschen offenbart, denen er vertraut, dann kann man davon ausgehen, dass man es mit dem **introvertierten Fühltypus** zu tun hat. Er lässt sich bei einer Urteilsbildung von seinen persönlichen Werten leiten. Um im Berufsleben gute Leistungen zu bringen, muss seine Umwelt mit seinen Gefühlen übereinstimmen, das heißt er muss auch einen Sinn und Nutzen in seiner Tätigkeit sehen.

- **Empfinden**

Empfindungen entstehen durch Sinnesreize, wie Geruch, Geschmack, Gehör, Tastsinn sowie Bewegung und Gleichgewicht. Der **extravertierte Typ** stützt sich auf seine Sinne, wobei Einzelheiten und Tatsachen Beachtung geschenkt wird. Die Einstellung seiner Umwelt gegenüber ist eher als sachlich und realistisch zu beschreiben. Er akzeptiert Tatsachen, kann aber nicht Veränderungen und neue Ideen akzeptieren, weil er sie nicht mit seinen Sinnen erfassen kann. Der **introvertierte Typ** hingegen beschäftigt sich intensiv und sensitiv mit den Empfindungen in seinem Seelenleben, wobei er nach außen hin eher durch Neutralität auffällt. Er wird nie auf äußerliche Empfindungen und Eindrücke reagieren, sondern sich Zeit für innerliches Überlegen und Überdenken nehmen. Von daher kann man von ihm keine impulsiven oder spontanen Gefühlsausbrüche erwarten.

---

[28] rational, weil wertend
[29] irrational, weil nur „Wahrgenommen wird"

• **Intuieren**

Intuition, als eine Art Ahnung oder Wahrnehmung auf unbewusste Weise, äußert sich bei dem **extravertierten Typus** in der Art, dass er über Ideenreichtum verfügt und Eingebungen mit hoher Zielstrebigkeit verfolgt, um zu prüfen, ob sie realisierbar sind oder nicht. Er verfügt über die Gabe andere Personen von seinen Ideen zu überzeugen, beziehungsweise regelrecht mitzureißen. Leider liegt ihm nichts an der Umsetzung. Sein Interesse flaut ab, wenn er sein Ziel erreicht hat und andere mit der Umsetzung betraut sind. Beim **introvertierten Typus** richtet sich die Intuition auf das Erkennen von Potenzialen und Möglichkeiten, die sich aus unbewussten Inhalten ableiten. Der introvertierte Typus mag Herausforderungen, wenn diese Inspiration für seine Ideen und Visionen bieten. Ähnlich wie bei dem extravertierten Typus verliert er das Interesse, wenn das Projekt konkrete Formen annimmt und die Lösung bevorsteht.

5   Die Charaktertypen nach Freud

Nach **Siegmund Freud** besteht der psychische Apparat des Menschen aus drei Komponenten, welche er wie folgt bezeichnet:

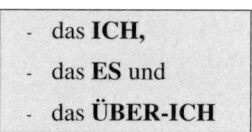

- das **ICH,**
- das **ES** und
- das **ÜBER-ICH**

Die **erste** und älteste **Instanz** ist das ES, welches durch das ganze Leben hindurch die wichtigste Instanz bleibt und in der die Forschungsarbeit der Psychoanalyse begann. Das ES beinhaltet all das, was ererbt und somit konstitutionell festgelegt ist, vor allem die aus der Körperorganisation stammenden Triebe. Das ES repräsentiert die Vergangenheit in Form von Vererbtem, birgt die gesamte Triebenergie des Sexualtriebes und die Aggression. Unmittelbare Befriedigung sind die vorherrschenden Triebe des ES, was unbewusst geschieht. Aus der Hülle des ES bildet sich im Laufe der Entwicklung das ICH und später auch das ÜBER-ICH heraus.

Die **zweite Instanz** des Seelenlebens oder des Bewusstseins bezeichnet Freud als ICH, welches als Vermittler zwischen dem ES und der Außenwelt agiert, wobei es ein Teil des ES ist. Das ICH tritt mittels der Sinnesorgane mit der Außenwelt in Kontakt und hat die Verfügung über die willkürliche Bewegung, da es das Bindeglied zwischen Sinneswahrnehmung und Muskelaktion ist. Es hat somit die Aufgabe Reize kennenzulernen, diese im Gedächtnis zu speichern, überstarke Reize durch Flucht zu verhindern und schwachen Reizen durch Anpassung an den Reiz zu begegnen. Somit lernt das ICH die Außenwelt zu seinem Vorteil zu nutzen oder zu ändern. Das ICH ist sozusagen für das **Lernen fürs Leben** zuständig, es strebt nach Lust und weicht Unlust aus. Einer Unluststeigerung begegnet das ICH mit **Angstsignalen.** Das ICH repräsentiert hauptsächlich das Selbsterlebte und Aktuelle.

Die **dritte Instanz** bezeichnet Freud als ÜBER-ICH. Infolge der Kindheitsperiode, in welcher sich der Mensch in der Regel in Abhängigkeit zu den Eltern und späteren Ersatzpersonen befindet, bildet sich das ÜBER-ICH als spätester Bestandteil aus dem ES heraus.

Es repräsentiert das Vergangene, aus dem von anderen Übernommene. Die Beziehung des ICH zum ÜBER-ICH ist geprägt durch das Verhältnis des Kindes zu den Eltern. Der Elterneinfluss setzt sich zusammen aus deren Wesen selbst, der Familien-, Volks- und Rassentradition und deren Anforderungen an Sozialität. Nach Freud bildet sich das ÜBER-ICH insbesondere durch elterliche Gebote und Verbote. In dieser Instanz setzt sich also der elterliche Einfluss fort. Stellt sich das ÜBER-ICH dem ICH entgegen, ist es die dritte Macht, dem das ICH Rechnung tragen muss. Eine Handlung ist erst dann korrekt, wenn das ICH den Anforderungen des ES, dem ÜBER-ICH und der Realität gerecht wird.[30]

Nach der Theorie Freuds durchläuft der Mensch in der frühkindlichen Entwicklung drei prägende Phasen, in denen sich die Triebbefriedigung des Kindes auf einzelne erogene Körperzonen konzentriert. Ein Säugling zum Beispiel sondert das ICH noch nicht von seiner Außenwelt ab, beziehungsweise muss er dies erst noch erlernen. Dies geschieht durch verschiedene Anregungen, wie zum Beispiel das Herbeiholen der entzogenen Mutterbrust durch Schreien. Er erlernt erst später, wie er mit Hilfe seiner Körperorgane Empfindungen senden und empfangen kann.[31]

Werden in diesen Entwicklungsphasen die Triebbefriedigungen unterdrückt oder zu intensiv ausgelebt, kann es zu Störungen kommen, die eine Fixierung auf die entsprechende Phase bewirken. Im Erwachsenenalter wirken sich diese phasentypischen Befriedigungswünsche und -techniken prägend aus und führen zu bestimmten Charakterformen.

Freud unterscheidet drei Charaktertypen:

> - den **oralen Charaktertyp,**
> - den **analen Charaktertyp und**
> - den **phallischen Charaktertyp**

• Der orale Charaktertyp

Während des ersten Lebensjahres durchläuft der Mensch die orale Phase, in der er seine sexuelle Triebbefriedigung durch Saugen, Kauen und Beißen erlangt. Das Kind ist in dieser Entwicklungsphase unselbständig und hilfsbedürftig und verhält sich selbstbezogen, egoistisch und ständig fordernd. In der ersten Hälfte herrscht nur das ES vor. Nach Freud entwickelt sich erst in der zweiten Hälfte des ersten Lebensjahres das bewusste ICH. Eine Fixierung auf diese Phase bedeutet für den Erwachsenen die Übernahme des kindlichen Verhaltens. Er ist passiv, sicherheitsbedürftig, neigt zu Abhängigkeiten und fordert von anderen, während er selber nichts von sich gibt.

Für diesen Typ sind orale Ersatzbefriedigungen wie etwa das Rauchen, der Drogenmissbrauch oder gesteigerter Nahrungsgebrauch charakteristisch. Der orale Charaktertyp besitzt zumeist nur geringen Stolz und wenig Eigenachtung. Er ist schnell von seinen Mitmenschen verletzt und enttäuscht.

---

[30] Vgl. Freud, S.: Abriß der Psychoanalyse – Das Unbehagen in der Kultur, Frankfurt am Main 1960, S. 15ff.
[31] Vgl. ebd., S. 67

• Die analen Charaktertypen

Die anale Phase während des zweiten und dritten Lebensjahres ist durch die Reinlich-keitserziehung geprägt. Sexuelle Befriedigung erfolgt zunächst durch das Ausscheiden und später durch das Zurückhalten der Exkremente. Es erfolgt eine Fixierung auf den Anus, die im späteren Erwachsenenalter zu zwei Charakterformen führen kann, welche durch Störungen hervorgerufen werden, die entweder mit dem Ausscheidungsvorgang oder dem Zurückhalten der Ausscheidungen in Zusammenhang stehen.

-   Im ersten Fall wird der Erwachsene destruktive, ungestüme, unordentliche und ag-gressive Charakterzüge in sich tragen.

-   Im zweiten Fall entwickelt sich hingegen ein zwanghaft ordentlicher, pedantischer Charaktertyp,[32] der sich durch Sparsamkeit bis hin zum Geiz auszeichnet.[33]

• Der phallische Charaktertyp

In der phallischen Phase, während des dritten bis fünften Lebensjahres, konzentriert sich das Kind auf seine Genitale. Jedoch spielen noch nicht die Genitalien beider Ge-schlechter eine Rolle, sondern nur das Männliche. In dieser Phase erreicht die frühkind-liche Sexualität ihren Höhepunkt und erst in diesem Entwicklungsabschnitt wird dem Kind der Unterschied zwischen den Geschlechtern bewusst.

Eine Fixierung auf diese Phase führt bei erwachsenen Männern zu einer übertriebenen Männlichkeit, Imponiergehabe und dem Streben nach Erfolg. Bei Frauen hingegen zu Minderwertigkeitsgefühlen und teilweise übertriebener Eifersucht. Freud betont, dass Eifersucht nicht nur auf das weibliche Geschlecht begrenzt ist, sich jedoch bei Frauen stärker äußert.[34]

6 Die Bedeutung der klassischen Typologien für die Mitar-beiterführung

Die Problematik und der Nutzen der Astrologie wurden bereits aufgezeigt. Die klassi-sche Theorie nach **Hippokrates** bezieht sich auf nicht nachweisbare, unvollständige As-pekte und kann demnach keine fundierten Grundlagen für das Management bieten. Die Typologie nach **Kretschmer** basiert zwar auf wissenschaftlichen Untersuchungen, weist hierbei jedoch auch nur eine bedingt sichere Aussagekraft auf. Die Charakterklassifizie-rung **C. G. Jungs** bietet mit nur zwei Hauptkomponenten eine zu geringe Variationsmög-lichkeit, um Mitarbeiter präzise genug zu beschreiben, und die Gedanken **Freuds** sind wie-derum nur schwer zugänglich und zu vielschichtig als dass sie in der Mitarbeiterführung nutzbringend angewandt werden könnten.

---

[32] Vgl. Amelang, M., Bartussek, D.: Differentielle Psychologie und Persönlichkeitsforschung, 2. Aufl., Stuttgart, Berlin, Köln, Mainz 1985, S. 325
[33] Vgl. Lowen, A., Körperausdruck und Persönlichkeit, München 1991, S. 192
[34] Vgl. Freud, S.: Elemente der Psychologie, Frankfurt 1978, S. 344

C Neuere Ansätze der Persönlichkeitstypologie

1 Die Lebensformen nach E. Spranger

Die bisher erläuterten Typenlehren haben gemeinsam, dass durch die Untersuchung und die Beobachtung des Menschen, Aufschluss auf seinen Charakter beziehungsweise seinen Typus gewonnen werden konnte. Kretschmer betrachtete die Persönlichkeit in Zusammenhang mit dem Leiblichen, Hippokrates versuchte einen kausalen Zusammenhang zwischen dem Charakter und den körperlichen Bedingungen herzustellen. Anders hingegen ist die Beschreibung der Lebensformen nach **E. Spranger**[35]. Er versuchte die Persönlichkeit beziehungsweise die Typenlehre in der geistigen Schicht anzuschneiden.

Diese Art von Persönlichkeitsbeschreibung oder Psychologie lehnt sich auch nicht an den Naturwissenschaften an, sondern an die Geisteswissenschaften, wie Philosophie, Literatur-, Kunst- und Religionswissenschaften. **Spranger** gliedert die menschliche Psyche in sechs Kultur- oder Wertbereiche, aus denen sich sechs geistige Akte ergeben. Er geht weiterhin davon aus, dass jeder Mensch zu einem der Wertbereiche tendiert und davon sein Verhalten geprägt wird. In der folgenden Tabelle sind die Kultur- beziehungsweise Wertbereiche mit den dazugehörigen Grundtypen dargestellt.

Grundtypen nach Spranger	
Kulturbereiche	**Grundtypen**
Wissenschaft	Theoretischer Mensch
Wirtschaft	Ökonomischer Mensch
Kunst	Ästhetischer Mensch
Politik	Politischer Mensch
Gemeinschaftsleben	Sozialer Mensch
Religion	Religiöser Mensch

Abb. 18: Grundtypen nach Spranger[36]

Diese Grundtypen werden auch als **Idealtypen** beschrieben. Denen gegenüber stehen die **Komplextypen**, die häufiger in der Realität auftreten. Kennzeichnend für die Komplextypen ist, dass sie zwei oder mehrere Grundtypen in sich vereinigen. So zum Beispiel wird bei **Remplein** der technische Mensch beschrieben, der Teile des ökonomischen und theoretischen Menschen in sich vereint. Im Folgenden wird nochmals ein kurzer Überblick über die einzelnen Typen gegeben. Zum Verständnis der Theorie Sprangers reicht jedoch eine Beschränkung auf die Idealtypen aus.

---

[35] Spranger, E.: Lebensformen, Geisteswissenschaftliche Psychologie und Ethik der Persönlichkeit, Halle 1930

[36] Vgl. Simon W.: GABALs großer Methodenkoffer, a.a.O., S. 34

• Der theoretische Mensch

Wie der Name schon sagt, ist der theoretische Mensch jemand, der nach Erkenntnis strebt und sehr objektiv eingestellt ist. Das Subjektiv-Gefühlsmäßige, das Persönliche und Individuelle muss hinter seinem objektiven Erkenntnisstreben zurücktreten. Das Wort Zufall kennt er nicht, er sucht nach allgemeinen gegenständlichen Gesetzmäßigkeiten.

Theoretischer Mensch	
Erkenntnisstreben	
positiv	**negativ**
- Rationalismus	- Unpersönliche Einstellung
- Streben nach Objektivität	- Praktische Hilflosigkeit
- Abstrakt begriffliches Denken	- Lebensferne
- Sich selbst treu	- Dogmatiker

Abb. 19: Der theoretische Mensch

• Der ökonomische Mensch

Das Ziel des ökonomischen Menschen ist einfacher gestrickt als das des theoretischen Menschen. Sein Ziel ist auf alles das ausgerichtet, was seiner Befriedigung dient. Auf wirtschaftlicher und geschäftlicher Ebene sind es Ziele, wie die Schaffung von Reichtum und Gewinnen, Verkauf von Gütern und Expansion des Unternehmens, um nur einige Beispiele zu nennen. Remplein beschreibt den ökonomischen Menschen als einen, „der in allen Lebensbeziehungen den Nützlichkeitswert voranstellt".

Ökonomischer Mensch	
Nützlichkeitsstreben	
positiv	**negativ**
- Urteilsschärfe	- Utilitarismus
- Lebensnähe	- Luxusbedürfnis
- Entschlussfähigkeit	- Egoismus
- Beständigkeit	- Geldgier

Abb. 20: Der ökonomische Mensch

• Der ästhetische Mensch

Die Schönheit, die Form und die Harmonie gehören zu den Zielen, nach denen der ästhetische Mensch strebt. Ihr Erleben beruht, wie dargetan, auf einer „Verschmelzung von Auffassungsakten" und wenig Sinn für alle anderen Wertbereiche. Schönheit ist das höchste Maß der Dinge mit „Einfühlungsakten" auf einer Beseelung der Objekte auf das Subjekt. Wird sie mit einem der anderen Kulturbereiche verbunden, zum Beispiel beim Versuch aus der Schönheit einen Nutzen zu ziehen, wird in seinen Augen alles Ästhetische zerstört.

Ästhetischer Mensch	
Schönheitsverlangen	
positiv	negativ
- Individualisierendes Denken	- Amoralität
- Intuition	- Lebenshaltung
- Einfühlungsgabe	- Genießerischer Selbstgenuss
- Erotische Liebe	- Praktische Hilflosigkeit

Abb. 21: Der ästhetische Mensch

● **Der politische Mensch**

Man kann ihn auch als Machtmenschen beschreiben, der an Herrschaft und Überlegenheit interessiert ist. Macht spiegelt sich in den meisten Staatsmännern wieder. Aber auch zu anderen Kulturbereichen lässt sich eine Verbindung mit diesem Typus herstellen. Alles hat eine Berechtigung, so lange sie ihm zu seiner Machtposition verhilft. Wissenschaftliche Erkenntnis ist ein Mittel zur Macht. In dem Buch von Remplein wird hierfür das Beispiel der Psychologie und Soziologie angeführt, „sie lehren die Gesetze der Seele bzw. des menschlichen Zusammenlebens und geben dadurch Mittel an die Hand zur Beherrschung des Einzelnen, sowie der Gesellschaft". Auch das ökonomische Gebiet verhilft dem Machtmenschen zu seinen Zielen, da Reichtum ein politisches Mittel darstellt und ihm Anbeter und Gefolgsleute verschafft.

Politischer Mensch	
Machtstreben	
positiv	negativ
- Istbejahung	- Rücksichtslosigkeit
- Vitalität	- Selbstüberhebung
- Realistische Beurteilung	- Prunksucht
- Regelwille	- Egoismus

Abb. 22: Der politische Mensch

● **Der soziale Mensch**

Hingabe zu anderen Menschen, Menschenliebe und Nächstenliebe sind Motive des sozialen Menschen. Dabei kann unterschieden werden, ob diese Menschenliebe sich nur auf einen Menschen (Kind, Ehegatte, Lebenspartner, Eltern) oder mehrere Menschen bezieht. Für ihn hat diese Liebe keinen ästhetischen oder erotischen Hintergrund, sie steht für ihn eher in religiösem Zusammenhang.

Sozialer Mensch	
Menschenliebe	
positiv	**negativ**
- Hingabefähigkeit	- Parteilichkeit
- Altruismus	- Subjektivismus
- Mitgefühl	- Ungerechtigkeit
- Treue	

Abb. 23: Der soziale Mensch

• Der religiöse Mensch

Der religiöse Mensch befindet sich auf der Suche nach dem höchsten Wert des geistigen Daseins. Unter dem höchsten Wert wird das höchste sinngebende Prinzip der Welt, „Gott", verstanden. Spranger unterscheidet dabei drei „Untergruppen" des religiösen Menschen.

Den immanenten Mystiker, für den Gott und die Welt eins sind und, der in der Welt selber die oben beschriebene Wertfülle sucht. Für den transzendenten Mystiker sind Gott und die Welt getrennt. Für ihn befindet sich alles Positive im Jenseits, das irdische Leben verachtet er. Als dritten Typus unterscheidet Spranger den dualistisch-religiösen Typus, der die Welt weder bedingungslos bejaht, noch bedingungslos verneint. Er ist der Welt gegenüber uneinheitlich eingestellt, man kann sagen, dass der dualistisch-religiöse Typus eine Mischung des transzendenten und des immanenten Mystikers ist.

Religiöser Mensch	
Gottesliebe	
1. Immanenter Mystiker	
positiv	**negativ**
- Lebensbejahung	
- Schönheitsdurst	
- Menschenliebe	
2. Transzendenter Mystiker	
positiv	**negativ**
- Jenseitseinstellung	- Lebensverneinung
- Offenbarungsglaube	- Verachtung des Irdischen
- Askese	
3. Dualistisch-religiöser Mensch (Mystiker)	
positiv	**negativ**
- Bedingte Lebensbejahung	- Teilweise Lebensverneinung

Abb. 24: Der religiöse Mensch

2 Das Structogram

Ein weiteres Modell, das zur Bestimmung von Persönlichkeitstypen beiträgt, basiert auf der Biostrukturanalyse und wird Structogram genannt. Der amerikanische Hirnforscher Paul MacLean fand heraus, dass die genetische Struktur unseres Gehirns von entscheidender Bedeutung im Umgang mit anderen Menschen ist. Dabei wird das Gehirn in drei Bereiche unterschieden und jeder dieser Bereiche trägt folgende Verantwortlichkeit:

- Das Stammhirn,   die Selbsterhaltung

- Das Zwischenhirn,   die Selbst-Behauptung

- Das Großhirn,   das Selbstbewusstsein.

Folgende Abbildung zeigt die Eigenschaften der Gehirnbereiche, wodurch das Verhalten, laut dem **deutschen Structogram-Zentrum**, geprägt wird.

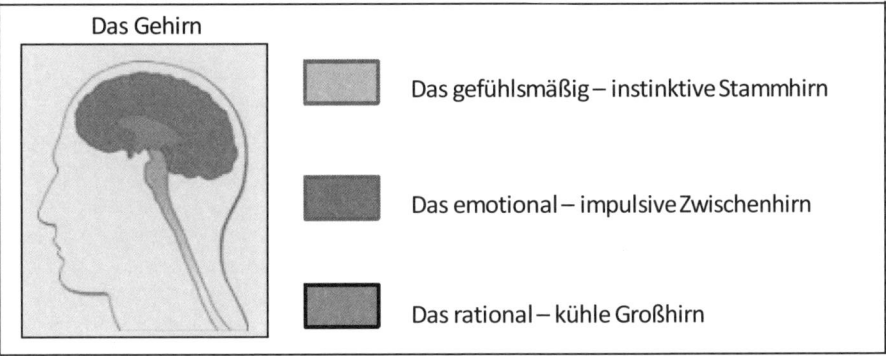

Abb. 25: Die Hirnbereiche

In der **Biostrukturanalyse** wird untersucht, in welchem Verhältnis sich die drei Bereiche die „Herrschaft" über das Gehirn teilen, da diese kennzeichnend für die Grundstruktur der Persönlichkeit sind.

- Bei einer Stammhirn-Dominanz handelt es sich um Personen, die Worte wie Familie, Tradition, miteinander, Zusammenarbeit etc. verwenden.
- Bei einer Zwischenhirn-Dominanz handelt es sich um sehr zielstrebige Personen, die bevorzugt Worte wie höher, schneller, weiter, Wettbewerb, Effizienz etc. verwenden.
- Bei einer Großhirn-Dominanz handelt es sich um sehr sachliche Personen, die favorisiert Worte wie Zahlen, Daten, Fakten, Tabellen, Ordnung, logisch, Distanz etc. verwenden.

Beim Lösen von Problemen im Team sowie in der Kommunikation untereinander kann es zu Störungen kommen. Das Wissen über Strukturen der einzelnen Teammitglieder kann solchen Störungen präventiv entgegenwirken.

Die Theorie besagt, dass die Einflussstärke des jeweiligen Gehirnbereiches genetisch bedingt ist und damit die Persönlichkeit des Menschen bestimmt.

In verschiedenen Situationen setzt sich eine Komponente der drei Gehirnteile durch und ist prägend für das Verhalten. Die Persönlichkeit wird durch die Biostrukturanalyse bestimmt. Diese Analyse ist „eine wertfreie (Selbst-) Analyse genetisch veranlagter Grundstrukturen".[37] Aus der nachfolgenden Übersicht kann in Kurzform entnommen werden, welche Verhaltensweisen durch die genetisch bedingten Komponenten, in Bezug auf die Beziehung zu Menschen, Orientierung in der Zeit, Denk- und Arbeitsweise und Erfolg, geprägt werden können.

Genetisch bedingte Verhaltensweisen			
	Stammhirn Gefühl	Zwischenhirn Emotionen	Großhirn Ratio
Beziehung zu Menschen	Kontakt	Dominanz	Distanz
	Streben nach menschlicher Nähe	Streben nach Überlegenheit	Streben nach Sicherheitsabstand
	Gespür für Menschen	Natürliche Autorität	Zurückhaltung
	Allgemeine Beliebtheit	Neigung zum Wettbewerb	Tendenz zur Verschlossenheit
Orientierung in der Zeit	Vergangenheit	Gegenwart	Zukunft
	Bauen auf Vertrautes	Erfassen des Augenblicks	Bedenken der Konsequenzen
	Handeln aus Erfahrung	Impulsives Handeln	Planvolles Handeln
	Vermeidung radikaler Veränderungen	Aktivität und Dynamik	Streben nach Fortschritt
Denk- und Arbeitsweise	Erspüren	Begreifen	Ordnen
	Intuitives Denken, Fingerspitzengefühl	Konkretes praktisches Handeln	Systematisches, analytisches Handeln
	Verlässliche erste Eindrücke	Schnelles Erkennen des Machbaren	Hohes Abstraktionsvermögen
	Fantasie	Neigung zum Improvisieren	Hang zur Perfektion
Erfolgt durch	Sympathie	Mitreißen	Überzeugen

Abb. 26: Verhaltensmatrix nach der Biostrukturanalyse [38]

---

[37] Vgl. Simon W.: GABALs großer Methodenkoffer, a. a. O. S. 105
[38] Vgl. ebd. S 107

3 Das DISG-Modell

Das so genannte **DISG-Modell**[39] geht zurück auf **William Moulton Marston**. Er beschäftigte sich schon vor rund 80 Jahren mit der Frage, welche Emotionen der normale Mensch zeigt und wie sie sich unterscheiden lassen. Marston stellte fest, dass sich Menschen grundsätzlich in zwei Hinsichten unterscheiden:

- Menschen können sich gegenüber der Umwelt als stärker oder als schwächer einschätzen.
- Menschen können ihre Umwelt als ihnen freundlich, bzw. feindlich gesonnen wahrnehmen.

Bei seinen Forschungen begann Marston Muster zu erkennen, die auf verschiedene Verhaltensdimensionen schließen ließen. Diese grundsätzlichen Verhaltensdimensionen bezeichnen wir heute als **Dominanz**, **Initiative**, **Stetigkeit** und **Gewissenhaftigkeit**.

Basierend auf den theoretischen Vorarbeiten von Marston entwickelte der US-amerikanische Verhaltenswissenschaftler John Geier 1958 die Urform des DISG-Persönlichkeitsprofils. Das Persönlichkeitsprofil ist seit 1972 auf dem internationalen und seit 1990 auf dem deutschen Markt präsent.[40]

Persönlich-keitsprofil	Wahrnehmung des Umfeldes	
Reaktion auf das Umfeld	**Dominanz**	**Initiative**
	Gewissenhaftigkeit	**Stetigkeit**

Abb. 27: DISG-Persönlichkeitsprofil

In vielen deutschen Unternehmen werden seitdem Seminare angeboten, in denen die Teilnehmer anhand dieses Modells mehr über sich und ihre Kollegen erfahren können. In einem **DISG-Seminar** werden die Teilnehmer einem Test unterzogen, der die jeweilige Überlegenheit eines der vier Bereiche bestimmt. Des Weiteren werden Übungen durchgeführt, um das Vertrauen anderer Menschen besser einzuschätzen und zu verstehen.

Das **DISG-Persönlichkeitsmodell** verbindet ein psychologisches Wahrnehmungs- mit einem Handlungsmodell und ist Instrument zur situativen Verhaltensmessung.[41]

---

[39] Die Abkürzung bedeutet: D = Dominance (Dominanz), I = Inducement (Anreiz), S = Submission (Unterwerfung), G = Complaince (Gewissenhaftigkeit), Es handelt sich um ein eingetragenes Warenzeichen.

[40] Vgl. Gay. F.: Das DISG Persönlichkeitsprofil, Offenbach 2006, S. 17 ff.

[41] Vgl. Ott, L., Wittmann, R., Gay, F.: Das DISG Persönlichkeitsprofil, In: Hrsg. Simon W.: Persönlichkeitsmodelle und Persönlichkeitstests, Offenbach 2006, S. 159 ff.

In Abbildung 27 können die vier verschiedenen Verhaltensweisen für Menschen entnommen werden, welche in jeder Persönlichkeitsstruktur mehr oder weniger stark ausgeprägt sind.

Der „dominante" Persönlichkeitstyp (D):

Dieser Persönlichkeitstyp ist geprägt vom extravertierten und aufgabenorientierten Verhalten. Dominante haben den Drang, die Kontrolle zu übernehmen und immer wieder Herausforderungen annehmen zu müssen und zu siegen. Kurz gesagt die Effektivität und die Unabhängigkeit stehen im Mittelpunkt.

Ziel: Den Widerstand überwinden, um Ergebnisse zu erzielen

Stärken	Schwächen
• Kommandoübernahme	• Unsensibel
• Schnelle Entscheidungsfindung	• Zu anspruchsvoll
• Ergebnisorientiert	• Kaum teamfähig

Der „initiative" Persönlichkeitstyp (I):

Kennzeichnende Merkmale des Initiativen sind extravertiertes und menschenorientiertes Verhalten. Andere zu motivieren und zu überzeugen sind typische Eigenschaften. Der Focus liegt in der Kommunikation und der Unterstützung.

Ziel: Andere einbinden, um Ergebnisse zu erzielen

Stärken	Schwächen
• Kontaktfreudig	• Redefreudig
• Optimistisch	• Nicht konsequent
• Teamplayer	• Zu impulsiv

Der „stetige" Persönlichkeitstyp (S):

Der stetige Persönlichkeitstyp verhält sich menschenorientiert und introvertiert. Menschen mit einem hohen S-Anteil gehen auch auf andere zu, aber sie verhalten sich zurückhaltender als Menschen mit dem hohen I. Er ist besonnen, unterstützt, stimmt zu, nimmt Rücksicht und sucht echte Beziehungen. Im Mittelpunkt stehen die Harmonie und die Vernunft.

Ziel: Mit anderen zusammenarbeiten, um Ergebnisse zu erzielen

Stärken	Schwächen
• Konzentriert	• Unentschlossen
• Guter Zuhörer	• Keine Termintreue
• Spezialisiertes Wissen	• Zu nachsichtig

Der „gewissenhafte" Persönlichkeitstyp (G):

Das Verhalten des Gewissenhaften ist introvertiert und aufgabenorientiert. Er will Ärger vermeiden und achtet auf Präzision und Genauigkeit. Weiterhin versucht dieser Persönlichkeitstyp sich Situationen anzupassen, um keine unnötigen Risiken eingehen zu müssen. Das Hauptaugenmerk liegt in der Struktur und in der Effizienz.

Ziel: Mit anderen über mögliche Konsequenzen von Aktivitäten reden

Stärken	Schwächen
• Diplomatisch	• Pessimistisch
• Kritisch	• Empfindlich
• Konzentriert	• Fehlende Delegation

Zusammenfassend kann folgende Abbildung erstellt werden:

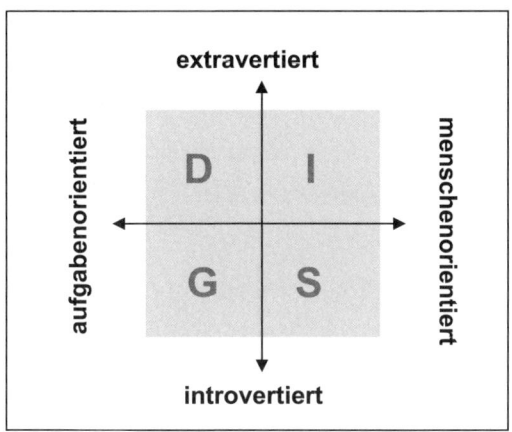

Abb. 28: 2-Achsen-Modell nach Marston[42]

Nach dieser Beschreibung können sich die meisten Menschen intuitiv einem oder zwei Verhaltensstilen zuordnen. Doch in Wirklichkeit zeigt jede Person generell aus allen vier Verhaltensstilen Verhaltenstendenzen auf. Man neigt dazu, situativ einen dieser Stile öfter an den Tag zu legen. Üblich sind neben den eher stark ausgeprägten Typen Mischtypen mit zwei, manchmal sogar drei Verhaltenstendenzen. Das System ist dementsprechend komplexer, als es die vier Buchstaben D-I-S-G vermuten lassen. Das bedeutet: durch unterschiedliche Kombinationsmöglichkeiten können bis zu 20 verschiedene Mischformen erkannt werden.[43]

Nutzen

Es ist wichtig, seine Stärken und Schwächen zu kennen. Denn nur wer seine Stärken kennt, weiß, in welchem Arbeitsumfeld er optimal einsetzbar ist und wo er seine Motivationsfaktoren frei entfalten kann. Das DISG-Modell zeigt seinen Nutzen nicht nur in der persönlichen Entfaltung, sondern auch im Miteinander. Wenn man die Persönlichkeit des Mitarbeiters, Partners oder Kunden genauer einschätzen kann, ist eine bessere Kommunikation möglich und schon im Vorfeld werden Konfliktpotentiale reduziert und somit die sozialen Beziehungen gestärkt. Außerdem erhöhen sich die Effektivität und die Motivation beim Mitarbeiter, wenn er genau auf sich zugeschnittene Aufgaben erledigen kann. Das bedeutet, mit weniger Energieaufwand kann damit ein erfolgreicher Ablauf gewährleistet werden.

---

[42] Vgl. Jung, C. G.: Psychologische Typen, Düsseldorf 1995, S. 160
[43] Vgl. Simon, W.: Persönlichkeitsmodelle und Persönlichkeitstests, Offenbach 2006, S.162ff.

4   Das Team Management Profil (TMP)

Eigenschaften und Verhaltensweisen von Menschen sind im privaten Bereich oft anders als im beruflichen Umfeld. Das Team Management Profil dient jedoch nicht dazu, die Persönlichkeit im Gesamten zu erfassen, sondern es soll eher das Team- und Arbeitsverhalten beschreiben. Kennzeichnend für das **Team Management Profil**[44] ist, dass es in den Verhaltensbereichen Kommunikation, Organisation, Entscheidungsfindung und Information den Teammitgliedern ein Feedback gibt.

Der **Nutzen** des TMP liegt vor allem darin,

- die Leistungsfähigkeit zu verbessern
- Stärken zu erkennen und nutzen
- gegenseitiges Verständnis zu fördern
- Führung zu verbessern
- Mitarbeiterentwicklung zu fördern
- Kommunikation zu verbessern.[45]

Die Wissenschaftler **C. Margerison** und **D. McCann** beschäftigten sich damit, wie sich ein ideales Team zusammensetzt und die Arbeitspräferenzen des Einzelnen in Einklang gebracht werden können. Sie entwickelten hierzu das Team Management Rad, das helfen soll die richtigen Talente und Charaktere zusammenzubringen.

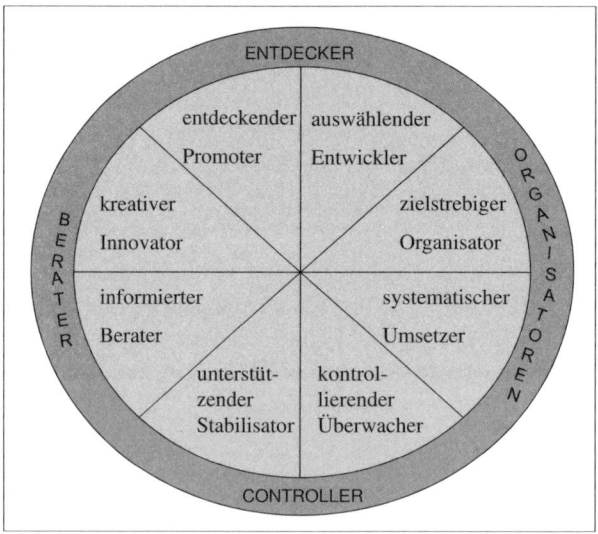

Abb. 29: Das Team Management Rad nach Margerison / McCann

---

[44] Entwickelt von den Wissenschaftlern Charles Margerison (geb. 1940) und Dick McCann (geb. 1943) in den Jahren 1985 - 1988

[45] Vgl. Simon W.: GABALs großer Methodenkoffer, a.a.O., S. 119

Die in der Grafik dargestellten Teamrollen sind demnach für ein erfolgreiches Team oder Projekt nötig. Wenn ein Vorgesetzter weiß, wie sich die Rollen in seinem Team verteilen, kann er seine Mitarbeiter nicht nur nach ihrer Kompetenz, sondern auch nach ihren Präferenzen einteilen. Das sorgt für die nötige Motivation im Team.

Die Teamrollen	
Der Berater	- Beschaffung und Aufbereitung von Informationen - er bereitet Entscheidungen vor - überlässt das Treffen von Entscheidungen gern anderen
Der Innovator	- denkt über neue Wege und Methoden nach - ist flexibel, kreativ, experimentierfreudig, arbeitet gern selbständig - „Querdenker", „Andersdenker"
Der Promotor	- ist kontaktfreudig, mag vielfältige und anregende Aufgaben - kann andere überzeugen und Ideen gut verkaufen - weniger detailorientiert
Der Entwickler	- verwirklicht Ideen - ist ein objektiv denkender Realist - wird sein Produkt oder seine Dienstleistung vom Markt aufgenommen, wendet er sich dem nächsten Projekt zu
Der Organisator	- gestaltet gern Dinge und organisiert Abläufe - entscheidungsfreudig, schätzt Autorität - bringt Prozesse in Gang
Der Umsetzer	- führt aus, was das Team konzipiert - liebt Pläne und schätzt Effizienz, Ordnung und Regelmäßigkeit - ist geeignet für Routinearbeit
Der Überwacher	- möchte Qualität in allen Bereichen gesichert sehen - konzentriert sich intensiv auf eine Sache - mag keine Ungenauigkeiten, dadurch entsteht Konfliktpotenzial mit Teammitgliedern, welche die Sache nicht so genau nehmen
Der Stabilisator	- engagiert sich für das, woran er glaubt - sorgt für ein „Wir-Gefühl" - greift schwächeren Mitgliedern im Team unter die Arme

Abb. 30: Die Teamrollen und ihre Aufgaben

5   Das INSIGHTS - MDI®-Verfahren

Das **INSIGHTS-MDI®-Verfahren** analysiert die menschlichen Verhaltens- und Wert-
präferenzen sowie die Kompetenzen des einzelnen Menschen. Mit Hilfe des INSIGHTS-
MDI®-Verfahren soll erklärt werden:

- **Was wir tun**

- **Wie wir etwas tun**

- **Warum wir etwas tun**[46]

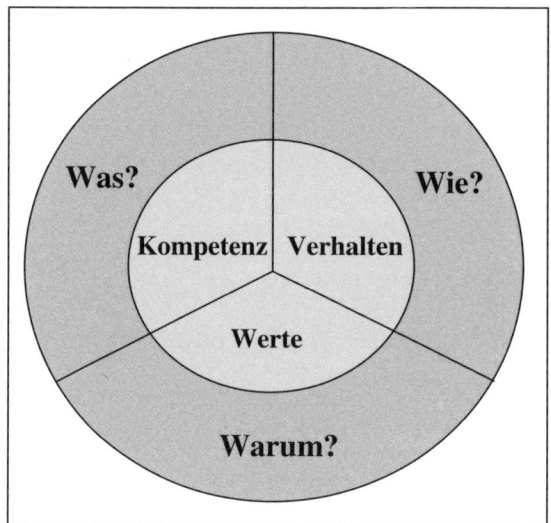

Abb. 31: Kompetenzmodell des INSIGHTS-MDI®-Verfahren[47]

Ziel dieses **Persönlichkeitsmodells** ist es, einerseits den eigenen Persönlichkeitstyp zu definieren und andererseits seine Mitmenschen zu identifizieren. Nur wer
seine eigene Persönlichkeit erkennt, kann verständnisvoller mit seinen Mitmenschen
umgehen und sein Gegenüber beziehungsweise Partner besser verstehen.

Beruhend auf den zwei Dimensionen von **C. G. Jung**

„Introversion und Extraversion" und

„Denken versus Fühlen",

welche bereits in Punkt 4 des Kapitel B dieses Buches beschrieben wurden, klassifi-
ziert das INSIGHTS-MDI®-Verfahren das Verhalten in vier Grundtypen wie in folgender Abbildung dargestellt.

---

[46] Vgl. Simon W.: GABALs großer Methodenkoffer, a.a.O., S. 82
[47] Vgl. ebd., S. 82

	KALT-BLAU	**FEUER-ROT**
Denker	Gewissenhafter Analytiker, besonnen, formal, hinterfragend, präzise, vorsichtig	Dominanter Macher, entschlossen, fordernd, sachorientiert, willensstark, zielgerichtet
	ERD-GRÜN	**SONNEN-GELB**
Fühler	Zuverlässiger Beziehungstyp, entspannt, ermutigend, geduldig, mitfühlend, vertrauensvoll	Entertainer, enthusiastisch, offen, redegewandt, überzeugend, umfänglich
	introvertiert	**extravertiert**

Abb. 32: Grundtypen des INSIGHTS-MDI®-Verfahren

Jedem Persönlichkeitstyp mit seinem Verhaltensmuster kann eine Farbe zugeordnet werden. Das Verhaltensmuster sagt aus, wie wir mit Herausforderungen, Menschen, Strukturen und Regeln umgehen. Dem einzelnen Menschen kann dabei selten nur eine Farbe zugeordnet werden, beim Großteil der Menschen überwiegen zwei Farben.

Als Weiterentwicklung kann man, aufbauend auf den Funktionstypen von **C. G. Jung**, acht INSIGHT-Typen herleiten. Eingeteilt beziehungsweise benannt werden sie nach den Berufsgruppen, für die sie sich besonders gut eignen:

Direktor:	- ergebnisorientiert, zielstrebig
Motivator:	- marktorientiert, unabhängig
Inspirator:	- kontaktorientiert, flexibel
Berater:	- teamorientiert, kooperativ
Unterstützer:	- beziehungsorientiert, geduldig
Koordinator:	- produktorientiert, diszipliniert
Beobachter:	- qualitätsorientiert, präzise
Reformer:	- kontrolliert, perfektionistisch[48]

---

[48] Vgl. Simon W.: GABALs großer Methodenkoffer, a.a.O., S. 86

Auch zu den Lebensformen nach Spranger lässt sich in diesem Modell eine Beziehung herstellen, wenn wir uns auf die menschlichen Werte beziehen, die Einfluss darauf haben, was wir tun und für welche Aufgaben wir uns entscheiden.

Bei der INSIGHTS-Methode wird zwischen sechs handlungsleitenden Werten beziehungsweise Motiven unterschieden, wobei auch hier gesagt werden kann, dass immer zwei in einem Menschen überwiegen:

Theoretisches Motiv:	- intellektuelle Prozesse, hohe Fachkompetenz
Ökonomisches Motiv:	- Unternehmertum und Nutzenorientierung
Ästhetisches Motiv:	- Selbsterfüllung und Harmonie
Soziales Motiv:	- Selbstlosigkeit und anderen helfen wollen
Individualistisches Motiv:	- Führung und Leadership
Traditionelles Motiv:	- Sinn im Leben finden[49]

Die INSIGHTS-Analyse erfolgt durch die Anwendung von Fragebögen, die leicht und verständlich formuliert sind. Die erhaltene Auswertung besteht aus einem textlichen und grafischen Bericht, die eine detaillierte Analyse sowie Hinweise und Tipps für die Praxis enthalten.

Weiterhin verfügt das INSIGHTS-MDI®-Verfahren über 384 verschiedene Kombinationen von Verhaltenstendenzen. Diese können, wie im Team Management Profil, in einem Rad auf 60 Positionen dargestellt werden.[50] Da der Vertrieb dieses Modells sowie die Analyse der SCHEELEN® AG und der Tochtergesellschaft INSIGHTS International® Deutschland GmbH unterliegen, kann der Test hier in diesem Buch nicht veröffentlicht werden.

Dennoch soll hier abschließend ein kleines Beispiel dargestellt werden. Bei der Analyse und der Messung der einzelnen Typen unterscheidet INSIGHTS zwei Verhaltensstile:

Basis-Stil:	das eigene natürliche Verhalten
Adaptierter Stil:	das eigene berufliches Rollenverhalten

Diese Stile werden anhand der Analyse in dem oben erwähnten Rad eingetragen und zwar entsprechend der Persönlichkeit und den Berufsgruppen für die sich die Persönlichkeit besonders gut eignet.

In folgender Abbildung sieht man, dass die Persönlichkeit und der ausgeübte Beruf gut zueinander passen. Der Basis-Stil wird durch den Punkt dargestellt, während der adaptierte Stil durch den Stern dargestellt wird.

---

[49] Vgl. Simon W.: GABALs großer Methodenkoffer, a.a.O., S. 87
[50] Vgl. ebd., S. 88

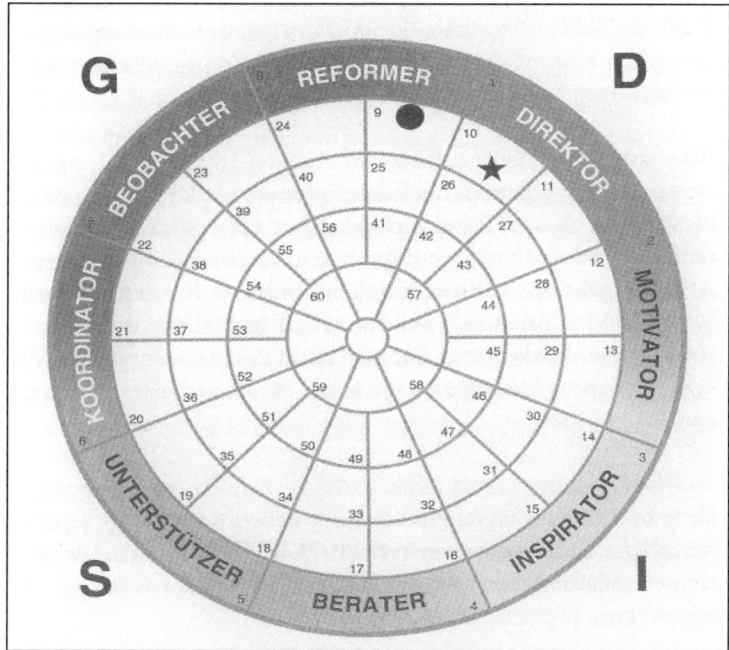

Abb. 33: Beispiel für den Basis- und adaptierten Stil einer Person[51]

Abschließend kann gesagt werden, dass das INSIGHTS-Modell und seine Bausteine, wie die Arbeitsstellen- oder Potential-Analyse, Karriere- oder Leadership-Check und Verkaufsstrategien-Indikator, das Ziel der Selbsterkenntnis und das verständnisvollere Miteinander anstrebt. Das Beziehungsmanagement steht im Vordergrund und gilt als Schlüssel zum zwischenmenschlichen Erfolg. Die Typologie der INSIGHTS-Methode vermittelt nicht nur die Erkenntnis, wie man auf andere wirkt, sondern auch, mit welchem Persönlichkeitstyp gerade kommuniziert wird und wie mit ihm umgegangen wird.

Nutzen der INSIGHTS-Methode:	• Erkennen des eigenen Persönlichkeitstyps
	• Erkennen des Gegenübers
	• Entwickeln von persönlichen Erfolgsstrategien

Einsatzgebiete der **INSIGHTS-Methode** sind:

- Potentialerkennung
- Führung / Leadership
- Personalauswahl, -entwicklung
- Teamentwicklung

---

[51] Vgl. Simon W.: GABALs großer Methodenkoffer, a.a.O., S. 89

6 Die Gestalttherapie

An dieser Stelle möchten wir von den Persönlichkeitsmodellen im allgemeinen Sinne abweichen und einen kleinen Einblick in die Persönlichkeitsentwicklungskonzepte geben, die auf den Persönlichkeitsmodellen aufbauen. Bei den Persönlichkeitsentwicklungskonzepten möchten wir auf die Gestalttherapie eingehen, die von dem deutschen Mediziner **Frederik S. Perls** entwickelt wurde. Perls beschäftigte sich mit der Gestaltpsychologie und entwickelte dabei eine kritische Haltung gegenüber den Theorien von Freud.[52]

Die **Gestalttherapie** soll dem Menschen, der sie in Anspruch nimmt, helfen das Grundvertrauen in sich selbst wieder herzustellen und zu stärken. Mittels eines Gestalttherapeuten sollen die ungenutzten Möglichkeiten eines Menschen entdeckt und ausprobiert werden. Nach der Gestalttherapie soll eine verbesserte Wahrnehmung der eigenen Bedürfnisse, Gefühle und Möglichkeiten eintreten sowie negative Bewältigungsstrategien aufgedeckt werden.

Der Therapeut bietet hierfür verschiedene Hilfsmittel beziehungsweise Methoden an, wie zum Beispiel Musik, Entspannungsübungen, Rollenspiele, Malen, Töpfern und Kneten. Wird die Gestalttherapie eingesetzt, sollte man sich vorher mit den Grundelementen beziehungsweise Prinzipien vertraut machen.

Die **Gestalttherapie** setzt sich aus folgenden Elementen zusammen:

- **Die Wahrnehmung**
  - **Der Figur-Grund-Prozess**
- **Hier-und-Jetzt-Prinzip**
  - **Organismus-Umwelt-Feld**
- **Das „Selbst"**
  - **Der Kontakt**

Die Wahrnehmung soll die Basis der Gestalttherapie sein, denn nur durch sie ist das Erleben, Bewerten und Verändern der eigenen Persönlichkeit beziehungsweise des Verhaltens möglich. Wenn jemand versucht, sein eigenes Umfeld bewusst wahrzunehmen (zum Beispiel die Anordnung von Möbeln), würde ihm bewusst werden, dass die intensive Wahrnehmung kaum Platz für andere Beschäftigungen bietet, sie ist zeitraubend und anstrengend. Wir nehmen unsere Welt nur so wahr, dass für uns sinnvolle Einheiten[53] (auch Gestalten genannt) entstehen.[54]

Der Figur-Grund-Prozess beschreibt die visuelle Wahrnehmung. So tritt die Sache beziehungsweise die Person in den Vordergrund, auf die man sich gerade konzentriert. Man kann auch sagen, dass das wahrgenommene Feld sich vom Hintergrund abhebt.

---

[52] Vgl. Simon, W. GABALs großer Methodenkoffer, S. 173 ff.

[53] unter sinnvollen Einheiten wird verstanden: Sachen, Personen, Gefühle, Gedanken oder das eigene Handeln

[54] Vgl. Simon, W.: GABALs großer Methodenkoffer, a.a.O., S. 174

Die Gegenwart, also das „Hier und Jetzt", steht in der Gestalttherapie im Vordergrund, denn es wird nur in der Gegenwart wahrgenommen. Es geht darum, welche Bedürfnisse der Mensch im Hier und Jetzt hat, was die Person im Hier und Jetzt wahrnimmt. Kennzeichnend für das Element Organismus-Umwelt-Feld ist, dass Wahrnehmung beziehungsweise Gestaltung nicht im luftleeren Raum entsteht, sondern immer in der Umwelt. Nehmen wir das Beispiel einer Pflanze. Wir stellen uns Pflanzen immer samt der Erdoberfläche vor, obwohl die Erde nur die Umwelt der Pflanze ist.

Das „Selbst" ist für den Kontakt von dem Menschen und seiner Umwelt von Bedeutung. Dabei wird das „Selbst" nur unbewusst wahrgenommen und tritt nur dann bewusst auf, wenn es zu Störungen mit der Umwelt kommt. **Simon** beschreibt in seinem Buch dieses mit dem Beispiel, dass in einer Situation, in der der Sauerstoff knapp wird, dass „Selbst" eintritt und zu handeln befiehlt.

Den Kontakt als solchen kann man als einen Prozess des Austausches zwischen dem Menschen und seiner Umwelt ansehen. Kontakt und Austausch sind wichtig, um seine eigenen Bedürfnisse[55] zu befriedigen. Können die entsprechenden Bedürfnisse nicht befriedigt werden, zum Beispiel dadurch, dass die Kontaktaufnahme beeinträchtigt wird, kann es zu Störungen in dem Verhalten des Menschen kommen. Wie sich diese Störungen auswirken können, sei kurz in der folgenden Tabelle dargestellt.

Introjektion „Ich schlucke meine Wut hinunter"	• Wut wird nicht herausgelassen und „liegt schwer im Magen" • kann Ursache für Verdauungsstörungen, ohne organische Ursachen sein • es kommt zu keinem Kontakt mit der Wut
Projektion „Ich musste so handeln, weil du…"	• die Dinge, die man selbst verspürt, werden anderen unterstellt • um verspürte Wut zu schmälern, wird die verspürte Wut anderen unterstellt, obwohl dem nicht so ist • der andere wird nicht so wahrgenommen wie er ist
Retroflektion „Meine empfundene Wut richte ich gegen mich selbst"	• Kontakt mit der anderen Person kommt gar nicht oder nur schwer zustande
Konfluenz „Ich tue alles, aber habt mich nur gern"	• trifft auf einen Menschen zu, der immer alle Erwartungen erfüllen will • will Harmonie mit allen Mitteln erzeugen • grenzt sich gegenüber seiner Umwelt ab
Deflektion „Jetzt bitte nicht! Ich bin müde und habe Kopfschmerzen!"	• Konfliktsituationen werden vermieden • Rückzug von der Umwelt • Folge dieses Verhaltens ist eine permanente Müdigkeit ohne organische Ursachen

Abb. 34: Grundlegende Störungen, die eintreten, wenn das wahrgenommene Bedürfnis nicht zum Ausdruck kommt oder verneint wird[56]

---

[55] Bedürfnisse, zum Beispiel die Grundbedürfnisse nach Maslow (Nahrung, Schlaf, Wärme, Sexualität)
[56] Vgl.: Simon, W. GABAL´s großer Methodenkoffer, S. 177 ff.

Wie wir bereits aufgeführt haben, soll durch die Gestalttherapie der Mensch das Grundvertrauen in sich selbst wiedergewinnen und stärken.

Die persönliche Veränderung des Menschen vollzieht sich dabei in **5 Phasen**:

Stagnation oder:	„Hilfe, mir geht es so schlecht."
Polarisation oder:	„Ich würde gerne, aber ich traue mich nicht."
Diffusion oder:	„Ich weiß nichts."
Kontraktion oder:	„Ich konzentriere mich auf einen Punkt."
Expansion oder:	„Ich habe neue Gefühle."

Folgende Tabelle fasst die signifikanten Veränderungen, die der Mensch in den einzelnen Phasen der Gestalttherapie durchläuft, zusammen.[57]

Phase 1 - Stagnation	• Mensch leidet an physischen oder psychischen Symptomen • sieht sich in der Opferrolle, dem Symptome von außen zugeführt werden • weiß nicht, wie er das Bedürfnis auf Beseitigung der Symptome erfüllen kann • versucht seine Umwelt so zu beeinflussen, dass die Bedürfnisse von „außen" befriedigt werden • Stagnation deshalb, weil der Mensch in seiner unzufriedenen Lage verharrt und auf Hilfe von außen hofft
Phase 2 - Polarisation	• Veränderungen verursachen in dem Menschen Angst und Unsicherheit • versucht widersprüchliche Emotionen in Einklang zu bekommen • befasst sich mit seinen eigenen Handlungen • erkennt sich als Mitgestalter seiner Situation
Phase 3 - Diffusion	• Mensch nimmt Leere und Verwirrung wahr • Richtungs- und Orientierungslosigkeit nicht mit der Stagnation in Phase 1 vergleichbar • durch die Verwirrung kann ein neuer Zustand entstehen
Phase 4 - Kontraktion	• Strukturierung der Handlungen (bzw. das Erleben) • Konzentration auf einen schmerzhaften Punkt und Überwindung dessen
Phase 5 - Expansion	• Empfindung von neuen Gefühlen • diese Gefühle ermöglichen ein Überwinden seines Symptoms

Abb. 35: Persönliche Veränderung des Menschen in den 5 Phasen der Gestalttherapie

---

[57] In Anlehnung an Simon, W.: GABALs großer Methodenkoffer, a.a.O., S. 179 ff.

D Die Transaktionsanalyse

Die Transaktionsanalyse stellt ein weiteres Erklärungsmodell zur Psychologie der menschlichen Persönlichkeit dar, welches häufig auch in Führungskräfte-Trainings benutzt wird. Unter einer Transaktion versteht man einen Reiz und die darauf folgende Reaktion. Ein wichtiges Erklärungsmodell ist die Transaktionsanalyse deshalb, weil sie mit einem einfachen Vokabular arbeitet, das jedermann versteht. Dieses Modell ermöglicht es, soziale Interaktionen zu analysieren und zu steuern. Es wurde von **Eric Berne** und seinem Schüler **Thomas Harris** in den 1950er und 1960er Jahren entwickelt.

Durch die Transaktionsanalyse soll man in die Lage versetzt werden, den Umgang mit seinen Mitmenschen offen und störungsfrei zu gestalten sowie angemessen und flexibel auf schwierige Situationen zu reagieren. Die direkten Ziele der Transaktionsanalyse sind somit ein besseres Verständnis der Kommunikation zwischen den Menschen, aber auch die Verbesserung der eigenen Charakterkenntnis und Verhaltensweisen.

1 Das Transaktions-Modell nach Eric Berne

Nach **Eric Berne**[58] zeichnet das Gehirn Erlebnisse mitsamt den empfundenen Gefühlen wie ein Tonbandgerät exakt auf. Durch bestimmte Reize lassen sich in der Vergangenheit aufgezeichnete Erinnerungen wieder abrufen. Empfindungen werden dann unweigerlich mit den zusammen aufgezeichneten Erinnerungen wieder erlebt.[59] Das Tonband, das alles aufzeichnet, funktioniert also wie ein doppelspuriges Stereotonband mit einer Spur für die Ereignisse und einer Spur für die empfundenen Gefühle. Bei der Transaktionsanalyse werden diese Tonspuren zergliedert. Diese Analyse nennt man Strukturanalyse. Sie stellt ein Teilgebiet der Transaktionsanalyse dar. Mit ihrer Hilfe versuchen Transaktionsanalytiker die Verhaltensweisen von Menschen zu analysieren. Diese Verhaltensweisen nennt man in der Transaktionsanalyse die **Ich-Zustände** des Menschen.

1.1 Ich-Zustände

Jede Persönlichkeit hat nach Berne drei Ich-Zustände in sich. Diese sind das Eltern-Ich (EL), das Erwachsenen-Ich (ER) und das Kindheits-Ich (K).

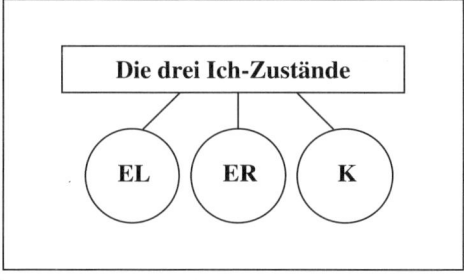

Abb. 36: Die drei Ich-Zustände

[58] Vgl. Berne, E.: Games People play, New York 1967
[59] Vgl. Harris, T. A.: Ich bin o.k. - Du bist o.k., Reinbeck bei Hamburg 1975, S. 26

(1) Das Eltern-Ich

Das **Eltern-Ich** ist eine ungeheure Sammlung von Aufzeichnungen im Gehirn über ungeprüft hingenommene oder aufgezwungene äußere Ereignisse, die ein Mensch in seiner frühen Kindheit wahrgenommen hat. Diese Periode umfasst etwa die ersten fünf bis sechs Lebensjahre. Da das Kleinkind noch nicht in der Lage ist, die auf es eindringenden Daten zu prüfen oder kritisch zu hinterfragen, werden diese ohne Kontrolle abgespeichert.

Man unterscheidet zwischen dem **fürsorglichen** und dem **kritischen** Eltern-Ich.[60]

- Das **kritische Eltern-Ich** enthält unreflektierte Wertungen und Vorurteile. Es moralisiert und neigt eher dazu zu sagen, "tu das nicht" als "tu das". Das kritische Eltern-Ich ist somit ein schlechter Problemlöser, denn es neigt eher dazu, einen Schuldigen zu finden, anstatt das Problem anzugehen.

- Das **fürsorgliche Eltern-Ich** hingegen enthält einige gut gemeinte Normen, die uns vor größeren körperlichen und geistigen Schaden bewahren sollen. Durch diese Normen bleibt es uns erspart, zahllose Trivial-Entscheidungen treffen zu müssen.

Das Eltern-Ich	Körperliche Indizien:	Sprachliche Indizien:
EL kritisch / fürsorg-lich	• Warnende Bewegungen • Belehrendes Gebaren • Der ausgestreckte (gehobene) Zeigefinger • Mit dem Fuß auf den Boden klopfen • Einem anderen den Kopf tätscheln • Die Arme vor der Brust verschränken	• Kann ich dir helfen? • Tut dir etwas weh? • Tu gefälligst...! • Das musst du aber anders machen! • Nie machst du etwas richtig! • Wie oft habe ich dir schon gesagt...! • Was werden denn die anderen sagen?

Abb. 37: Merkmale des Eltern-Ich

(2) Das Erwachsenen-Ich

Während das Eltern-Ich in gewisser Weise dem gelernten Lebenskonzept entspricht und das Kindheits-Ich das gefühlte Lebenskonzept darstellt, hat das **Erwachsenen-Ich** nun die Funktion eines Mittlers zwischen diesen beiden Konzepten. Das Erwachsenen-Ich funktioniert folglich wie ein Computer, der die auftreffenden Daten empfängt und mit den schon gespeicherten Informationen der beiden anderen Ich-Zuständen vergleicht.

Da dem Erwachsenen-Ich die drei Informationsquellen Eltern-Ich, Kindheits-Ich und die Realität zur Verfügung stehen, ist es ein guter Problemlöser. Es ermöglicht dem Menschen schnell und richtig zu entscheiden ohne erst lange überlegen zu müssen.

---

[60] Vgl. Rüttinger, R.: Transaktionsanalyse, Arbeitshefte zur Arbeitspsychologie Nr. 10, 8. Aufl., Heidelberg 2001, S. 20

Das Erwachsenen-Ich	Körperliche Indizien:	Sprachliche Indizien:
ER	• Ruhige, sachliche Haltung und Einstellung • Interesse an der Umgebung und dem Geschehen, ausgedrückt durch Mimik, Haltung usw. • Nachdenklichkeit, Erwägungen • Finger an der Nase, Fingerspitzen zusammen	• Was? • Warum? • Wie? • Wer? • Wo? • Meiner Meinung nach... • Wahrscheinlich... • Ich denke...

Abb. 38: Merkmale des Erwachsenen-Ich

(3) Das Kindheits-Ich

Das **Kindheits-Ich** kann man sich - ebenso wie das Erwachsenen-Ich - als riesigen Datenspeicher vorstellen. Hierin werden aber nur innere Ereignisse aufgezeichnet. Damit sind alle Gefühle gemeint, die das Kind sieht und hört. Im Wesentlichen wird auch dieser Speicher in den ersten fünf oder sechs Lebensjahren aufgefüllt. Später findet höchstens noch von außen eine Verstärkung dessen statt, was bereits im Speicher vorhanden ist. Auch hier differenziert man in ein angepasstes und in ein natürliches Ich.

Im **angepassten Kindheits-Ich** sind negative Gefühle verankert. So hat das Kind den Drang, in den ersten Lebensjahren alles zu erkunden und kennen zu lernen. Auf der anderen Seite steht jedoch die ständige Forderung der Umwelt, vor allem der Eltern, auf diese Urbefriedigung zu verzichten, um dafür mit Anerkennung belohnt zu werden. Diese Anerkennung kann jedoch auch schnell entzogen werden, was in dem Kind negative Gefühle weckt und es so zu einer ständigen Anpassung zwingt.

Im **natürlichen Kindheits-Ich** ruhen Kreativität, Neugier, Spontaneität, Freude und Begeisterung am Leben. Alle Gefühle, die bei Erlebnissen entstanden sind, die durch keinerlei Restriktionen eingeschränkt wurden, sind in diesem Ich-Zustand aufgezeichnet.

Das Kindheits-Ich	Körperliche Indizien:	Sprachliche Indizien:
K angepasst | natürlich	• Niedergeschlagene Augen • Hohe, weinerliche Stimme • Die Hand heben, wenn man etwas sagen möchte • Entzücken • Hüpfen, springen, lachen • Zittrige Stimme	• Ich will...! • Gib mir das! • Ich wünsche mir… • Schau mal, was ich kann! • Immer bin ich schuld! • Ich bin ja unmöglich… • Das ist aber alles sehr traurig.

Abb. 39: Merkmale des Kindheits-Ich

Wie das Eltern-Ich so ist auch das Kindheits-Ich ein Zustand, in den ein Mensch fast jederzeit während seiner alltäglichen Transaktionen versetzt werden kann. Jederzeit können dem Menschen Dinge widerfahren, die wieder eine Kindheitssituation heraufbeschwören und dieselben Gefühle wecken, die man damals schon empfunden hat.

1.2   Transaktionen

Wie bereits erwähnt, bezeichnet eine Transaktionsanalyse einen Reiz und eine darauf folgende Reaktion, die zwischen den einzelnen Ich-Zuständen von Individuen stattfinden.

Auf die Frage **„Wie viel Uhr ist es bitte?"** kann jemand zum Beispiel folgende drei Antworten erhalten:

a)   „Es ist 17.20 Uhr."

b)   „Sind Sie zu bequem, selbst auf die Uhr zu sehen?"

c)   „Bei jemandem, der so reich ist, dass er sich eine eigene Uhr leisten kann, ist es jetzt 17.20 Uhr."

Insgesamt haben drei verschiedene Transaktionen stattgefunden.

Alle Transaktionen lassen sich auf **drei Grundformen** reduzieren:

- **Parallele Transaktionen**

- **Überkreuz-Transaktionen**

- **Verdeckte Transaktionen**

(1) Parallele Transaktionen

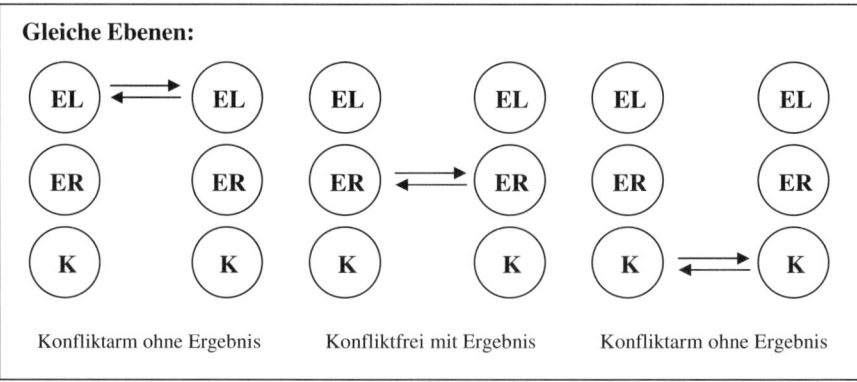

Abb. 40: Parallele Transaktionen auf gleicher Ebene

Beispiele für parallele Transaktionen auf gleicher Ebene:

			A:	B:
1.	A:	„Das ist doch Humanitätsduselei mit dem modernen Strafvollzug. Brummen müssen die!"		
	B:	„Klar, wer was verbrochen hat, muss Knast schieben. Da gibt es kein Pardon!"	EL ⇄	EL
			ER	ER
	A:	„Wo kommen wir denn hin, wenn es diesen Brüdern im Knast besser geht, als draußen!"	K	K
	B:	„Ja, da muss mal wieder ordentlich aufgeräumt werden!"		
2.	A:	„Der Betriebsausflug war ja dufte, hat mal richtig Spaß gemacht."	EL	EL
			ER	ER
	B	„Und gelacht haben wir! Unseren Alten hättest Du sehen sollen, der war unheimlich witzig!"	K ⇄	K
3.	A:	„Wie spät ist es?"	EL	EL
	B	„Halb zwölf!"	ER ⇄	ER
			K	K

Verschiedene Ebenen:

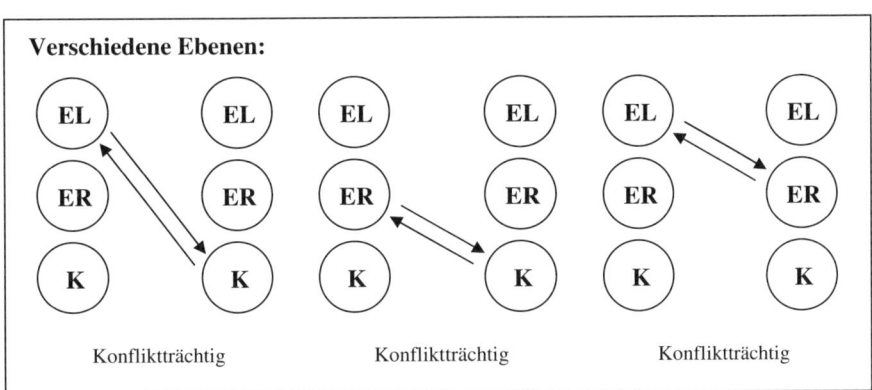

Konfliktträchtig   Konfliktträchtig   Konfliktträchtig

Abb. 41: Parallele Transaktionen auf verschiedenen Ebenen

Beispiel für parallele Transaktionen auf verschiedenen Ebenen:

			A:	B:
1.	A:	„Mist, ich komme einfach mit meinem Chef nicht zurecht! Es ist zum verzweifeln!"		
	B:	„Na rede doch mal mit ihm. Bei Schwierigkeiten muss man doch reden."		
	A:	„Hab` ich doch schon versucht, hat doch alles keinen Zweck, der lenkt sofort vom Thema ab. Da hab` ich keine Chance."	EL	EL
			ER	ER
	B:	„Na, da musst Du Dich vorbereiten, Dir eine Strategie zurecht legen."	K	K
	A:	„Das sagst Du so. Ich weiß doch vorher nicht, wann er mich rein ruft."		

Eine parallele Transaktion liegt dann vor, wenn der Empfänger einer Transaktion aus dem Ich-Zustand reagiert, in dem er auch angesprochen wurde und damit beim Sender auch wieder den Ich-Zustand anspricht, von dem dieser gesendet hat. In der Regel sind parallele Transaktionen problemlos und können beliebig lange fortgesetzt werden, ohne dass im Gespräch Überraschungen auftreten. Parallele Transaktionen können auch zwischen zwei verschiedenen Ich-Zuständen ablaufen. Dabei müssen die Transaktionspfeile jedoch immer parallel verlaufen (z.B. Eltern-Kind-Transaktion).

(2) Überkreuz-Transaktionen

Die zweite Form der Transaktionen ist die **Überkreuz-Transaktion**. Diese Transaktion führt meistens zu Konflikt-Streitgesprächen, da Überkreuz-Transaktionen den erwarteten Gesprächsablauf unterbrechen können. Der Empfänger antwortet aus einem anderen Ich-Zustand als der Sender gesendet hat. Wenn Reiz und Reaktion sich überkreuzen, also auf eine Transaktion des Senders eine für ihn unerwartete Reaktion erfolgt, wird die Kommunikation unterbrochen und es kommt zum Konflikt.

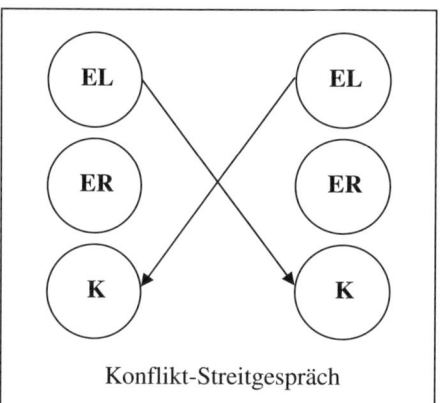

Abb. 42: **Überkreuzte Transaktion**

Beispiele für eine **Überkreuz-Transaktion**:

		A:	B:
1. A:	„Herr Hansen, sagen Sie mal, wo bleibt denn eigentlich Ihre Lohnsteuerkarte?"		
B:	„Stellen Sie sich nicht so an. Sie kriegen sie schon noch."		
A:	„Soll ich vielleicht hinter jedem einzelnen her telefonieren?"	EL	EL
B:	„Dafür werden Sie doch bezahlt."	ER	ER
A:	„Glauben Sie vielleicht ich hätte nichts Besseres zu tun?"		
B:	„Sie tun gerade so, als ob es für mich nichts Wichtigeres gäbe als meine Lohnsteuerkarte."	K	K
A:	„Na gut, wie Sie wollen. Keine Lohnsteuerkarte, kein Geld."		
B:	„Mein Geld kriege ich schon, darauf können Sie Gift nehmen."		

(3) Verdeckte Transaktionen

Bei der **verdeckten Transaktion** besteht der gesendete Reiz aus einem Hauptreiz und einem Nebenreiz (verdeckter oder auch psychologischer Reiz). Die verdeckte Transaktion ist für Außenstehende nur schwer zu durchschauen, da neben der offenen Transaktion über die verdeckte Transaktion oft persönliche Informationen ausgetauscht werden und etwas anderes gesagt wird, als gemeint ist. Es wird z.B. auf einer sachlichen Ebene gesprochen, aber gleichzeitig eine verdeckte Mitteilung an einen anderen Ich-Zustand gesendet

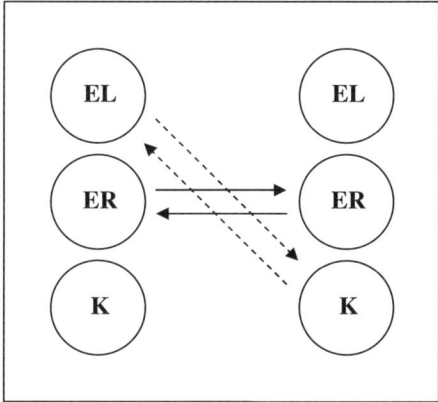

Abb. 43: Verdeckte Transaktion

Beispiele für eine **verdeckte Transaktion**:

Der Hauptreiz besteht aus einer ER-ER-Transaktion, die folgenden Inhalt haben könnte:

Ehemann:	"Was hast Du mit meinem Hemd gemacht?"
Ehefrau:	"Das habe ich Dir in den Schrank gehängt."

Der verdeckte Reiz wird erkennbar, wenn wir die Mimik und den Tonfall betrachten:

Ehemann:	Schroff, laut, Augenbrauen zusammengezogen.
Ehefrau:	Hohe, zitternde Stimme, gesenkter Kopf, hochgezogene Schultern.

Auf der psychologischen Ebene haben wir es mit einer parallelen Eltern-Kind-Transaktion zu tun, der wahre Inhalt der Botschaften könnte etwa folgender sein:

Ehemann:	"Du bringst ständig mein Zeug durcheinander!"
Ehefrau:	"Ich tue ja alles, was ich kann und ständig schimpfst Du noch!"

Neben dieser Form der verdeckten Transaktion gibt es noch die als sogenannte **unterschwellige Verführung** bezeichnete verdeckte Transaktion. Dabei verläuft die Haupttransaktion auf der ER-ER-Ebene, mit der verdeckten Botschaft wird jedoch versucht, den Gesprächspartner in eine Rolle in seinem Kindheits-Ich zu drängen.

Ein weiteres Beispiel für eine verdeckte Transaktion:

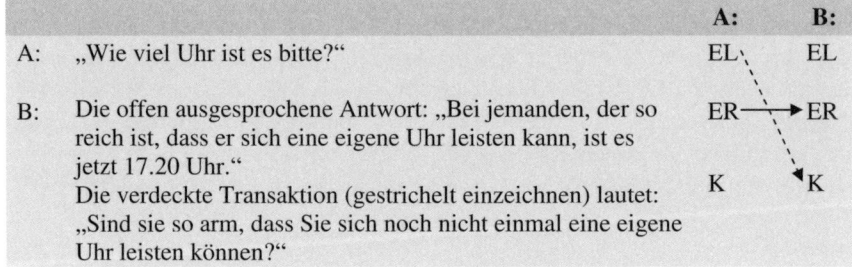

		A:	B:
A:	„Wie viel Uhr ist es bitte?"	EL	EL
B:	Die offen ausgesprochene Antwort: „Bei jemanden, der so reich ist, dass er sich eine eigene Uhr leisten kann, ist es jetzt 17.20 Uhr."	ER	ER
	Die verdeckte Transaktion (gestrichelt einzeichnen) lautet: „Sind sie so arm, dass Sie sich noch nicht einmal eine eigene Uhr leisten können?"	K	K

2   Die Lebensanschauungen nach Thomas Harris

Bei den Lebensanschauungen handelt es sich um die Frage, wie jemand sich selbst und seine Mitwelt bewertet. Von den Transaktions-Analytikern werden **vier Grundeinstellungen** unterschieden:[61]

Grundein- stellungen	Ich bin o.k.	Ich bin nicht o.k.
Du bist o.k.	konstruktiv umge- hen mit dem Pro- blem/dem anderen	sich zurückziehen von dem Pro- blem/dem anderen
Du bist nicht o.k.	das Problem/den anderen loswerden	nichts anfangen, stecken bleiben

Abb. 44: Grundeinstellungen in der Transaktionsanalyse

(1) Ich bin o.k. - du bist nicht o.k.

Diese **Grundeinstellung** mit **Überlegenheitsgefühlen** ist oft nur andeutungsweise zu erkennen. Die Einstellung "Ich mache lieber alles selbst!" kann diese Lebensanschauung ausdrücken. Da sich diese Menschen eher auf sich selbst als auf andere verlassen, wirken sie oft recht autonom und es fällt ihnen verhältnismäßig leicht, eine Erwachsenenhaltung einzunehmen. Wer eine solche Grundeinstellung annimmt, findet an jedem anderen Fehler. Seiner Meinung nach sind immer die anderen Schuld (oder das Schicksal oder der liebe Gott), nur nie sie selbst.

(2) Ich bin nicht o.k. - du bist o.k.

Diese **Grundeinstellung** ist durch **Unterlegenheitsgefühle** geprägt. Es ist die Grundeinstellung, in der diejenigen befangen sind, die bewusst an Minderwertigkeitsgefühlen leiden. Geraten solche Menschen in Schwierigkeiten mit anderen, denken sie: "Was habe ich nur wieder angestellt?"

---

[61] Vgl. Harris, T. A.: Ich bin o.k. - Du bist o.k., a.a.O., S. 60

Es sind Menschen, welche die Neigung haben, sich zu entschuldigen, wenn sie von anderen angerempelt, angegriffen oder herabgesetzt werden. Menschen mit dieser Grundeinstellung kommen sich anderen gegenüber ohnmächtig vor. Sie sind der Überzeugung, dass ihr Leben keinen großen Wert hat. Sie kommen sich ausgeschlossen vor und schließen sich selbst aus.

(3) Ich bin nicht o.k. - du bist nicht o.k.

Diese **Grundeinstellung** ist geprägt durch **Sinn-** und **Wertlosigkeit** und stützt sich nicht in erster Linie auf den Vergleich seiner selbst mit anderen. Es geht nicht darum, dass der Betreffende sein Leben oder das der anderen als sinn- und wertlos erfährt, sondern das Leben überhaupt. Seine Devise kann lauten: "Es hat ja doch alles keinen Sinn". Mit "alles" meint er die menschliche Existenz als solche.

Es muss allerdings nicht sein, dass diese Menschen einen verzweifelten oder hoffnungslosen Eindruck machen, im Gegenteil, denn oft verbergen sie nicht nur vor anderen, sondern auch vor sich selbst die Überzeugung von der Sinnlosigkeit und Hoffnungslosigkeit der Existenz hinter einem durchaus umgänglichen, manchmal jedoch von einem ironischen Unterton geprägten Verhalten.

(4) Ich bin o.k. - du bist o.k.

Diese **Grundeinstellung** ist die einzig **konstruktive Einstellung**. Diese Haltung verzichtet auf jeden Vergleich und bezieht sich auch nicht auf ein nach irgendwelchen Grundsätzen zu beurteilendes Verhalten seiner selbst oder des anderen.

Wer diese positive Grundeinstellung besitzt oder derjenige, dem es doch gelingt, sie anderen gegenüber - besonders in kritischen Situationen - einzunehmen, wird diesen Menschen wertungsfrei, offen und gelassen begegnen. Sein Grundsatz ist „jeder auf dieser Welt ist wichtig". Er gesteht sich selbst und anderen Fehler zu und bekennt sich zu seinen eigenen Bedürfnissen, Gefühlen und Ansichten, ohne die Forderung, dass die anderen diese teilen.

Durch diese Grundeinstellung hat er gelernt, Kritik entgegenzunehmen, ohne beleidigt zu sein, und kann auf der anderen Seite Menschen kritisieren, ohne dabei abwertend oder verletzend zu sein. Von vielen Menschen muss diese Grundeinstellung erst erarbeitet werden. Sie zeichnet echte Führungspersönlichkeiten aus, die selbst unter widrigen Umständen ihre Selbstachtung und Achtung vor denen, die ihnen anvertraut sind, aufrechterhalten.

Die meisten Transaktions-Analytiker nehmen an, dass die Grundeinstellung, in der sich jemand befindet, je nach Situation verschieden sein kann, dass jedoch bei einem Menschen eine dieser vier Haltungen dem Leben gegenüber überwiegt. Sie kommt in Krisensituationen meist deutlich zum Ausdruck.

Die Grundeinstellung entwickelt sich schon recht früh im Leben: Schlüsselerlebnisse im frühen Säuglingsalter können bereits Anlass sein, zu einer bestimmten Grundeinstellung zu neigen.

3 Manipulative Rollen

Einige Transaktionsanalytiker haben Untersuchungen angestellt, ob in **dem unbewuss-ten Lebensplan** eines Menschen typische Vorgänge zu finden sind. Unter diesen typischen Eigenheiten sind **bestimmte Rollen** gefunden worden, die bei ein und demselben Menschen, besonders in Beziehung zu anderen, wechseln.

Es lassen sich drei unterschiedliche **Rollen** feststellen, die durch ein Dreieck veranschaulicht werden können:

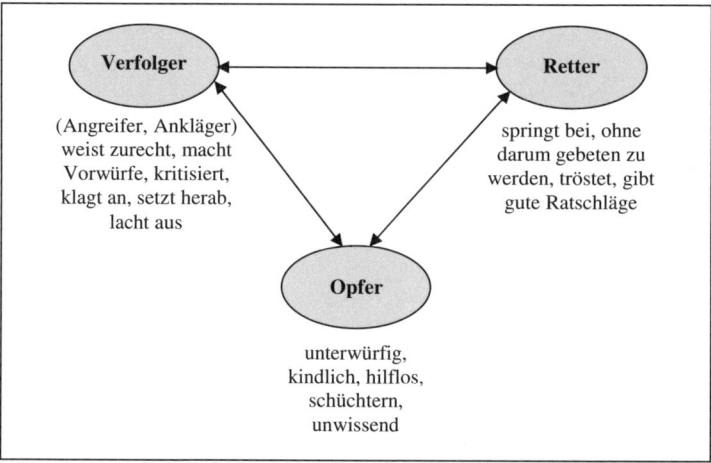

Abb. 45: Die manipulativen Rollen

- In einer **Retter-Rolle** befangen ist, wer, um vor sich selbst bestehen zu können, jemanden braucht, dem er helfen kann. Er hat dadurch die Neigung, andere in eine komplementäre Opferrolle zu drängen. Somit vertritt er die Anschauung, dass der andere (das Opfer) nicht o.k. ist und er selbst der Überlegene ist.

- Jemand, der sich mit einer **Verfolger-Rolle** identifiziert, macht anderen gerne Vorwürfe, klagt sie an, beschuldigt sie, kritisiert sie oder setzt sie gar herab, was alles sowohl mit Gebärden wie mit Worten geschehen kann. Dem Verfolger können die anderen "nicht das Wasser reichen", sie sind also auch bei ihm nicht o.k.

- Wer eine **Opfer-Rolle** einnimmt, gibt sich in Abhängigkeit, ist meist hilflos, kindlich, unwissend oder schüchtern. Der in der Opfer-Rolle Befindliche ist davon überzeugt, dass er alleine nicht zurechtkommt. Hier ist also das Opfer selbst nicht o.k.

Für die **erfolgreiche Kommunikation** ist es wichtig, selbst nicht aus einer dieser manipulativen Rollen heraus zu agieren und sich auch nicht in eine dieser Rollen drängen zu lassen. Das wird umso besser gelingen, je mehr das Erwachsenen-Ich und die "Ich bin o.k. - Du bist o.k." - Einstellung zum tragen kommt.

4 Die Transaktionsanalyse in der Managemententwicklung

Die durch die Transaktionsanalyse gewonnenen Einsichten können bei der Mitarbeiter-führung sehr wertvoll sein. Eine Führungskraft, die erkennt, in welchem Ich-Zustand sie sich befindet, kann ihren zukünftigen Transaktionen eine nützlichere oder produktivere Richtung geben.

Um ein starkes Erwachsenen-Ich aufzubauen, ohne dabei das Eltern-Ich und das Kindheits-Ich abzutöten, empfiehlt es sich:

- Eine Analyse des eigenen Kindheits-Ich vorzunehmen, um seine verwundbaren Stellen, seine Ängste und Nöte kennen zu lernen.

- Ebenso ist eine Analyse des eigenen Eltern-Ich erforderlich, denn ohne genaue Kenntnis seiner Gebote und Verbote, seiner unverrückbaren Grundsätze und der Möglichkeiten, diese auszudrücken, ist der Aufbau eines gesunden Erwachse-nen-Ich nicht möglich.

- Im Gespräch und im Umgang mit anderen Menschen (sowohl im privaten Be-reich als auch mit Vorgesetzten und Mitarbeitern) ist es gut, deren Kindheits-Ich zu achten und sein Verlangen nach Kreativität anzuerkennen. Nicht jeder hat ge-lernt, seine Gefühle zu beherrschen.

- Wenn man selbst Gefahr läuft, die Beherrschung zu verlieren, sollte man sich ei-nen gewissen Abstand von den augenblicklichen Geschehnissen verschaffen, um dem Erwachsenen-Ich Gelegenheit zu geben, zwischen Eltern- oder Kindheits-Ich einerseits und der Realität andererseits zu trennen (wenn nötig, bis 10 zäh-len).

- Wenn Zweifel bestehen, wie man reagieren soll, ist es besser, nichts zu unter-nehmen. Man kann nicht angegriffen werden wegen einer Sache, die man nicht getan oder gesagt hat, und man hat keine Wunden geschlagen, die vielleicht nie wieder heilen.

- Um gerechte Entscheidungen treffen zu können ist es ratsam, sich ein Wertesys-tem zu schaffen. Ohne ein solches Wertesystem kann man nicht gerecht sein.

Ein Vorgesetzter, der eine positive Grundeinstellung (ich bin o.k. - du bist o.k.) entwi-ckelt, wird in der Lage sein, die Kreativität seiner Mitarbeiter zu fördern und sie dazu er-mutigen, sich voll zu entfalten. Er kann das Klima der gegenseitigen Interaktionen in jeder beliebigen Gruppe, für die er verantwortlich ist, entscheidend beeinflussen. Im Grunde genommen muss eine Führungskraft nur zwei Probleme meistern:

- Sie muss im Erwachsenen-Ich bleiben, auch wenn andere auf vielfache und bekannte Weise versuchen, ihr Eltern-Ich oder Kindheits-Ich hervorzulocken.

- Sie sollte versuchen, eine Atmosphäre des beidseitigen o.k.-seins zu schaffen, damit gegenseitiges Vertrauen entstehen kann.

5   Beispiele zur Transaktionsanalyse

(1) Bestimmung von Ich-Zuständen

Bitte entscheiden Sie bei jeder der unten wiedergegebenen Reaktionen, ob es sich um ein Verhalten aus dem **Kind - (K), Erwachsenen - (ER)** oder aus dem **Eltern - Ich (EL)** handelt. Stellen Sie sich in Zweifelsfällen vor, mit welchem Tonfall der Stimme und mit welcher Haltung diese Reaktion erfolgt sein könnte und entscheiden Sie sich dann.

1.   Ein Angestellter kann einen wichtigen Brief nicht finden.

   a)   „Warum können Sie nicht einmal sorgfältig mit einer Sache umgehen, für die Sie verantwortlich sind?"

   b)   „Fragen Sie am besten jeden, der den Brief in den letzten Tagen gebraucht haben könnte, und versuchen Sie, seinen Weg zu verfolgen. Vielleicht kann Ihnen Herr Müller helfen."

   c)   „Ich kann Ihnen auch nicht helfen. Ich habe Ihren verdammten Brief nicht verschluckt!"

2.   Die EDV-Anlage ist wieder defekt.

   a)   „Prüfen Sie bitte, ob Sie für heute Nachmittag noch einen Mechaniker bekommen können."

   b)   „So ein Mist. Diese Maschine muss auch immer kaputt sein. Ich möchte sie am liebsten aus dem Fenster schmeißen und darauf herum trampeln!"

   c)   „Das Bedienungspersonal ist auch nicht mehr das, was es früher war. Sie sollten wirklich sorgfältiger damit umgehen."

3.   Der Chef ist nicht zufrieden mit dem Brief, den seine Sekretärin als Antwort auf eine E-Mail einer anderen Abteilung geschrieben hat. Die Sekretärin:

   a)   „Meine Güte, ich habe diese E-Mail dreimal gelesen und sie ist so schlecht, dass ich sie beim besten Willen nicht verstehen kann. Der Mann muss ein Trottel sein!"

   b)   „Ich fand die E-Mail widersprüchlich, Herr Schmidt. Ich wäre Ihnen dankbar, wenn Sie mir sagen könnten, was Sie als seine Hauptprobleme ansehen."

   c)   „Wir sollten auf diese E-Mail überhaupt nicht antworten. Es ist doch klar, dass der Mann überhaupt nicht weiß, worüber er spricht."

4.   Eine Aushilfssekretärin erscheint am 1. Arbeitstag mit einem sehr weit ausgeschnittenen Pullover.

   a)   „Mensch, schau mal!"

   b)   „So was sollte man nun wirklich nicht im Büro erlauben!"

   c)   „Ich überlege, warum sie gerade diesen Pullover für die Arbeit ausgewählt hat."

5. Beim Kaffeeklatsch wird berichtet, dass ein Mitarbeiter versetzt worden ist.

a) „Mensch, das will ich genau wissen. Ich finde das gut, dass dem was passiert ist. Der hat mich schon oft genug geärgert."

b) „Lasst uns nicht etwas weitererzählen, was vielleicht gar nicht stimmt. Fragen wir den Chef, wenn wir es genau wissen wollen."

c) „Wir sollten wirklich nicht über den armen alten Knaben herziehen. Er hat so viele Schwierigkeiten - finanziell, in der Ehe - na, ihr wisst schon."

6. Der Chef ist bei der Abteilungsbesprechung mit einem wichtigen Vorschlag nicht durchgekommen. Seine Sekretärin:

a) „Oh, Sie Armer, Sie müssen sich schrecklich fühlen! Ich werde Ihnen gleich eine Tasse Kaffee machen - das macht Sie bestimmt wieder munter."

b) „Sie meinen, dass Sie schlecht dran sind?! Jetzt hören Sie mal, was mir gerade passiert ist ...!"

c) „Ich finde es schade, dass Ihr Vorschlag abgelehnt wurde. Bitte sagen Sie mir, wenn ich irgendetwas für Sie tun soll."

7. Frau Müller bekommt unerwartet eine Gehaltserhöhung.

a) „Frau Müller hat das wirklich verdient. Schließlich, mit all den Kindern, die sie durchfüttern muss, hat sie das Geld nötig. Armes Ding."

b) „Mensch! Wenn ich bloß auch so gut nach oben buckeln könnte!"

c) „Ich glaube, dass ich eher eine Gehaltserhöhung verdient hätte als sie. Aber vielleicht habe ich sie bisher auch unterschätzt!"

8. Es wird angekündigt, dass die Abteilung verkleinert werden soll.

a) „Welche Möglichkeiten habe ich, falls mir gekündigt werden sollte?"

b) „Dieser verdammte Laden ist es nicht wert, dass man hier arbeitet."

c) „Ich meine, dass man all die Frauen hier zuerst feuern sollte. Erstens haben sie das Geld gar nicht nötig und zweitens nehmen sie nur den Männern die Arbeitsplätze weg."

Ergebnis:

1.	2.	3.	4.	5.	6.	7.	8.
a) EL	a) ER	a) K	a) K	a) K	a) EL	a) EL	a) ER
b) ER	b) K	b) ER	b) EL	b) ER	b) K	b) K	b) K
c) K	c) EL	c) EL	c) ER	c) EL	c) ER	c) ER	c) EL

(2) Persönlichkeitsbereiche und Gesprächsverhalten

Welche der folgenden Botschaften (Äußerungen) lassen sich den einzelnen Ich-Zuständen zuordnen? Umrahmen Sie den Ihrer Meinung nach richtigen Ich-Zustand der Äußerungen!

1.	„Schreiben Sie diesen Brief bitte sofort."	EL	ER	K
2.	„Hilft mir denn niemand?"	EL	ER	K
3.	„Machen Sie sich keine Sorgen. Sie werden das schon schaffen."	EL	ER	K
4.	„Holen Sie mir bitte den Ordner!"	EL	ER	K
5.	„Mir geht es heute schlecht. (Oh, ich Armer.)"	EL	ER	K
6.	„Ich mache Ihnen eben einen Kaffee."	EL	ER	K
7.	„Ist das Essen endlich fertig? Ich habe einen Mordshunger!"	EL	ER	K
8.	„Ich will jetzt nicht essen!"	EL	ER	K
9.	„Sie müssen immer die Tür schließen!"	EL	ER	K
10.	„Was haben Sie sich dabei eigentlich gedacht?"	EL	ER	K
11.	„Hier ist die Unterschriftenmappe."	EL	ER	K
12.	„Das will ich nicht noch einmal sehen!"	EL	ER	K
13.	„Schimpfen Sie nicht so - ich beeil mich schon."	EL	ER	K
14.	„Ich mag nicht mehr. Lass mich in Ruhe!"	EL	ER	K
15.	„Wie oft muss ich das noch sagen?"	EL	ER	K
16.	„Wie spät ist es?"	EL	ER	K
17.	„Das musst du selbst machen - ich will jetzt ungestört arbeiten."	EL	ER	K
18.	„Gibst Du mir das Heft bitte?"	EL	ER	K
19.	„Weshalb verzögert sich die Abrechnung?"	EL	ER	K
20.	„Du musst verstehen, dass ich nicht dein Dienstmädchen bin!"	EL	ER	K
21.	„Was kann ich für Sie tun?"	EL	ER	K
22.	„Aber mit dem Gerät kann doch jedes Kind umgehen. Was haben Sie denn da bloß angestellt?"	EL	ER	K
23.	„Woher haben Sie diese Zahlen?"	EL	ER	K
24.	„Ich werde dafür sorgen, dass das nicht mehr vorkommt!"	EL	ER	K
25.	„Machen Sie sich keine Sorgen! Sie schaffen das schon."	EL	ER	K

Ergebnis:

1. ER	4. ER	7. K	10. EL	13. K	16. ER	19. ER	22. EL	25. EL
2. K	5. K	8. K	11. ER	14. K	17. EL	20. EL	23. ER	
3. EL	6. EL	9. EL	12. EL	15. EL	18. ER	21. ER	24. ER	

(3) Diagnose von Gesprächssituationen

Kennzeichnen Sie in den folgenden Dialogen jede Bemerkung danach, aus welchem Ich-Zustand sie **kommt** und auf welchen Ich-Zustand sie **zielt**!

			A:	B:
1.	A:	„Was kostet die gleiche Lampe größer?"	EL	EL
	B:	„120,00 Euro"	ER	ER
			K	K
2.	A:	„Die Zahnärzte ziehen einem heutzutage das Fell über die Ohren. Für eine einzige Brücke kassieren die heute 1.000 Euro."	EL	EL
			ER	ER
	B:	„Die verdienen sich dumm und dämlich. Die haben alle einen Mercedes und ein Haus auf Sylt."	K	K
3.	A:	„Sie gehen sofort an Ihren Arbeitsplatz, klar?"	EL	EL
	B:	„Ich geh` ja schon. Ich wollt` ja nur mal fragen."	ER	ER
			K	K
4.	A:	„Wo ist denn bloß schon wieder die Akte „Hansen"?"	EL	EL
	B:	„Oh Gott, ich habe sie verlegt."	ER	ER
			K	K
5.	A:	„Hier hat noch nie eine Besprechung pünktlich angefangen. Die lernen das nie."	EL	EL
			ER	ER
	B:	„Das kann man wohl sagen."	K	K
6.	A:	„Wie schön, dass Ihre Frau wieder gesund ist."	EL	EL
	B:	„Ja, ich bin auch ganz glücklich."	ER	ER
			K	K
7.	A:	„Wie komme ich von hier zu Fuß zum Bahnhof?"	EL	EL
	B:	„Erste links, zweite rechts, dann geradeaus."	ER	ER
			K	K
8.	A:	„Wie viel Geld muss ich heute auf mein Konto einzahlen, wenn ich in 10 Jahren 30.000,00 € angespart haben will?"	EL	EL
			ER	ER
	B:	„Einen Augenblick, ich rechne es Ihnen gleich aus."	K	K
9.	A:	Als Polizist ist man doch der letzte Dreck. Alle Welt verachtet einen."	EL	EL
			ER	ER
	B:	„Schlagen wir zu, ist es nicht richtig. Fassen wir die Ganoven zu sanft an, ist es auch nicht richtig. Man möchte den Beruf wechseln."	K	K

			A:	B:
10.	A:	„Mit den jungen Leuten ist heute nichts mehr anzufangen. Die haben bloß ihr Vergnügen im Kopf."	EL	EL
	B:	„Hasch und Weiber, das ist alles, was die im Kopf haben. Arbeiten will von denen keiner mehr."	ER K	ER K
11.	A:	„Können Sie nicht lesen? Publikumsverkehr ist erst morgen früh wieder."	EL	EL
	B:	„Oh, Verzeihung. Ich wollte Sie nicht belästigen. Ich komme gern morgen früh wieder."	ER K	ER K
12.	A:	„Ein phantastisches Tor. Der Ball war unhaltbar. Großartig."	EL	EL
	B:	„Super. Einfach unglaublich aus diesem Winkel."	ER K	ER K
13.	A:	„Es ist zum Verzweifeln, ich soll am Wochenende bei der Inventur mitmachen."	EL	EL
	B:	„Mich hat's auch erwischt. Immer auf die Kleinen."	ER K	ER K
14.	A:	„Phantastisch, wir haben gewonnen."	EL	EL
	B:	„Wunderbar, wunderbar."	ER K	ER K
15.	A:	„Was fällt Ihnen ein, Ihre Stereoanlage so laut laufen zu lassen?"		
	B:	„Sie, Sie haben`s nötig. Sie mit Ihren Partys."	EL ER	EL ER
	A:	„Meine Partys gehen Sie gar nichts an! Drehen Sie Ihre Anlage leiser, sonst hole ich die Polizei!"	K	K
16.	A:	„Ich warte jetzt seit 20 Minuten auf mein Geld. Glauben Sie, ich habe nichts Besseres zu tun als hier herumzustehen?"	EL ER	EL ER
	B:	„Sie sind als Letzter gekommen. Sie werden auch als Letzter bedient."	K	K
17.	A:	„Jetzt ist es zum Dritten mal passiert, dass einer meiner Koffer nicht angekommen ist. Bei Ihnen klappt auch gar nichts. Mit Ihnen fliege ich nie mehr."	EL ER	EL ER
	B:	„Wegen eines einzigen Koffers brauchen Sie sich nicht so aufzuregen."	K	K
18.	A:	„Ihr Bericht enthält nur Unsinn. Ich kann damit nicht das Geringste anfangen."	EL ER	EL ER
	B:	„Dann hätten Sie mir einen präziseren Auftrag geben müssen."	K	K

		A:	B:
19. A:	„Die Leute haben heute viel zu hohe Ansprüche!"	EL	EL
B:	„Das kann man wohl sagen."	ER	ER
		K	K
20. A:	„Wie viel Uhr ist es bitte?"	EL	EL
B:	„Sind Sie zu bequem, selbst auf die Uhr zu sehen?"	ER	ER
		K	K
21. A:	„Es macht mir Spaß, mit Ihnen zusammenzuarbeiten."	EL	EL
B:	„Mir auch."	ER	ER
		K	K
22. A:	„Wie viel Uhr ist es bitte?"	EL	EL
B:	„Es ist 16.10Uhr."	ER	ER
		K	K
23. A:	„Können Sie nicht endlich mal einen Termin einhalten?"	EL	EL
B:	„Über Termineinhaltung brauchen ausgerechnet Sie mir nichts zu erzählen!"	ER	ER
		K	K
24. A:	„Können Sie nicht endlich mal einen Termin einhalten?"	EL	EL
B:	„Welchen Termin meinen Sie?"	ER	ER
		K	K
25. A:	„Sollen wir die neue Organisationsanweisung wortwört-lich erfüllen?" („Denen werden wir einmal beweisen, dass das nicht funktionieren kann!")	EL	EL
		ER	ER
B:	„Ja." („Auf die dummen Gesichter von denen freue ich mich jetzt schon!")	K	K

Ergebnis:

A:	B:	A:	B:	A:	B:	A:	B:	A:	B:
1. ER → ER		6. ER → ER		11. EL → K		16. EL → K		21. ER → ER	
ER ← ER		ER ← ER		EL ← K		K ← EL		ER ← ER	
2. EL → EL		7. ER → ER		12. K → K		17. EL → K		22. ER → ER	
EL ← EL		ER ← ER		K ← K		K ← EL		ER ← ER	
3. EL → K		8. ER → ER		13. K → K		18. EL → K		23. EL → K	
EL ← K		ER ← ER		K ← K		K ← EL		K ← EL	
4. EL → K		9. K → K		14. K → K		19. EL → EL		24. EL → K	
EL ← K		K ← K		K ← K		EL ← EL		ER ← ER	
5. EL → EL		10. EL → EL		15. EL → K		20. ER → ER		25. ER → ER	
EL ← EL		EL ← EL		K ← EL		K ← EL		verdeckte EL → K	

(4) Gefühl und Führung (Lebensanschauungen)

Bei der Lebensanschauung nach **Thomas Harris** handelt es sich um die Frage, wie jemand sich selbst und seine Mitwelt bewertet.

Es werden **vier Grundeinstellungen** unterschieden:

Ich bin o.k.	**– Du bist o.k.**
Ich bin o.k.	**– Du bist nicht o.k.**
Ich bin nicht o.k.	**– Du bist o.k.**
Ich bin nicht o.k.	**– Du bist nicht o.k.**

Bestimmen Sie für die folgenden Aussagen die jeweils vorliegenden Grundeinstellungen der Führungskräfte. Es handelt sich um die Aussagen verschiedener Führungskräfte.

Führungskraft 1

a) Selbstaussagen der Führungskraft:

- „Mit qualifizierten Mitarbeitern ließe sich aus der Abteilung einiges machen."

- „Ich verstehe die ständige Kritik an der Ministerialverwaltung nicht. Wer den nötigen Durchblick und ein entsprechendes Taktgefühl hat, kann hier sehr erfolgreich sein."

- „Wissen Sie, das mit dem kooperativen Führen ist ja alles gut und schön. Aber dazu brauchen Sie auch die entsprechenden Mitarbeiter, die wirklich mitdenken."

- „Man muss die Mitarbeiter richtig anfassen, dann leisten sie auch was."

b) Aussagen der Mitarbeiter über die Führungskraft:

- „Von selbständigem Arbeiten kann hier keine Rede sein. Wenn man nicht alles haargenau nach den Anweisungen des Vorgesetzten macht, kommt man aus den Schwierigkeiten nicht mehr heraus."

- „Besprechungen bei uns werden immer mehr zur Farce. Da wird stundenlang über Entscheidungen diskutiert, die, wie man dann feststellt, vom Chef bereits vorher getroffen wurden."

- „Ständig werden wir zu Vorschlägen aufgefordert. Wenn man dann Vorschläge macht, wird einem zu verstehen gegeben, dass man das Problem offenbar nicht richtig erkannt hat."

Führungskraft 2

a) Selbstaussagen der Führungskraft:

- „Manchmal weiß ich wirklich nicht, wie ich mich gegenüber diesen selbstbewussten jüngeren Mitarbeitern verhalten soll."

- „Meine Karriere ist ja praktisch beendet. Der Nachwuchs heute versteht es eben, sich frühzeitig ins rechte Licht zu setzen. In der Zeit, in der wir früher geduldig auf Beförderungen warteten, treiben diese Leute ihren Aufstieg zielstrebig voran."

- „Ich verstehe ja, wenn sich die Mitarbeiter über Doppelarbeit beklagen. Aber ich kann daran auch nichts ändern."

b) Aussagen der Mitarbeiter über die Führungskraft:

- „Der Beförderungsstopp brachte ihn in arge Verlegenheit. Er wusste nicht, wie er es den Mitarbeitern klar machen sollte, dass aus ihren berechtigten Hoffnungen in der nächsten Zeit nichts werden würde."

- „Es ist ihm unangenehm, Mitarbeiter zu kritisieren. Er wartet dann oft so lange auf den geeigneten Zeitpunkt, dass es für eine Kritik zu spät ist."

- „Immer wenn er zum Chef gerufen wird, wird er sichtbar nervös. Die Sekretärin sagte uns, dass er dann noch schnell alles Mögliche durchliest. Der macht sich richtiggehend selbst verrückt."

Führungskraft 3

a) Selbstaussagen der Führungskraft:

- „Ob ich von Vorgesetzten anerkannt werde, die selbst nicht qualifiziert sind, ist mir relativ gleichgültig."

- „Damit habe ich mich schon längst abgefunden, dass das Parteibuch mehr zählt als die Leistung."

- „Dass die Mitarbeiter über autoritäre Vorgesetzte klagen, weiß ich. Aber mir ist es früher auch nicht besser ergangen."

- „Mit der schlechten Informationsversorgung ist das ganz einfach: Ich bekomme wenig Informationen und gebe entsprechend wenig Informationen weiter."

b) Aussagen der Mitarbeiter über die Führungskraft:

- „Sein Sarkasmus ist manchmal nicht mehr zu überbieten."

- „Er vermittelt mir immer wieder das Gefühl, das meine Arbeit eigentlich sinnlos ist, aber getan werden muss."

- „Als ich mich kürzlich bei ihm über eine unsinnige Anweisung beklagte, antwortete er mir: „Was heißt hier frustriert? So frustriert wie Sie, bin ich schon lange. Aber glauben Sie mir, das legt sich im Laufe der Jahrzehnte."

Führungskraft 4

a) Selbstaussagen der Führungskraft:

- „Ich glaube, meine Mitarbeiter und ich sind eine gute Mannschaft."

- „Mein Grundsatz ist: Nobody ist perfekt. Das trifft auf mich ebenso zu wie auf meine Mitarbeiter."

- „Natürlich gibt es bei uns Konflikte, manchmal auch Auseinandersetzungen. Aber schließlich ist es ja auch meine Aufgabe, dann schlichtend einzugreifen."

- „Den Ausspruch: 'Führung macht einsam' kann ich nicht verstehen. Ganz im Gegenteil. Im ständigen Kontakt mit anderen stellt sich ein Problem häufig weniger schwierig dar, als wenn ich allein darüber brüten würde."

b) Aussagen der Mitarbeiter über die Führungskraft:

- „Er meint, was er sagt."

- „Manchmal wundere ich mich über seine Geduld. Da, wo andere Vorgesetzte in die Luft gehen würden, stellt er ein paar intelligente Fragen und der Fall ist nachhaltig erledigt."

- „Mit ihm kann man reden."

- „Er gesteht sich und anderen Fehler ein."

Ergebnis:

Lebensposition der Führungskraft 1 – „Ich bin OK, du bist nicht OK!"

Lebensposition der Führungskraft 2 – „Ich bin nicht OK, du bist OK!"

Lebensposition der Führungskraft 3 – „Ich bin nicht OK, du bist nicht OK!"

Lebensposition der Führungskraft 4 – „Ich bin OK, du bis OK!"

(5) Manipulative Rollen

Es gibt drei verschiedene **manipulative** Rollen, um die Gefühle anderer zu manipulieren.

- Die **Retterrolle:** „Ich will Ihnen nur helfen." oder „Ich will doch nur Ihr Bestes."

- Die **Opferrolle:** „Bestrafen Sie mich."

- Die **Verfolgerrolle:** „Wenn es nicht wegen Ihnen wäre."

Bestimmen Sie für die einzelnen Antworten die jeweils treffende Rolle! Bitte kreuzen Sie spontan Ihre Reaktion auf folgende Situationen an!

1. Ein Mitarbeiter macht einen Fehler, den er nicht mehr hätte machen dürfen.

a) Sie stauchen ihn zusammen.

b) Sie haben Verständnis und erklären ihm den Fehler.

c) Sie fragen Ihn, wie er die Situation sieht.

d) Sie korrigieren stillschweigend den Fehler selbst, weil Sie eine Auseinandersetzung vermeiden wollen.

2. Ein Kollege intrigiert gegen Sie bei Ihrem gemeinsamen Vorgesetzten.

a) Sie tun gar nichts, denn ihr Vorgesetzter wird schon wissen, ob er ihrem Kollegen Glauben schenken soll.

b) Sie überlegen sich, wie Sie diesem Kollegen ein Bein stellen können.

c) Sie erklären ihrem Kollegen, dass Sie nicht sein Feind, sondern sein Freund sind.

d) Sie setzen sich offen und sachlich mit dem Kollegen auseinander.

3. Sie erhalten eine neue Organisationsanweisung, die offensichtlich Unsinn ist.

a) Sie überlegen sich, wie Sie die Anweisung unterlaufen können.

b) Sie fragen bei dem zurück, von dem die Anweisung stammt.

c) Sie denken sich: „Irgend etwas werden Sie sich schon wieder dabei gedacht haben."

d) Sie versuchen das Beste daraus zu machen, weil Sie ja doch nichts daran ändern können.

4.   Sie werden von ihrem Chef unsachlich und ungerechtfertigt kritisiert.

a)   Sie lassen die Sache auf sich beruhen, weil jedem einmal die Nerven durchgehen können.

b)   Sie beschweren sich beim nächst höheren Vorgesetzten.

c)   Sie tun nichts, weil Sie ihren Chef nicht ändern können.

d)   Sie sagen ihm, dass Sie seine Kritik für unsachlich und ungerechtfertigt halten.

5.   Einer ihrer Kollegen weiß immer alles besser.

a)   Sie fragen ihn, was er damit erreichen will.

b)   Sie geben ihm contra und widerlegen ihn Punkt für Punkt.

c)   Sie sagen nichts mehr, weil es doch keinen Sinn hat.

d)   Sie geben ihm Recht, weil Sie hoffen, dass er sich dann beruhigt.

6.   Sie bekommen einen Termin aufs Auge gedrückt, den sie ohne erhebliche Überstunden nicht halten können.

a)   Sie beklagen sich bei ihren Kollegen und bitten ihre Familie um Verständnis.

b)   Sie beißen die Zähne zusammen und halten den Termin ein, weil Sie wissen, dass ihr Chef genauso unter Druck steht wie Sie.

c)   Sie halten den Termin zwar ein, arbeiten die Vorschläge aber zwangsläufig nicht mit der sonstigen Sorgfalt aus.

d)   Sie reden mit ihrem Vorgesetzten darüber, ob er Sie anderweitig entlasten kann.

7.   Ein Mitarbeiter kommt ständig zu spät.

a)   Sie fragen ihn nach der Ursache.

b)   Sie sagen nichts, weil Sie nicht als Pedant dastehen wollen.

c)   Sie weisen ihn darauf hin, dass Sie das mit Rücksicht auf seine Kollegen nicht einreißen lassen können."

d)   Sie übersehen sein Zuspätkommen, weil Sie ihn nicht in Verlegenheit bringen wollen.

8. Einer ihrer Mitarbeiter beklagt sich darüber, dass Sie ihn zu wenig informieren.

a) Sie geben ihm Recht und verweisen auf ihre eigene Arbeitsüberlastung.

b) Sie geben ihm zu verstehen, dass sich ein intelligenter Mitarbeiter die Informationen selbst besorgt, die er braucht.

c) Sie fragen ihn, welche Informationen ihm fehlen.

d) Sie sagen ihm, dass er froh sein kann, wenn er nicht alles weiß.

9. Ihr Chef drückt sich vor Entscheidungen.

a) Sie halten ihn für eine Fehlbesetzung.

b) Sie wissen, dass er es nicht leicht hat.

c) Sie sagen ihm, dass Sie seine Entscheidung brauchen.

d) Sie können daran auch nichts ändern.

10. Sie müssen im Seminar einen langen Selbsttest mit zehn Situationen ankreuzen.

a) Sie halten den Test für Quatsch.

b) Sie fragen den Referenten nach Sinn und Zweck des Tests.

c) Sie denken sich, Psychologen müssen solche Fragen stellen.

d) Sie denken sich: „Mit uns kann man so was ja machen."

Ergebnis:

1.	a) Verfolger	b) Retter	c) Normal	d) Opfer
2.	a) Opfer	b) Verfolger	c) Retter	d) Normal
3.	a) Verfolger	b) Normal	c) Retter	d) Opfer
4.	a) Retter	b) Verfolger	c) Opfer	d) Normal
5.	a) Normal	b) Verfolger	c) Opfer	d) Retter
6.	a) Opfer	b) Retter	c) Verfolger	d) Normal
7.	a) Normal	b) Opfer	c) Verfolger	d) Retter
8.	a) Opfer	b) Verfolger	c) Normal	d) Retter
9.	a) Verfolger	b) Retter	c) Normal	d) Opfer
10.	a) Verfolger	b) Normal	c) Retter	d) Opfer

(6) Kommunikation in der Familie

Die folgenden Beispiele zeigen, wie oft das Eltern-Ich als typische Redewendung im Familienalltag benutzt wird, ohne sich dessen bewusst zu sein.

- Na bitte, wenn du willst, dann kannst du auch.
- Antworte gefälligst, wenn du gefragt wirst!
- Wenn du nicht sofort kommst, gibt`s was!
- Lies nicht so viel, du verdirbst dir noch die Augen!
- Dass mir keine Klagen kommen!
- Ihr wisst ja nicht, wie gut ihr es habt.
- Musst du denn alles anfassen?
- Das kommt davon.
- Muss ich denn alles zweimal sagen?
- Nun schäm dich mal!
- Willst du dich nicht entschuldigen?
- Es geht alles, wenn man es nur will.
- Wie konnte denn das passieren?
- Wird`s bald?
- Finger weg!
- Du wirst ja wohl noch einen Augenblick warten können.
- Sieh zu, wie du fertig wirst!
- Du wolltest ja nicht hören.
- Selber Schuld.
- Denk doch mal ein bisschen mit!
- Siehst du, das hast du davon.
- Heul nicht!
- Bist du taub?
- Wie oft soll ich dir das noch sagen?
- Jetzt wird aber geschlafen!
- Nun stell dich bloß nicht so an!
- Kannst du nicht hören?
- Hast du verstanden?
- Sei nicht unbescheiden.
- Wenn du so weitermachst, wird aus dir nie was.
- Ich habe es doch laut und deutlich gesagt.
- Ich glaube, du willst mich nicht verstehen.
- Solange du die Füße unter meinen Tisch steckst…!
- Zu meiner Zeit…
- Ich meine es doch nur gut mit dir.
- Ich will doch wirklich nur dein Bestes.
- Sitz still!
- Wasch dir deine Hände!
- Wie siehst du denn wieder aus?
- Popel nicht!
- Mach mir keine Schande!
- Sei schön artig!
- Zankt euch nicht – vertragt euch lieber!
- Wie heißt das?
- Mit dir kann man sich auch nirgendwo blicken lassen!
- Na also, es geht doch.
- Gleich setzt`s was!
- Zappel nicht so!
- Mami ist ganz traurig.
- Willst du wieder lieb sein?
- Geh in dein Zimmer!
- Das ist nicht für deine Ohren.
- Wenn du groß bist…
- Jetzt ist aber Schluss!
- Halt deine Füße still!
- Nimm die Ellenbogen vom Tisch!
- Sag mal schön Guten Tag!
- Muss denn das sein?

E Die Persönlichkeitsstrukturen nach Riemann

Entscheidende Theorien der Psychoanalyse zur Darstellung der Angst und den daraus abgeleiteten Persönlichkeitsstrukturen des menschlichen Seins entwickelte **Fritz Riemann (1902 - 1979)**. Er war Mitbegründer der jetzigen Akademie für Psychoanalyse und Psychotherapie.

Die Theorie von Fritz Riemann bietet erste grundlegende wissenschaftliche Hilfestellungen, sowie eine ausreichende Typenvielfalt mit vier Grundcharakteren und für die Führungskraft eine nachvollziehbare, komplexe Grundidee an.

1 Einführung und psychoanalytische Grundlagen

Da die Persönlichkeitstypologie von Riemann auf den Grundformen der Angst beruht, erfolgt zunächst eine Auseinandersetzung mit dem Wesen der Angst, um darauf aufbauend die vier Persönlichkeitstypen mit Hilfe eines Modells abzuleiten. Es werden vier Grundängste unterschieden, deren jeweilige besonders ausgeprägte Akzeptierung zu einem bestimmten Persönlichkeitstyp führt.

1.1 Das Wesen der Angst

Die Angst ist ein fester Bestandteil in unserem Leben. Sie spiegelt unsere Abhängigkeiten und das Wissen um unsere Sterblichkeit wieder. Die Menschheit versucht daher seit frühester Zeit, die Angst bzw. ihre verschiedensten Variationen mit Hilfe von Magie, Religion und Wissenschaft, aber auch mit der Erforschung der Naturgesetze und mittels philosophischer Erkenntnisse zu bewältigen und zu überwinden. Trotz aller Mittel und Methoden lässt sich die Angst jedoch nicht aus unserem Leben vertreiben. Sie leisten nur Hilfestellung im Umgang mit der Angst bzw. bei dem Versuch sie zu besiegen und für die eigene Entwicklung nützlich zu machen.

Die Angst ist etwas Abstraktes und jeder Mensch erlebt seine persönliche Form der Angst. Angst besitzt einen Doppelaspekt: sie kann aktiv machen aber auch lähmen, z.B. lähmende Angst vor Prüfungen oder das aktive Weglaufen vor Gefahren.[62] Der Versuch, die Angst anzunehmen, bedeutet einen Schritt in Richtung ihrer Überwindung. Die Verdrängung der Angst bzw. die Weigerung die Angstschranke zu überwinden, führt zur Stagnierung der Weiterentwicklung des Menschen. Es wird deutlich, dass jede Weiterentwicklung von der Auseinandersetzung und Bewältigung von Ängsten abhängig ist.

Riemann spricht in diesem Zusammenhang von „alters- und entwicklungsgemäßen Ängsten"[63], die jeder Mensch durchmacht und überwinden muss: die ersten Gehversuche oder der Schulanfang, die Pubertät oder die ersten sexuellen Begegnungen, der Berufs- und Karrierestart sowie die Gründung einer Familie.

---

[62] Die Grenze zwischen normaler Angst und krankhafter Angst zu erkennen, ist nicht einfach. Übergroße Angst ist aber immer ein Zeichen dafür, dass etwas nicht stimmt.

[63] Vgl. Riemann, Fritz: Grundformen der Angst, Eine tiefenpsychologische Studie, München 1981, S 7f.

Die Bewältigung dieser Situationen und die damit verbundenen Ängste fördern den menschlichen Reifeprozess. Neben diesen allgemeinen Ängsten, die leicht nachvollziehbar sind, existieren aber noch tiefergehende individuelle Angstformen, die nicht für jeden verständlich sind. „So kann bei dem einen Einsamkeit schwere Ängste auslösen, bei dem anderen Menschenansammlungen, ein Dritter bekommt Angstanfälle, wenn er über eine Brücke oder einen freien Platz geht...“[64]

Riemann hat festgestellt, dass sich alle überhaupt möglichen Ängste auf ganz bestimmte Angstformen zurückführen lassen, die er als die „vier Grundformen der Angst“ bezeichnet. Die Grundformen und die daraus resultierenden Charaktere werden an dem folgenden Modell verdeutlicht.

1.2 Das Ausgangsmodell

Der Mensch lebt auf der Erde, die vier Gesetzmäßigkeiten folgt: Die Erde umkreist in einem bestimmten Rhythmus die Sonne. Diese Bewegung wird als Revolution, „Umwälzung“, bezeichnet. Gleichzeitig dreht sich die Erde um ihre eigene Achse, führt also eine Rotation, „Eigendrehung“, aus. Das Funktionieren dieser beiden Bewegungen setzt zwei weitere gegensätzliche Impulse voraus: die Schwerkraft und die Fliehkraft. Die Schwerkraft hält unsere Welt zusammen, richtet sie zentripetal nach innen, zur Mitte strebend, aus. Die Fliehkraft strebt zentrifugal, die Mitte fliehend, nach außen.

Nur wenn alle vier Gesetzmäßigkeiten in einem ausgewogenen Verhältnis zueinander stehen, kann die Ordnung des Ganzen garantiert werden. Überwiegt ein Impuls oder fällt ein Impuls weg, wandelt sich die Ordnung ins Chaos um.

Es gibt also zwei gegensätzliche Kräftepaare, ohne die keine Ordnung entstehen kann:

- Revolution und Eigenrotation
- Schwerkraft und Fliehkraft

Riemann geht davon aus, dass der Mensch als winziges Teilchen diese Systems analogen Gesetzmäßigkeiten unterworfen ist und die Impulse als unbewusste Treibkräfte und zugleich als latente Forderung in sich trägt.

So entspricht der Rotation (Eigendrehung) die Forderung nach Individualität und der Revolution (Bewegung um die Sonne) die Forderung, sich einzuordnen und die Unterordnung in ein größeres Ganzes. Hier werden die gegensätzlichen Ansprüche der beiden Forderungen deutlich.

Auch die Forderungen aus den anderen beiden Kräften stehen im Gegensatz zueinander. Dem Zentripetalen (Schwerkraft) entspricht auf der seelischen Ebene der Impuls nach Dauer und Beständigkeit. Dagegen fordert die Fliehkraft (Zentrifugalkraft) stetige Veränderung und Wandlung.

---

[64] Vgl. Riemann, Fritz, a.a.O.,S.10.

1.3 Die Grundformen der Angst

Riemann leitet seine Grundformen der Angst nach folgendem Grundsatz ab: Strebt der Mensch innerhalb eines Kräftepaares besonders nach einer Forderung, geschieht dies aus Angst vor der gegensätzlichen Forderung.

1.3.1 Die Angst vor Selbsthingabe

Bei der Eigendrehung (Rotation) handelt es sich um die Forderung nach Individualität, nach der Entwicklung zu einem unverwechselbaren Menschen. Kommt der Mensch dieser Forderung nach, hat er zugleich Angst, die Geborgenheit und das Zugehörigkeitsgefühl zur Gemeinschaft zu verlieren, indem er sich zu sehr von ihr unterscheidet. Merksatz:

> Aus der Forderung nach Individualität entsteht die erste Grundform der Angst, die Angst vor der Selbsthingabe, die als Ich-Verlust und Abhängigkeit empfunden wird.

1.3.2 Die Angst vor Selbstwerdung

Hier handelt es sich um die Forderung, die Persönlichkeit einem übergeordneten Ganzen unterzuordnen, sich den Mitmenschen zu öffnen. Damit verbunden ist die Angst des Menschen, sich selbst weiterzuentwickeln. Merksatz:

> Aus der Forderung, unsere Persönlichkeit einem übergeordneten Ganzen unterzuordnen, entsteht die zweite Grundform der Angst, die Angst vor der Selbstwerdung, weil sie als Einsamkeit und Isolation empfunden wird.

Es wird deutlich, zwischen welchen Gegensätzen sich der Mensch entwickeln muss und welches Konfliktpotential er in sich trägt. Zum einen die Forderung „Selbst zu werden" und zum anderen die Forderung nach Selbsthingabe.

1.3.3 Die Angst vor Wandlung

Die Schwerkraft fordert von den Menschen, die Dauer anzustreben, d.h. in die Zukunft zu planen und zielstrebig zu sein. Sie treibt uns zum Handeln, um unsere Ziele zu verwirklichen.

Gleichzeitig sind mit dieser Forderung alle Ängste gegeben, die mit dem Wissen um die Vergänglichkeit, um unsere Abhängigkeit und um die irrationale Unberechenbarkeit unseres Daseins zusammenhängen. Damit wird deutlich, dass der Forderung nach Dauer und Beständigkeit die Angst vor Wandlung, vor dem Neuen, entspricht. Merksatz:

> Aus der Forderung nach Dauer entsteht die dritte Grundform der Angst, die Angst vor der Wandlung, weil sie als Vergänglichkeit und Unsicherheit empfunden wird.

1.3.4 Die Angst vor der Ordnung und Notwendigkeit

Bei dieser Angstform handelt es sich um die Forderung nach der Bereitschaft, uns zu verändern. Diese Forderung nach Weiterentwicklung beinhaltet die Angst vor Ordnungen, Gesetzen und Gewohnheiten. Angst davor, in seinen Möglichkeiten eingeengt und begrenzt zu werden. Merksatz:

> Aus der Forderung nach der Bereitschaft sich zu wandeln, entsteht die vierte Grundform der Angst, die Angst vor der Ordnung und Notwendigkeit, weil sie als Endgültigkeit und Unfreiheit empfunden wird.

1.3.5 Zusammenfassung der vier Grundformen der Angst

Folgende vier Angstformen wurden aufgeführt:[65]

> 1. Die Angst vor der Selbsthingabe, als Ich-Verlust und Abhängigkeit erlebt.
>
> 2. Die Angst vor der Selbstwerdung, als Ungeborgenheit und Isolation erlebt.
>
> 3. Die Angst vor Wandlung, als Vergänglichkeit und Unsicherheit erlebt.
>
> 4. Die Angst vor der Notwendigkeit, als Endgültigkeit und Unfreiheit erlebt.

In den ersten beiden Grundformen wurden zwei gegensätzliche Ängste beschrieben. Einerseits soll die Angst vor der Selbsthingabe und andererseits die Angst vor der Selbstwerdung überwunden werden.

Das Leben stellt zwei Forderungen an den Menschen, die in Konkurrenz zueinander stehen. Je mehr der Mensch der Forderung nach Selbstwerdung nachkommt und die damit verbundene Angst überwindet, desto weniger kann er die Forderung nach Selbsthingabe erfüllen und umso mehr Angst hat er vor ihr. Auch die anderen beiden Formen stehen konträr zueinander und erzeugen im Menschen den Drang nach Ordnung und Dauer sowie nach Veränderung.

Es entsteht nur dann eine lebende Ordnung, wenn die gegensätzlichen Kräftepaare im Gleichgewicht sind. Analog dazu kann dieses Gleichgewicht nur funktionieren, wenn der Mensch versucht, sich den entgegengesetzt wirkenden Kräften anzupassen und mit ihnen zu leben. Ein solches Gleichgewicht ist nicht statischer, sondern dynamischer Natur. Gesund im Sinne von seelischer Gesundheit ist ein Mensch nur dann, wenn er die vier Impulse in lebendiger Ausgewogenheit zu leben versteht.

1.4 Die Charaktertypologie von Riemann

Die Familie, die Gesellschaft sowie die erblichen Anlagen können in dem Menschen Ängste hervorrufen oder ihre Entstehung verhindern. Ein sich gesund entwickelnder Mensch wird mit seinen Ängsten umgehen und sie auch überwinden bzw. verarbeiten können. Der in seiner Entwicklung gestörte Mensch dagegen wird häufiger und intensi-

---

[65] Vgl. Riemann, Fritz, a.a.O.,S.15.

ver Ängste erleben, wobei eine Grundform überwiegen wird. Das Übergewicht einer Grundform kann durch langes Andauern oder eine hohe Intensität der Angst entstehen.

Im Kindesalter ist die Gefahr des Übergewichts einer Angstform besonders gegeben, da das Kind noch keine Abwehrkräfte gegen Angst entwickeln kann. „Das schwache, in der Entwicklung begriffene Ich des Kindes kann gewisse Angstquantitäten noch nicht verarbeiten; es ist dafür auf Hilfe von außen angewiesen und wird Schädigungen davontragen, wenn es mit solchen übergroßen Ängsten alleingelassen wird."[66] Ein Erwachsener kann den Auslöser seiner Angst entdecken und Gegenkräfte entwickeln.

Aus jeder der vier Grundformen der Angst entsteht analog eine Persönlichkeitsstruktur, je nachdem, welche Angstform besonders stark ausgeprägt ist. Die vier Persönlichkeitsstrukturen sind Normalstrukturen, die bei dem einzelnen Menschen unterschiedlich stark akzentuiert sein können. Wird eine Akzentuierung in ausgesprochener Einseitigkeit gelebt, kann es in der Endstufe zu einer der vier großen Neuroseformen führen:

- der Schizophrenie,

- der Depression,

- der Zwangsneurose,

- der Hysterie.

Nach Riemannn sind unter den Persönlichkeitsstrukturen die „gesunden" und die neurotischen Formen zusammengefasst, um neben der lebensgeschichtlichen Entstehung direkt die neurotische Variante zu betrachten. Die Persönlichkeitsstrukturen nehmen bei Riemann den Charakter einer Typenlehre an, wobei er darauf aufmerksam macht, dass die menschliche Entwicklung zwar von einigen Faktoren anhängig ist, aber in gewissen Grenzen durch den Menschen selbst gestaltet und verändert werden kann.

Eine Persönlichkeitsstruktur an sich hat nichts Krankhaftes. Jeder kann sich einer dieser Strukturen zuordnen. Der Übergang vom Gesunden zum Kranken erfolgt jedoch kontinuierlich. Wenige Menschen sind definitiv nur einer Struktur zuzuordnen, meistens liegen Kombinationen vor.

In der folgenden Grafik wird der Zusammenhang zwischen den Forderungen aus dem Modell und den damit verbundenen Grundformen der Angst auf der einen Seite und den sich daraus ergebenden Persönlichkeitsstrukturen auf der anderen Seite dargestellt.

Das Grundproblem der schizoiden Persönlichkeit ist ihre Angst vor Nähe. Umgekehrt hat der Depressive Angst vor Entfernung und dem Alleinsein. Die zwanghafte Persönlichkeit hat Angst vor Veränderungen und bevorzugt die Beständigkeit, die wiederum bei der hysterischen Persönlichkeit große Angst und zugeordnete Verhaltensweisen auslöst. Für eine gesunde Persönlichkeitsentwicklung ist es ideal, wenn die Grundimpulse aller vier Strukturen in einem ausgewogenen Verhältnis zueinanderstehen.

---

[66] Vgl. Riemann, Fritz, a.a.O.,S.17.

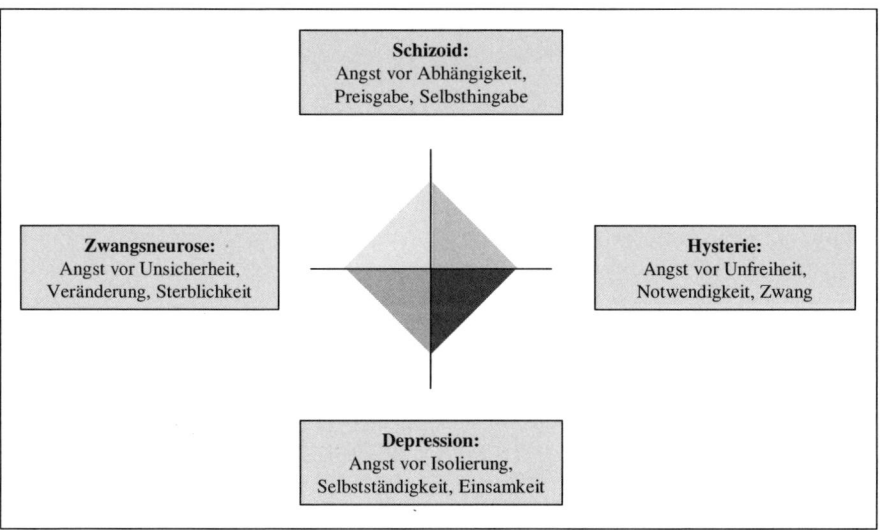

Abb. 46: Die 4 Grundängste

2 Die vier Persönlichkeitstypen

Jeder der vier Persönlichkeitstypen hat seine eigenen spezifischen Kennzeichen, seine beherrschenden Visionen und seine damit verbundenen Gefahren.[67]

Alle vier Angst- oder Charaktertypen haben für sich ganz bezeichnende Merkmale, die deutlich in ihrem Verhalten zutage treten. Diese Kennzeichen bieten daher gute Unterscheidungsmöglichkeiten und können als Hilfe zur Abgrenzung der einzelnen Typen beitragen.

Da es sich bei den Grundängsten letztlich um deutlich herausgearbeitete Extremformen handelt, kann auch bei einer Kennzeichnung der Charaktere eine krasse Schilderung erfolgen.

Jeder Mensch reagiert auf seine Umwelt in unterschiedlicher Weise. Durch Visionen oder Phantasien versucht er die Realität für ihn fassbar oder verständlich zu machen.

Phantasien sind bei ihrer Entstehung meist von geringer Bedeutung, können sich aber zu lebensbestimmenden Visionen ausweiten, die den Menschen fesseln und ihn, teilweise unbewusst, leiten. Zum vollständigen Verständnis eines Charakters ist daher auch seine visionäre Ebene entscheidend.

Jedes zwischenmenschliche Verhalten birgt Gefahren in sich, wie etwa Missverständnisse oder Unverständnis. Teilweise kann auch eine Handlung, um bewusst einer Gefahr auszuweichen, diese noch verstärken. Aus dem markanten Verhalten der vier Angsttypen können somit auch bestimmte, für sie typische Gefahren abgeleitet werden.

---

[67] Vgl. Kets de Vries, M., Miller, D.: De neurotische organisatie, Amsterdam 1990, S. 41

2.1 Die schizoide Persönlichkeit

Bei der schizoiden Persönlichkeit überwiegt die Angst vor der Abhängigkeit von anderen. Es wird eine Eigenständigkeit angestrebt, die ohne die Hilfe der Umgebung möglich sein soll. Nur durch absolute Autarkie kann dieses Ziel erreicht werden; nur dann ist eine vollständige Unabhängigkeit erreicht.[68]

(1) Kennzeichen der schizoiden Persönlichkeitsstruktur

Dieses Bedürfnis nach Selbständigkeit kann nur erzielt werden, wenn niemand in diese private Welt eintritt. Der schizoid Veranlagte lässt daher niemanden zu nahe kommen und meidet möglichst persönlichen Kontakt. Emotionen zu zeigen würde „Eindringlingen" Türen in diese verschlossene Welt öffnen. Die Angst, dass ein einmal gewährter Einlass nicht wieder rückgängig zu machen wäre, ist so groß, dass Kälte, Distanziertheit und Arroganz dem Schizoiden als willkommenen Schutzschild dienen. Sicher fühlt sich der Schizoide nur dort, wo er anonym und für sich sein kann.

Da aber auch in ihm das Verlangen nach Nähe vorhanden ist, geht er einen Kompromiss ein. In größeren Gruppen oder Gemeinschaften, wie etwa als Mitglied in internationalen Vereinigungen oder als Fußballfan im Stadion kann er sich dazugehörig fühlen und niemand kommt ihm gleichzeitig zu nahe.[69]

Durch die Vermeidung jeglicher Emotionen bilden sich der Intellekt und die sachliche Urteilskraft bei schizoid Veranlagten stark aus. Da sie sich niemandem mitteilen können, müssen sie sich alle zwischenmenschlichen Erkenntnisse und Informationen durch genaues Beobachten aneignen. Sie verfügen quasi über einen sogenannten „Röntgenblick".[70] Dies führt oftmals zu einer außerordentlichen Objektivität und zu einer hohen Fähigkeit, sachlich und abstrakt - theoretisch zu denken.

Die folgende Tabelle zeigt eine Auswahl sowohl positiver als auch negativer Eigenschaften schizoider Persönlichkeiten:

Positive Eigenschaften		Negative Eigenschaften	
- konsequent	- konstruktiv	- intolerant	- abweisend
- selbstsicher	- autonom	- gleichgültig	- misstrauisch
- distanzfähig	- phantasievoll	- kontaktschwach	- aggressiv
- unbestechlich	- unbeirrbar	- unsensibel	- isoliert

- entscheidungs-
  freudig
	- präzise und
	  realistisch
		- einsame
		  Entschlüsse
			- unnahbar

Abb. 47: **Vor- und Nachteile der schizoiden Persönlichkeit**

---

[68] Vgl. Riemann, F.: Grundformen der Angst, a.a.O., S. 20
[69] Vgl. Becker H., Hugo-Becker, A.: Psychologisches Konfliktmanagement, a.a.O., S. 155
[70] Vgl. König, K.: Kleine psychoanalytische Charakterkunde, Göttingen 1992, S. 60

(2) Erklärungsansätze

Wie kann es zu einer schizoiden Persönlichkeitsentwicklung kommen? Die Zeitspanne von der Geburt eines Menschen bis zu seinem Schuleintritt ist für ihn von herausragender Bedeutung.[71] Wichtig sind also die so genannten Umweltfaktoren. Neben den **Umweltfaktoren** spielen auch die **Anlagefaktoren** eine entscheidende Rolle. **Riemann** gibt folgende Ansatzmöglichkeiten:

(a) Anlagefaktoren des Kindes

Zu unterscheiden sind:

- **Zartsensible Anlage, große seelische Empfindsamkeit, Labilität und Verwundbarkeit.**

  Bei dieser Anlage braucht der Mensch als Selbstschutz eine Distanz zwischen seinem Ich und der Umwelt, um der Welt und dem Leben gewachsen zu sein.

- **Intensive motorisch-expansive, aggressiv-triebhafte Anlage, geringe Bindungsneigung oder -fähigkeit.**

  Ein Mensch mit einer solchen Anlage wird schon früh als störend und lästig empfunden. Er wird abgelehnt, zurechtgewiesen und nicht angenommen. Aufgrund ihrer Erfahrungen entwickelt diese Person ein Misstrauen gegenüber ihrer Umwelt und zieht sich von ihr zurück.

- **Körperliche und sonstige Wesensmerkmale des Kindes.**

  Im weiteren Sinn wird dieser Ansatz zu den Anlagefaktoren gezählt, da die Wesensmerkmale des Kindes als Anlage zuzurechnen sind. Als Wesensmerkmale sind z.B. das Geschlecht des Kindes und körperliche oder geistige Behinderungen anzusehen. Hierbei ist wichtig, wie die Umwelt mit der Behinderung des Kindes umgeht. Es besteht die Möglichkeit, dass die Eltern von den Wesensmerkmalen des Kindes enttäuscht sind und es ihnen schwer fällt, dem Kind Zuwendung und Liebe zu geben. Es wird deutlich, dass die Umweltfaktoren als Auslöser schizoider Persönlichkeitsentwicklung eine wichtige Stellung einnehmen.

(b) Umweltfaktoren

Nach Riemann sind die Umweltfaktoren die "bedeutendsten Auslöser"[72], da sie die Anlagefaktoren derart verstärken können, dass es zu der Entwicklung einer schizoiden Persönlichkeit kommen kann. Die Reaktion der Umwelt trägt dafür mehr Verantwortung als die Anlage selbst. Damit sich das Kind vertrauend den Mitmenschen zuwenden kann, müssen ihm diese vertrauenserweckend und annehmbar erscheinen.

---

[71] Den größten Einfluss auf die Entwicklung des Charakters haben die ersten fünf Lebensjahre. Der Charakter wandelt sich aber solange der Mensch lebt. In seinen Grundzügen wird er bereits in der Kindheit festgelegt. Vgl. König, K.: Kleine psychoanalytische Charakterkunde, a.a.O, S.10

[72] Ob Anlagefaktoren oder Umweltfaktoren bei der Entstehung der Persönlichkeitsstrukturen eine große Rolle spielen, ist nach wie vor umstritten, Vgl. König, K., ebd., S. 12 f.

Für die Entwicklung des Kindes ist neben der Säuglingspflege auch emotionale Wärme, liebende Zuwendung, ein angemessenes Maß an Reizen und an Ruhe sowie eine gewisse Stabilität des Lebensraumes notwendig.

Riemann unterscheidet zwischen **zwei extremen Umwelteinflüssen**:

- **Mangel an Zuneigung,**
- **Reizüberangebot.**

Erhält das Kind einerseits zu wenig liebende Zuwendung oder andererseits zu viele Reize, wird es von der Umwelt abgeschreckt und überfordert. Beide Faktoren haben denselben Effekt. Das Kind wird sich vor der Umwelt verschließen, da es nicht genügend Vertrauen ihr gegenüber aufgebaut hat.

Situationen, die das Kind überfordern, werden von ihm nur selektiv wahrgenommen, um eine größere Einwirkung zu vermeiden. Das Kind lernt schon früh, sich durch Verstand und Sinneswahrnehmungen gegen die Umwelt zu schützen. Die Weichen für eine schizoide Persönlichkeitsentwicklung sind gestellt.

(3) Intensitätsgrade schizoider Persönlichkeitsstrukturen

Wie schon erwähnt, kann man unter der "schizoiden Persönlichkeit" alle möglichen Akzentuierungen zusammenfassen. In der folgenden Skala sind die Akzentuierungen mit ansteigendem Schweregrad aufgeführt:

Intensitätsgrade

- der **Originelle** und **Phantasievolle**
- der **Unabhängige** und **Selbständige**
- derjenige mit **Distanz** und fester **Überzeugung**
- der **Bindungsscheue, Ich-Betonte** und **Kontaktarme**
- der **Verschlossene**, der **Einzelgänger** und **Kauz**
- der **Außenseiter** und **Asoziale**
- der **Psychopath**

(4) Verhalten in der Liebe

Jede Partnerschaft sollte auf gegenseitigem Vertrauen aufgebaut sein, d.h. jeder Partner sollte in der Lage sein, sich dem anderen zu öffnen und sich gleichzeitig als Individuum zu behaupten, sich nicht aufzugeben. Die schizoide Persönlichkeit ist nicht fähig, sich dem Partner anzuvertrauen. Weiterhin fehlen ihr aufgrund ihrer Distanziertheit im Umgang mit der Gesellschaft die „Mitteltöne", d.h. sie besitzt wenig Einfühlungsvermögen und ist in ihren Ausdrucksweisen sehr extrem. Sie besitzt weder die „werbende-erobernde" noch die „verführende-hingebende" Seite. Es stellt sich die Frage, wie die Bedürfnisse nach Zärtlichkeit und Liebe befriedigt werden sollen.

Der schizoide Mensch löst den Konflikt zwischen der Angst vor mitmenschlicher Nähe und seinen Bedürfnissen, indem er leicht zu lösende Partnerschaften eingeht. Viele dieser Beziehungen sind rein sexueller Natur. Die Sexualität des schizoiden Menschen spaltet sich von seinem Gefühlsleben ab. Der Partner wird nur zur Befriedigung der sexuellen Bedürfnisse benutzt, d.h. zum „Sexualobjekt" degradiert. „Nachher" - gemeint ist der Geschlechtsakt – „hätte ich sie am liebsten rausgeworfen."[73]

Dieser Ausspruch ist charakteristisch für die Spaltung zwischen Sexualität und Gefühlsleben. Der schizoide Mensch hat Angst vor Gefühlsansprüchen. Die Wahl geschlechtlich unreifer Kinder oder Jugendlicher als Sexualpartner steht mit diesem Charakterzug in Zusammenhang. Die schizoide Persönlichkeit kann ihre Sexualität ohne Angst vor Gefühlsansprüchen des Kindes ausleben, da sie mit kindlichem Vertrauen rechnet.

Ist es dem Schizoiden nicht möglich, eine Partnerschaft zu führen, wird er auf Onanie oder Perversion zurückgreifen. Es gibt jedoch auch schizoide Menschen, die immer neue Liebesbeweise von ihren Partnern verlangen, um so ihre Zweifel bezüglich der eigenen Liebesfähigkeit zu zerstreuen. Dieses Verhalten kann sehr destruktiv werden.

Liebesbeweise und Zeichen der Zuneigung des Partners werden abgewertet, bagatellisiert, analysiert, angezweifelt oder in geschickter Weise umgedeutet. So wird z.B. eine spontane Zuwendung des anderen als Ausdruck eines schlechten Gewissens, von Schuldgefühlen oder als Bestechungsversuch gedeutet. Jedes zärtliche Verhalten wird durch den Zynismus im Keim erstickt, so dass systematisch alle Liebesbereitschaft des Partners zerstört wird. Dieser Zynismus wird durch die Enttäuschungsprophylaxe motiviert, d.h. die Angst vor Enttäuschung seitens des Partners steigert sich, je enger und intensiver die Beziehung wird.

Ab einem gewissen Punkt kann die Angst so groß sein, dass der schizoide Mensch die Enttäuschung grundlos selbst herbeiführt, um zumindest der Handelnde und nicht der Erleidende zu sein. Versucht der Partner die Distanz zum schizoiden Menschen zu durchbrechen, steigert sich dessen Angst vor menschlicher Nähe. Es kommt zu unverständlichen Reaktionen, die alle das Ziel haben, der Angst entgegenzuwirken. Akzeptiert der Partner jedoch die Distanz und versteht es, mit ihr umzugehen, kann es zu einer dauerhaften Beziehung kommen, in der ihm der schizoide Mensch tiefe Zuneigung entgegenbringen wird, aber unfähig ist, diese zu zeigen oder zuzugeben.

(5) Träume der schizoiden Persönlichkeit

Anhand von **Träumen**[74] werden Konflikte, abgespaltene Persönlichkeitsanteile und Gefühlsbereiche wahrgenommen, die bislang verdrängt wurden.[75] Die Träume des schizoiden Menschen werden immer die Distanz zu den Mitmenschen und das Autarkiestreben als Thema beinhalten. Der Trauminhalt lässt sich auf das Grundproblem der schizoiden Persönlichkeit zurückführen.

---

[73] Vgl. König, Karl, Kleine psychoanalytische Charakterkunde, S. 12f, S. 26 f.
[74] Vgl. hierzu ausführlich Schmidt, R.: Träume und Tagträume: Eine individualpsychologische Analyse, Göttingen 2000
[75] Vgl. Flöttmann, H. B.: Angst - Ursprung und Überwindung, Stuttgart, Berlin und Köln 1989, S. 74

Ein **Traum** kann beispielsweise folgenden Inhalt haben:

> „Ich befinde mich auf einer großen rotierenden Scheibe, wie ein Teufelsrad, das schneller und schneller kreist; ich kann mich kaum noch halten, rutsche dem äußeren Rand immer näher und kann jeden Augenblick ins Nichts hinausgeschleudert werden."
>
> „...eine Festung aus Zementmauern mit wenigen kleinen Gucklöchern in einer riesigen Sandwüste; die Festung ist schwer bewaffnet und mit Lebensmitteln für Jahre ausgestattet; ich bewohne sie allein."
>
> „...eine öde Schneelandschaft; im Hintergrund ein paar abgeknickte Bäume, im Vordergrund eine kleine Wanne mit warmen Wasser; ich fühle mich sehr einsam."[76]

In diesen Träumen drücken schizoide Personen ihr Lebensgefühl aus. Im ersten Traum wird eine Art Weltuntergangsstimmung beschrieben, die der schizoide Mensch erlebt, da die Welt für ihn blass und farblos ist. Im zweiten Traum wird neben der Weltuntergangsstimmung auch Einsamkeit, Angstabwehr und Autarkiebedürfnis deutlich. Der dritte Traum zeigt außerdem neben der blassen und trostlosen Umwelt wieder die Einsamkeit. Es ist fraglich, ob schizoide Menschen den wahren Grund für ihre Einsamkeit erkennen, denn sie wird erst durch die Distanz zur Umwelt und das Nichtteilhaben an ihr erzeugt.

(6) Visionen der schizoiden Persönlichkeit

Keiner der vier Angsttypen lebt so sehr in seiner Welt wie der Schizoide. Er unterscheidet unbewusst zwischen der beängstigenden Außenwelt und seiner sicheren Innenwelt. Nur dort drinnen scheint für ihn eine verständliche Wahrheit zu herrschen.

Seine Umwelt ist für ihn ein unverständliches, großes Chaos, mit der möglichst jeder Kontakt vermieden werden sollte.[77] Versucht der schizoid Veranlagte, sich der Außenwelt - der tatsächlichen Realität - zu nähern, so zieht er sich bald enttäuscht wieder zurück. Dort findet er nichts Angenehmes oder Befriedigendes.[78] Durch seine Abgeschirmtheit von der Realität hat der Schizoide keine andere Wahl, als sich selber als Maß aller Dinge zu sehen. Er hat die Vision, dass sich alles um ihn drehen muss, da seine Meinung und sein Urteil die Richtlinie für jegliches Handeln bildet. Dies kann im Extrem bis zu größenwahnsinniger Impertinenz und zur Selbstverherrlichung führen.[79]

Im Umgang mit anderen Menschen, besonders im privaten Bereich, ist der Schizoide von der Idee geleitet, dass ihm dieser Kontakt keine Vorteile bietet. So unterlässt er zumeist jegliche Annäherung und hält sich auf Abstand. Eine Beziehung, sei es eine freundschaftliche oder eine geschäftliche, mit einer schizoiden Persönlichkeit aufzunehmen, gestaltet sich daher schwierig. Das freundliche Verhalten des Gegenübers wird fälschlicher Weise von Schizoiden schnell als Unaufrichtigkeit und Arglist gedeutet. Misstrauisch unterstellt er dem anderen niedere Absichten und ausschließlich persönliche Interessen durch die Beziehung befriedigen zu wollen.

---

76 Vgl. Riemann, F.: Grundformen der Angst, a.a.O., S.49
77 Vgl. ebd., S. 21
78 Vgl. Kets de Vries, M., Miller, D.: De neurotische organisatie, a.a.O., 42 f.
79 Vgl. Riemann, F.: Grundformen der Angst, a.a.O., S. 54 f.

(7) Gefahren der schizoiden Persönlichkeit

Da der Schizoide nicht abhängig sein möchte, wird er keine Gefühle zeigen und versuchen, sie zu verdrängen. Da aber auch er ein Verlangen nach Nähe, Verbindung und Berührung hat, greift er zu einer anderen Möglichkeit der Kontaktaufnahme, der Aggression. Durch gezielte Attacken, Wutausbrüche und plötzliche „Explosionen" kann der Schizoide endlich Gefühle zeigen und durch Tätlichkeiten sogar sein Gegenüber berühren.[80]

Durch das selbst idealisierende Weltbild des Schizoiden entwickelt er Wertmaßstäbe, die ihn über die anderen Schwachen stellen. Seine selbst geschaffene Isolierung interpretiert er als Eigenständigkeit und seine Einsamkeit als deutliches Zeichen seiner herausgehobenen Stellung gegenüber den Feiglingen und Hoffnungslosen, die nicht in der Lage sind, selbständig zu leben.

Jegliches seichte Gerede über Banalitäten empfindet der Schizoide als unnötig. Er sieht darin keinen Sinn, da es sich um keine sachlichen, lebensbestimmenden Probleme handelt. Der schizoid Veranlagte übersieht hierbei den Nutzen eines solchen Gesprächs, durch das er auf eine unverbindliche Weise mit dem anderen vertraut werden könnte. In dieser Weise wird er immer wieder aufs Neue enttäuscht, verunsichert und zieht sich immer mehr zurück.

Durch die fehlende Selbsthingabe wächst die Kluft zwischen den schizoiden Persönlichkeiten und ihrer Umwelt. Die Welt erscheint ihnen blass und farblos, d.h. sie hat für Schizoide nichts Begehrenswertes. Das kann problematische Folgen haben.

Durch die Entfernung zur mitmenschlichen Umwelt weiß der schizoid Veranlagte zu wenig von anderen Menschen, er wird unsicher im Umgang mit ihnen. Diese Unsicherheit kann soweit gehen, dass der schizoide Mensch nicht mehr weiß, ob seine Wahrnehmung Wirklichkeit oder Einbildung ist. Vergleichbar ist dieser Zustand mit folgender Situation:

"Man befindet sich in einem Zug, der in einem Bahnhof hält. Auf dem Nachbargleis steht ebenfalls ein Zug. Plötzlich bewegt sich einer der beiden Züge, man kann aber nicht sofort feststellen, welcher von beiden abfährt."[81]

Auf den schizophrenen Menschen bezogen bedeutet das, dass er nie genau weiß, ob seine Gefühle, Gedanken und Wahrnehmungen Wirklichkeit sind oder nur in seiner Einbildung existieren.

Diese Unsicherheit kann unterschiedliche Schweregrade annehmen, von immer wachem Misstrauen und krankhafter Eigenbezüglichkeit bis hin zu eigentlich wahnhaften Einbildungen und Wahrnehmungstäuschungen, bei denen man dann innen und außen tatsächlich verwechselt, ohne dass die Verwechslung als solche erkannt wird, weil man nun seine Projektionen für Wirklichkeit hält.[82]

---

[80] Vgl. Becker, H., Hugo-Becker, A.: Psychologisches Konfliktmanagement, a.a.O., S. 155
[81] Vgl. Schultz-Hencke, H.: Lehrbuch der analytischen Psychotherapie, Stuttgart 1951, S. 98
[82] Vgl. Riemann, F.: Grundformen der Angst, a.a.O., S.22

(8) Berufe der schizoiden Persönlichkeit

Der schizoide Mensch wird durch seine Angst vor Nähe den Kontakt mit den Mitmenschen in seinem Beruf möglichst vermeiden. Oft wendet er sich im Beruf der Erforschung der Tier- und Pflanzenwelt oder naturwissenschaftlichen Gebieten zu.

Der schizoiden Persönlichkeit geht es in erster Linie nicht um den Menschen, mit denen er mehr oder weniger arbeitet, sondern vielmehr um die Sache oder den Zweck des Sachverhaltes, an dem er arbeitet.

Ihr Interesse ist eher sachlich und betont objektiv, verbunden mit einer scharfen Beobachtungsgabe. Sie sind meist in theoretisch-abstrakten Berufen zu finden. Vielfach gibt es unter ihnen auch Psychologen, Psychiater und Philosophen. Vielleicht als eine Art unbewusster Selbsthilfe. Man nimmt ein entsprechendes Studium auf, um sich selbst und seine Probleme zu ergründen. Diese Menschen sind in der Regel eher Theoretiker als Praktiker, wie bspw. Analytiker oder Kritiker.

Im Folgenden sind eine Reihe von typischen Berufen aufgeführt, in denen meist Menschen mit einer schizoiden Persönlichkeit zu finden sind:

Berufe

- **Exakte Naturwissenschaftler (z.B. Physiker)**
- **Forschung und Entwicklung**
- **Mathematiker**
- **Satiriker und Karikaturisten**
- **Kritiker**
- **Bibliothekare**
- **Fotografen**
- **Ingenieure**
- **Entdecker und Erfinder**
- **Diagnostische Psychologen**

Der Religion gegenüber sind sie skeptisch, oft sogar zynisch. Sie verhalten sich kritisch in Bezug auf Riten und Traditionen. In der Politik neigen sie zu extremen Haltungen, entweder Radikalismus oder totales politisches Desinteresse.

In der Kunst liegt ihnen die abstrakte ungegenständliche Kunst. Sie stellen damit ihr eigenes Leben verschlüsselt und symbolisch dar. Einerseits sind sie Künstler mit einem eigenwilligen, unkonventionellen, originellen aber auch manchmal zurückweisenden Stil, andererseits sind sie Kritiker, Satiriker und Karikaturisten, die mit Schärfe über andere urteilen. Sie können Auslöser großer Umschwünge und Veränderungen sein. Sie nehmen die Dinge wahr, die von anderen nicht gesehen werden und vertreten diese klar und kompromisslos.

2.2   Die depressive Persönlichkeit

Während der Schizoide ständig versucht, eine möglichst große Distanz zwischen sich und dem Anderen aufzubauen, um frei und unabhängig zu sein, ist es dem Depressiven ein Anliegen, eine möglichst große Nähe und Verbundenheit zu erreichen. Das, was dem schizoid Veranlagten die größte Angst bereitet, ist gleichzeitig der größte Wunsch des Depressiven. Liebe und Zuneigung geben und erhalten ist das Wichtigste in seinem Leben.[83]

(1) Kennzeichen der depressiven Persönlichkeitsstruktur

Der Wunsch nach menschlicher Nähe und Zuwendung kann nur durch einen ständigen Umgang mit anderen erreicht werden. Verlust oder zwischenzeitliche Abwesenheit von für den Depressiven wichtigen Personen, bereitet Angst. Er versucht daher jeglichen Auseinandersetzungen, Streitigkeiten und Konflikten aus dem Wege zu gehen. Nur so kann er sich bis zu einem gewissen Grad sicher fühlen, die für ihn bedeutsamen Menschen festzuhalten.

Um Unfrieden zu vermeiden, werden die Mitmenschen idealisiert, ihre Fehler werden entschuldigt und Schwächen heruntergespielt. Feindschaften werden „um des lieben Friedens willen" unverzüglich beigelegt. Mit der Vogel-Strauß-Politik ermöglicht sich der Depressive, den anhaltenden Schwierigkeiten aus dem Weg zu gehen. Vogel-Strauß-Politik bedeutet, er verschließt die Augen vor allem und glaubt nur an das Gute im Menschen. Durch das beständige Ausweichen vor Problemen wird er mutlos und beginnt an sich selbst zu zweifeln. Minderwertigkeitsgefühle sind die Folge.

Depressiv Veranlagte erleben sich als dem Schicksal machtlos Ausgelieferte ohne jede Hoffnung auf eine Änderung. Naivität und kindliches Verhalten sind charakteristisch für Depressive. Solange dem Gegenüber signalisiert werden kann, dass man ohne ihn hilflos, einsam und schwach ist, wird dieser sich nur schwer lösen können. Der depressiv Veranlagte kann somit die Zuneigung gleichsam erzwingen und fühlt sich im Recht, denn einem Schutzsuchenden muss geholfen werden. Depressive leiden oft unter Vergesslichkeit. Für sie bedeutet die Annahme von Dingen jeglicher Art, von Geschenken, Zuneigung und Liebe oder auch Mitteilungen, immer, dass diese jemand anderem entwendet worden sind. Dieses Schuldgefühl verbietet ihnen den Besitz der Informationen, so dass sie diese unbewusst wieder vergessen. Es folgt eine Auswahl positiver und negativer Eigenschaften:

Positive Eigenschaften		Negative Eigenschaften	
- einfühlsam	- anpassungsfähig	- klammernd	- resonanzabhängig
- kontaktfähig	- geduldig	- sich überfordernd	- nachgiebig
- empfindsam	- aufmerksam	- verletzlich, lasch	- aufdringlich
- hilfsbereit	- zuverlässig	- empfindlich	- entscheidungs-
- tolerant	- beratend	- lästig	schwach

Abb. 48: Vor- und Nachteile der depressiven Persönlichkeit

---

[83] Vgl. Riemann, F.: Grundformen der Angst, a.a.O., S. 60 ff.

(2) Erklärungsansätze

Wieder stellt sich die Frage, wie es zu einer derartigen Persönlichkeitsentwicklung kommen kann. Der Versuch einer Erklärung kann auch hier über die Anlage- und Umweltfaktoren erfolgen.

(a) Anlagefaktoren

Zu unterscheiden sind:

- **Betont gefühlswarme Anlage (Liebesbereitschaft, Liebesfähigkeit, großes Einfühlungsvermögen)**

  Menschen mit dieser Anlagestruktur fällt es schwer, sich von Dingen zu lösen, die Ihnen gefühlsmäßig etwas bedeuten. Sie besitzen nur wenig aggressives Durchsetzungsvermögen, sind friedfertig, gutmütig und nicht kämpferisch. Diese Eigenschaften helfen der depressiven Persönlichkeit, da Menschen mit einer solchen Veranlagung oft eine hohe Bindungsneigung und wenig Selbstwertgefühl entwickeln.

- **Sensible Vitalschwäche**

  Diese Menschen sind auf das Beschütztwerden durch andere angewiesen und fordern so eine "Bemutterung" unbewusst heraus. Die Abhängigkeit ist charakteristisch für die depressive Persönlichkeitsentwicklung.

- **Neigung zum Phlegma (Schwerfälligkeit) und Bequemlichkeit**

  Diese Verhaltensweisen werden von **Riemann** noch zu den Anlagefaktoren gezählt. Es kann sich aber auch um eine Reaktion des Kindes auf die Umwelt handeln. Lassen die Bezugspersonen dieses Verhalten zu, bzw. lassen sie nur diese Verhaltensweise zu, dann entwickelt sich zwischen dem Kind und der Umwelt ein Puffer. Das Kind entwickelt zwar eine gute Beziehung zu seinen Bezugspersonen, das Verhältnis zur Umwelt ist jedoch gestört.

(b) Umweltfaktoren

Riemann bezeichnet die Umweltfaktoren ebenfalls als wesentliche Auslöser der depressiven Persönlichkeitsentwicklung. Die schizoide Persönlichkeit entsteht durch Fehlverhalten in der ersten Entwicklungsphase. Die Entstehung depressiver Verhaltensweisen ist abhängig von der zweiten Entwicklungsphase des Kindes. In dieser Phase ist die Mutter für das Kind einerseits eine Quelle der Bedürfnisbefriedigung, andererseits erkennt es aber auch seine Abhängigkeit von ihr. Es liegt an der Mutter, den Loslösungsprozess des Kindes sinnvoll und altersgemäß zu unterstützen. Dabei sind zwei **Arten** von **Fehlverhalten** zu beobachten:

- **Verwöhnung**

  Die so genannte "Gluckenmutter" überschüttet das Kind mit Liebe, in der Absicht, es an sich zu binden. Die Eigeninitiative und der altersgemäße Ablösungsprozess werden stark gehemmt. Das Kind wird bequem, es entstehen passive Erwartungshaltungen.

Die Mutter fördert diese Entwicklung, indem sie dem Kind den Eindruck vermittelt, dass es Geborgenheit, Sicherheit und Verständnis nur bei ihr erfährt.

Da das Kind nur auf wenige Erfahrungen mit der Umwelt und seinen Mitmenschen zurückgreifen kann, besteht die Möglichkeit, dass eine Konfrontation mit der Realität Resignation zur Folge hat. Es stellt fest, dass die Umwelt nicht so verwöhnend ist wie die Mutter und fühlt sich den Anforderungen des Lebens nicht gewachsen.

- **Verweigerung**

    Hier geht man davon aus, dass das Kind unerwünscht ist und von der Mutter abgelehnt wird. Die Mutter verwöhnt das Kind aufgrund von Schuldgefühlen und um ihre Feindseligkeit wieder gut zu machen. Das Kind selbst spürt die Ablehnung. Das Verwöhntwerden kann die fehlende Liebe nicht ersetzen. Es empfindet sein Leben als Schuld, hält sich für nicht liebenswert und hat Minderwertigkeitskomplexe.

    Das unter diesen Bedingungen aufwachsende Kind lernt früh, zu schnell zu verzichten. Es entwickelt sich zu einem problemlosen Menschen, der es gewohnt ist, sich und seine Wünsche zurückzustellen und den Forderungen anderer gerecht zur werden.

    Beide Verhaltensweisen können zur Entwicklung einer depressiven Persönlichkeitsstruktur führen.

(3) Intensitätsgrade depressiver Persönlichkeiten

Die Skala der Verhaltensweisen depressiver Persönlichkeiten reicht von leichten bis zu schwersten Akzentuierungen:

Intensitätsgrade	
	• der **Einfühlsame** und **Beschauliche**
	• der **Hilfsbereite,** mit dem **offenen Ohr für Andere**
	• der **Hingabefähige** und **Opferbereite**
	• der **Wehrlose** mit der **passiven Erwartungshaltung**
	• der **Unselbstständige** und **Konfliktscheue**
	• der **Überforderte**, ohne **Hoffnung** und mit **Schuldgefühlen**
	• der **Depressive** und der **Melancholische**

(4) Verhalten in der Liebe

In der Liebe spiegelt sich das Grundproblem der depressiven Persönlichkeit deutlich wieder. Die Abhängigkeit vom Partner, die Verlustangst und die eigene Liebesfähigkeit stehen im Vordergrund. Spannungen, Konflikte und Auseinandersetzungen, die in jeder "normalen" Beziehung vorkommen, aktivieren die Verlustangst bei depressiv veranlagten Menschen. Dabei führen gerade die Bemühungen der depressiven Persönlichkeit, die Distanz zu dem anderen zu verringern, der sich so aber eingeengt und umklammert fühlt, zu Problemen. Durch das Herabsetzen und Unterbewerten der eigenen Person ist die Gefahr gegeben, dass der Partner die Achtung vor dem depressiven Menschen verliert und die Beziehung beendet.

Depressive Persönlichkeiten entwickeln eine große Liebesfähigkeit, Hingabe- und Opferbereitschaft. Sie können Geborgenheit geben, sind sehr gefühlsbetont und stehen zu ihrem Partner. Bei Menschen mit stärkerer depressiver Akzentuierung überwiegt die Verlustangst. Das äußert sich darin, dass:

1. diese Personen nur noch für den anderen leben und sich völlig mit ihm identifizieren, um die Verlustangst zu minimieren,

2. diese Personen versuchen, durch Selbstmorddrohungen Schuldgefühle in dem Partner zu wecken, mit dem Ziel, ihn an sich zu binden und wieder die Verlustangst zu minimieren. Dabei handelt es sich um erpresserische Liebe.

(5) Träume der depressiven Persönlichkeit

Im Mittelpunkt der Träume von depressiven Personen steht oft die Essthematik. So kommen sie im Traum z.B. "an eine gedeckte Tafel, aber es ist kein Platz oder kein Gedeck mehr für sie oder es ist schon alles aufgegessen."[84] Die Träume verdeutlichen die Enttäuschung und die Resignation. Die Essthematik steht für den Tisch des Lebens und ihre Unfähigkeit, zugreifen und nehmen zu können. Die passive Erwartungshaltung von depressiven Menschen spiegelt sich auch in "Schlaraffenland-Träumen" wieder. Sie müssen nicht selbst handeln, sondern ihre Wünsche erfüllen sich von selbst.

Die Überforderung oder das Sich-Überfordern-Lassen kann sich in Träumen ausdrücken, in denen der Depressive z.B. bei einer Reise zusätzlich fast alle Gegenstände des Mitreisenden trägt und die Strecke kaum schafft oder bei schlechten Witterungsverhältnissen auf schützende Kleidung und Zubehör verzichtet, um es dem Anderen angenehmer zu machen.

(6) Visionen der depressiven Persönlichkeit

Die Sicht auf das Leben ist beim Depressiven geprägt durch Hoffnungslosigkeit und Pessimismus. Seine Phantasien sind eher düster und ohne Zuversicht, denn ständig wird er von der Vorstellung geängstigt, seine Mitmenschen zu enttäuschen. In seinen Gedanken ist keine Aussicht auf eine Besserung der Situation. Aus diesem Grunde macht er aus der Not eine Tugend und nimmt die Rolle des Märtyrers an, der alles stillschweigend erträgt und auf alles Schöne im Leben verzichten muss. Auf diese Weise kann er plötzlich stark sein und die ersehnte Zuwendung der Umwelt erhalten.[85]

Da der Depressive die Welt als schlecht, enttäuschend und deprimierend empfindet, sieht er sich nicht in der Lage, seine Lebensbedingungen zu verändern.[86] In seinen Visionen dagegen ist er der Wohltäter, der alle beglückt, zufrieden stellt und jeden Wunsch erfüllt, so dass alle in seiner harmonischen Welt leben können. Versucht er einmal tatsächlich Zustände zu verbessern, so ist er oft enttäuscht, denn etwas ist für ihn immer fehlgeschlagen oder nicht so eingetreten, wie er es sich in seinen Phantasien vorgestellt hat.[87]

---

[84] Vgl. Riemann, F.: Grundformen der Angst, a.a.O., S. 103
[85] Vgl. Becker H. u. Hugo-Becker, A.: Psychologisches Konfliktmanagement, a.a.O., S. 157
[86] Vgl. Kets de Vries, M., Miller, D. : De neurotische organisatie, a.a.O., S. 42 f.
[87] Vgl. König, K.: Kleine psychoanalytische Charakterkunde, a.a.O., S. 70

Für alles fühlt sich der Depressive verantwortlich. Wenn in seiner Umgebung etwas scheitert, so bezieht er das Versagen auf sich. In seinen Gedanken kann keinen anderen die Schuld treffen, kann kein anderer zum Misslingen beigetragen haben. So wird er in seiner Annahme immer aufs Neue bestärkt, dass das Schicksal und die Ungerechtigkeit des Lebens nur ihn treffen.[88] Bei jeglichen Handlungen des Depressiven erwartet dieser, dass sein Verhalten auf ihn zurückfallen wird, sowohl im positiven wie auch im negativen Fall.

In seinen Vorstellungen muss jeder, dem er hilft oder den er umsorgt, sich ihm gegenüber ebenso verhalten. Da diese Vorstellung nicht immer erwidert wird, erlebt der depressiv Veranlagte anhaltend Enttäuschungen. Aggressionen oder auch nur leichte Kritik daraufhin sind ihm nicht möglich, da er glaubt, auch diese würden sicherlich auf ihn zurückfallen. Die einzige Möglichkeit, um seinen Unmut ausdrücken zu können, ist Jammern, Klagen und Lamentieren.[89]

(7) Gefahren der depressiven Persönlichkeit

Nach einer Studie des Max Planck Instituts für Psychiatrie erkranken in Deutschland jährlich 4,4 % der Männer und 13,5 % der Frauen an einer Depression. Die Zahl der Betroffenen beläuft sich auf 7,8 Millionen Menschen. 2,8 Millionen der Betroffenen, die unter einer Depression leiden, sind Männer, 5 Millionen sind Frauen.[90]

Indem der Depressive signalisiert, dass er jemanden braucht, dass er abhängig von jemandem sein möchte und sein Gegenüber darauf eingeht, erhält der depressiv Veranlagte eine scheinbare Garantie, nie mehr verlassen zu werden, nie mehr allein zu sein. Dieser Trugschluss birgt jedoch die Gefahr, plötzlich doch im Stich gelassen und enttäuscht zu werden. Bei einer länger dauernden Abhängigkeit gleitet der Depressive immer tiefer in eine kritische Situation. Er wird nicht mehr gefordert, sich Problemen zu stellen und kann so keine Eigenständigkeit und Unabhängigkeit entwickeln, die er an sich so dringend erlernen müsste.

Durch die Vision, dass alle Menschen gut und ehrlich sind, begibt sich der Depressive immer wieder in Gefahr, desillusioniert zu werden. In solchen Momenten macht er gleichzeitig die Erfahrung, dass die anderen durch ihr, seiner Ansicht nach, unverschämtes, egoistisches Verhalten sogar mehr erreichen als er selber. Geraten depressiv Veranlagte aber in die Rolle des Helfers, müssen sie also nicht für sich, sondern für andere etwas fordern, so können sie unerwartet deutlich dafür kämpfen, denn sie müssen nicht für sich etwas fordern, sondern können sogar in die Rolle des Helfers schlüpfen.

Durch die Angst, immer wieder aufs Neue enttäuscht zu werden, resigniert der Depressive und versucht, sich aus allen Entscheidungen herauszuhalten. Somit ist er nicht in der Lage, Beschlüsse zu fassen und Schwierigkeiten eigenhändig zu lösen. Er benötigt viel zu viel Zeit, bis er endlich den Mut gefasst hat, Stellung zu beziehen, jedoch ist sein Beschluss dann meistens schon überfällig.[91]

---

[88] Vgl. Riemann, F.: Grundformen der Angst, a.a.O., S. 98
[89] Vgl. ebd., S. 72 f.
[90] Vgl. Berger, M.: Die Versorgung Psychischer Erkrankungen in Deutschland, Springer 2005, S. 89
[91] Vgl. Kets de Vries, M., Miller, D.: De neurotische organisatie, a.a.O., S 42 f.

Selbst "freien Dingen"[92], wie etwa Gesprächen, Musik oder Büchern kann er sich nicht hingeben, da auch sie von ihm „in Besitz genommen" werden müssen. Der Depressive blockiert daher die Aufnahme von Reizen, so dass er vieles nicht mit Engagement und Interesse aufnehmen kann. So ist die Gefahr groß, dass er sich nie richtig konzentrieren kann.

Unsicherheiten werden bei depressiven Persönlichkeiten immer dann auftreten, wenn es darum geht, eigene Wünsche und Erwartungen auszudrücken. Etwas Eigenes entwickeln oder verlangen, heißt auch individuell zu sein, wodurch gleichzeitig ihre Verlustangst aktiviert wird. Spannungen zwischen dem Ich und der Abhängigkeit führen zwangsläufig zu Unsicherheiten. Je nach dem Grad der Abhängigkeit wird sich die Unsicherheit in Unfähigkeit umwandeln, eigene Wünsche und Erwartungen zu äußern. Diese Unfähigkeit führt zur Resignation und steigert wiederum die Abhängigkeit.

(8) Berufe der depressiven Persönlichkeit

Im Gegensatz zur schizoiden Persönlichkeit steht bei der eher depressiven Persönlichkeit der Mensch und die Beziehung zu ihnen im Mittelpunkt ihrer Tätigkeit und nicht die Sache oder der Zweck. Auch im Berufsleben neigen depressiv veranlagte Menschen dazu, sich für ihre Mitmenschen aufzuopfern.

Die depressiv veranlagte Persönlichkeit findet häufig in gemeinnützigen, dienenden und sozialen Tätigkeitsfeldern ihre Erfüllung. Ebenso strebt sie oft Berufe in den pflegenden, sozialen und fürsorglichen Bereichen an und geht in denen auf.

So wird die depressive Persönlichkeit zum Beispiel in folgenden Arbeitsbereichen und Berufen tätig:

Berufe

- **Kranken- und Alten- / Seniorenpfleger**
- **Ausbilder**
- **Sozialarbeiter**
- **Erzieher**
- **Psychotherapeuten**
- **Ärzte**
- **Sanitäter**
- **Berater und Betreuer**
- **Lehrer**
- **Pfarrer, Seelsorger**

Für depressive Persönlichkeiten ist der Beruf kein Job, mit dem sie nur Geld verdienen. Sie werden Ärzte, Geistliche oder Pädagogen, meistens aus Berufung und nicht des Geldes oder des Prestiges wegen. Der depressive Charakter lebt und arbeitet in erster Linie um zu dienen.

---

[92] hierunter ist alles zu verstehen, was an sich keinem Besitzer zuzuordnen ist

2.3 Die zwanghafte Persönlichkeit

Das Leben von zwanghaften Personen ist durch Pläne, Regeln und Konzepte bestimmt. Alle Handlungen und Aktivitäten sind präzise überlegt und durchdacht. Der Zwanghafte erarbeitet Schemata, nach denen er seine Arbeit erledigt. Diese Verfahren müssen der Gestalt sein, dass sie auch noch nach Jahren für ihn Gültigkeit haben können und so durchdacht sein, dass durch ihr Befolgen keine nachteiligen Situationen für den Zwanghaften entstehen können.[93]

(1) Kennzeichen der zwanghaften Persönlichkeitsstruktur

Der zwanghaft Veranlagte fällt immer wieder durch seinen Konservatismus und Dogmatismus auf. Fanatisch hält er an Traditionen auf familiären, methodischen, ethischen, und gesellschaftlichen Gebieten fest. So tendiert er auch leicht zu Vorurteilen, die, da er zu Starrsinn neigt, nur schwer von anderen widerlegt werden können.

Möglichst höchste Perfektion ist das Ziel des Zwanghaften. Nichts darf von ihm schnell, hastig und überstürzt ausgeführt werden. Auch Ideen oder Phantasiegebilde werden genauestens durchdacht, nichts darf unüberlegt bleiben. Hierdurch fehlt es dem Zwanghaften fast immer an Spontaneität und Inspiration. Seinen Gedanken einmal freien Lauf zu lassen und auch unrealistische, absurde Pläne spaßeshalber zu erwägen, ist ihm nicht möglich.[94]

Zaudern, Zögern und Zweifeln sind typische Eigenarten des Zwanghaften, denn nie weiß er, ob er tatsächlich alle Möglichkeiten, alle Fakten und alle Unsicherheiten berücksichtigt und miteinbezogen hat. Somit schiebt der zwanghafte Charaktertyp Entschlüsse vor sich her und vertagt wichtige Maßnahmen immer wieder aufs Neue. Als eigenes Ablenkungsmanöver konzentriert er sich in solchen Fällen auf unwichtige Details, mit denen er sich dann stundenlang beschäftigen und ablenken kann.

In der folgenden Tabelle ist eine Auswahl von positiven und negativen Eigenschaften der zwanghaften Persönlichkeit dargestellt:

Positive Eigenschaften		Negative Eigenschaften	
- exakt	- zuverlässig	- pingelig	- putzwütig
- pünktlich	- vorsichtig	- pedantisch	- unflexibel
- systematisch	- ordentlich	- starr	- bieder
- ausdauernd	- konsequent	- verbissen	- doktrinär
- fleißig	- verantwortungs- voll	- streberhaft	- langweilig

Abb. 49: Vor- und Nachteile der zwanghaften Persönlichkeit

---

[93] Vgl. Riemann F.: Grundformen der Angst, a.a.O., S. 107 ff.
[94] Vgl. Kets de Vries, M., Miller, D.: De neurotische organisatie, a.a.O., S. 42 f.

(2) Erklärungsansätze

Mit Hilfe von Anlage- und Umweltfaktoren kann die Frage nach den Ursachen einer derartigen Entwicklung beantwortet werden.

(a) Anlagefaktoren

Zu unterscheiden sind:

- **Lebhafte motorisch-aggressive, sexuell und allgemein expansive Veranlagung. (betont eigenwillige und eigenständige Charakterzüge)**

  Das Kind hat Eigenschaften, mit denen es leichter und öfter "aneckt" und die von seinen Eltern als unbequem empfunden werden. Sie bremsen das Kind in seinen Verhaltensweisen, was von ihm als Strafe für etwas Verbotenes angesehen wird. Je mehr Strafen, umso mehr wird das Kind zurücknehmen und seine Gefühle nur noch kontrolliert zulassen.

- **Sanftheit und Anpassungsfähigkeit mit der Neigung zur Nachgiebigkeit und Fügsamkeit.**

  In der Entwicklung des Kindes wird es sich selbst zu wenig spontane Reaktion erlauben und sich mehr anpassen als es sollte. Dieses Verhaltensmuster kann sich im Alter verstärken und zu zwanghaften Zügen führen.

- **Neigung zum Nachdenken und zu grüblerischer Genauigkeit**

  Menschen mit dieser Anlage halten gefühlsmäßig stark an der Vergangenheit fest. Vergangene Eindrücke sind wegweisend für zukünftiges Verhalten. Je stärker die gefühlsmäßige Bindung an die Vergangenheit ist, umso eher kann zwanghaftes Verhalten auftreten.

(b) Umweltfaktoren

Die Umweltfaktoren greifen in die dritte Entwicklungsphase des Kindes ein, die vom 2. bis zum 4. Lebensjahr andauert. Sie können zu einer Verstärkung der Anlagefaktoren und damit zu einer stärkeren Ausprägung zwanghafter Züge führen. In dieser Phase kommt das Kind in Konflikt mit seiner Umwelt.

Der Konflikt entsteht durch den Gegensatz zwischen den Forderungen seiner Bezugsperson und seinen eigenen Wünschen und Erwartungen. Man bezeichnet diese Phase auch als Ablösungsphase. Die Neigung des Kindes nach Selbstständigkeit wird größer.

Es lernt in dieser Phase den Unterschied zwischen Erlaubtem, zwischen dem Guten und dem Bösen, zwischen "du darfst" und "du darfst nicht".

Die Problematik liegt in den Grenzen, die die Bezugspersonen aufstellen müssen, um dem Kind diese altersadäquaten Erfahrungen zu ermöglichen. Die Kinder benötigen die Grenzen als Halt, als Sicherheit, um sich in der Welt orientieren zu können.

Riemann diskutiert in diesem Zusammenhang zwei extreme Fehlleistungen der Bezugspersonen:

- **zu viele Grenzen mit Strafandrohung bei Überschreitung**
- **keine Grenzen**

Entwickelt sich ein Kind unter zu vielen Grenzen, werden die lebendigen und gefühlsbetonten Impulse zu früh unterdrückt. Die Spontaneität und jede Äußerung gesunden Eigenwillens wird von vorneherein gebremst. Das Kind kann sich nicht natürlich entwickeln. Diese Erfahrungen lassen das Kind vorsichtiger werden. Reflexe werden entwickelt, die alle grenzüberschreitenden Impulse sofort abbremsen und unterdrücken.

Daraus ergibt sich die charakteristische Neigung zum Zögern und zur Unentschlossenheit. Die zwanghafte Persönlichkeit kann sich nicht zwischen dem Mut der Tat und der Angst vor Strafe entscheiden. Schon in der Kindheit wird die Erfahrung gemacht, dass viele Dinge nur auf ganz bestimmte Weise getan werden dürfen, wodurch die Vorstellung entsteht, dass etwas wie das absolut Richtige existieren muss. Diese Vorstellung prägt in der weiteren Entwicklung des Kindes seinen Hang zum Perfektionismus.

Der Gegensatz dazu ist ein Milieu, das dem Kind keine Grenzen zur Orientierung aufstellt. Auch in diesem Fall kann der Mensch zwanghafte Züge entwickeln. Als eine Art Selbstschutz wird sich das Kind keine eigene Ordnung und feste Grundsätze schaffen, die ihm Halt und Sicherheit geben. Da die Umwelt diese selbst aufgestellte Ordnung immer gefährdet, wird das Kind umso mehr daran festhalten. Auch hier können zwanghafte Verhaltensmuster entstehen.

(3) Intensitätsgrade zwanghafter Persönlichkeitsstrukturen

Im Folgenden wird eine Reihenfolge von gesunden Menschen mit leicht zwanghaften Zügen bis hin zur Zwangsneurose aufgestellt:

Intensitätsgrade

- der **Planvolle** und der **Ordentliche**
- der **Saubere**, der **Fleißige** und der **Zurückhaltende**
- der **Beständige** und der **Zuverlässige**
- der **Realistische** und der **Streberhafte**
- der **Eigensinnige** und der **Pedantische**
- der **Fanatische**, der **Starrsinnige** und der **Tyrannische**
- die **Zwangsneurose**

(4) Verhalten in der Liebe

Die Liebe mit ihrer Spontaneität und Irrationalität ist für die zwanghafte Persönlichkeit sehr beunruhigend. Sie widerstrebt dem Sicherheits- und Machtbedürfnis dieses Menschen, der deshalb alles versucht, um seine Gefühle, die er für subjektiv und vergänglich hält, zu kontrollieren.

In seinen Gefühlszuwendungen gegenüber dem Partner ist er eher zurückhaltend und wenig verständnisvoll. Zwanghafte Menschen überlassen sich nur selten ihren Gefühlen und halten Leidenschaft für eine Schwäche. Wenn sie sich jedoch zu einer Partnerschaft bekennen, zeigen sie Verantwortungsgefühl, sehen den Anderen aber nicht als Gleichberechtigten in der Beziehung an.

Bei einer Partnerschaft geht es der zwanghaften Persönlichkeit vielmehr darum, den Machtkampf innerhalb der Beziehung zu gewinnen und dem Anderen überlegen zu sein, um ihr Machtbedürfnis zu befriedigen. Es kann so weit gehen, dass der Partner als Eigentum, als Objekt betrachtet wird.

Die Ehe ist für die zwanghafte Persönlichkeit eine rationale Einrichtung. Eheschließungen - meist nach langen Verlobungszeiten - erfolgen aus Vernunftsgründen, z.B. aufgrund finanzieller Vorteile, und gelten danach als unauflösbar. Je deutlicher die zwanghafte Veranlagung wird, umso mehr wird die Ehe zu einem juristischen Vertrag mit strengen Regeln und Pflichten degradiert.

Zwanghafte Menschen legen in einer Partnerschaft viel Wert auf Pünktlichkeit und Sparsamkeit. Ihre Pedanterie und ihr Starrsinn werden dadurch besonders deutlich. "Das Essen muss auf die Minute genau auf dem Tisch stehen", "das Haushaltsgeld wird zugeteilt", und "die Notwendigkeit von Neuanschaffungen wird endlos diskutiert".[95]

Am häufigsten werden in solchen Ehen Krisen durch Geldprobleme ausgelöst. Sogar die Sexualität wird nicht nach Gefühl und Stimmung ausgelebt, sondern nach festgesetzten Terminen. Wenn der Machtwille, bzw. der Wunsch, den anderen zu bezwingen, überhand nimmt, kann der Zwanghafte sadistische Neigungen entwickeln. Bei männlichen, zwanghaften Personen wird die Sexualität als Bewährungsprobe für die Potenz angesehen und die Partnerin zu einem Objekt der Leistungsprüfung erniedrigt.[96]

Menschen mit schwach ausgeprägten zwanghaften Zügen sind zwar "keine leidenschaftlich Liebenden, aber dafür zuverlässig und stabil in ihrer Zuneigung. Sie sind vorsorgliche Ehepartner und ihre Familie erweckt oft den Eindruck einer heilen Gemeinschaft, in durchaus positivem Sinne, die auf gegenseitiger Achtung, Zuneigung und Verantwortungsgefühl aufbaut".[97]

(5) Träume der zwanghaften Persönlichkeit

Träume haben für die zwanghafte Persönlichkeit keine große Bedeutung. Sie nimmt sie nicht ernst und misstraut ihnen. So kann erklärt werden, dass sich zwanghafte Menschen nur selten an Träume, bzw. aus der Sicht des Therapeuten, nur an Nebensächliches erinnern. Sie träumen in den Farben braun, schwarz oder betont weiß und damit sehr steril. In ihren Träumen benutzen sie gerne technische und mechanische Bilder für lebendige Vorgänge, als Ausdruck ihrer Entfernung vom wirklichen Leben.

---

[95] Vgl. Riemann, F.: Grundformen der Angst, a.a.O., S. 120

[96] Leute mit einer stark ausgeprägten Zwangsstruktur stellen nicht nur überhöhte Ansprüche an die Sauberkeit im Allgemeinen, sondern sie differenzieren auch zu wenig. Vgl. König, K.: Kleine psychoanalytische Charakterkunde, a.a.O., S. 32

[97] Vgl. Riemann, F.: Grundformen der Angst, a.a.O., S. 123

Die Problematik von Impuls und Gegenimpuls zeigt sich auch im Traum. Es werden zunächst Taten begangen, die später wieder aufgehoben werden. Ihre gehemmte Aggression kann in Träumen in Form von elementaren Durchbrüchen in Erscheinung treten, z.B. Vulkanausbrüche.

(6) Visionen der zwanghaften Persönlichkeit

Zwanghafte werden geängstigt durch den Gedanken, dass, sobald sie die Kontrolle über etwas lockern, alles in ein großes Chaos abrutscht und sie selber dabei zugrunde gehen werden.[98] Sie glauben fest daran, dass nur, wenn es ihnen gelingen werde Herr über alles zu sein, was sie umgibt, sie in der Lage sind, sich aus dem gefährlichen Strudel des Lebens zu retten und in Sicherheit und Ruhe zu leben.[99] So wie einer der Grundgedanken der Chaos-Theorie[100], nachdem ein Flügelschlag eines Schmetterlings in letzter Konsequenz einen Orkan auslösen kann, so ist auch der Zwanghafte verfolgt von der Idee, dass alle seine Handlungen gefährliche, ungeahnte Folgen haben können.

Der erste Schritt zu einem neuen Projekt, einer Entscheidung oder aber auch nur der Kauf eines Brotes bergen somit unübersehbare Entwicklungen, die nicht mehr zu stoppen sind, vergleichbar mit dem Fall des ersten Dominosteins in einer langen Reihe von Spielsteinen.

Die Vision des Zwanghaften ist es, Zustände zum Erstarren bringen zu können, die Zeit anhalten zu können. Der Gedanke, dass alles was in diesem Moment geschieht, wenig später schon Vergangenheit ist, quält ihn. Er kann nichts mehr am, von ihm ausgelösten, Ablauf ändern. Er fühlt sich machtlos und der Vergänglichkeit ausgeliefert. In seinen Überlegungen versucht er die Zeit zu beherrschen, indem er sie einteilt und verplant, sei es durch Terminplaner oder Stoppuhren.

(7) Gefahren der zwanghaften Persönlichkeit

Um alles in der gewohnten, beruhigenden Ordnung belassen zu können, darf sich im Leben des Zwanghaften nichts ändern, darf der Rhythmus nicht gestört werden. Er wendet sich daher gegen jede Erneuerung und jede Reform. Hierin liegt die große Gefahr. Der zwanghaft Veranlagte entwickelt sich nicht weiter, bleibt auf seinem Stand stehen. Da aber ständig Veränderungen auf ihn einströmen, muss er sich ununterbrochen dagegen zur Wehr setzen. Dies ermüdet und schwächt ihn auf die Dauer.

Um ihren Ängsten auszuweichen, verfallen solche Charaktertypen oft in Zwangshandlungen. Zunächst harmlose Handlungen erhalten plötzlich eine besondere Bedeutung und die betroffenen Personen verspüren den Zwang, diese Tätigkeiten ständig zu wiederholen. In extremen Fällen kann dies zu Wasch-, Zähl- oder Erinnerungszwängen führen. So kann ein ganzes Gerüst von Regeln und Prozeduren unbewusst den Tag bestimmen, ohne dass der Zwanghafte dies verhindern könnte.

---

[98] Vgl. Riemann, F.: Grundformen der Angst, a.a.O., S. 110

[99] Vgl. Kets de Vries, M., Miller, D.: De neurotische organisatie, a.a.O., S. 42 f.

[100] Theorie, welche Mitte der 80-iger entstand, nach der selbst im Chaos eine Ordnung besteht und wodurch scheinbar belanglose Dinge eine Bedeutung erlangen können.

Typische **Beispiele** für **zwanghafte Verhaltensweisen** sind:

- trotz voller Kleiderschränke werden immer nur die alten Sachen getragen,

- wiederholtes Nachsehen, ob Türen verschlossen oder Gashähne zugedreht sind,

- kontrollieren der Autotüren trotz Zentralverriegelung,

- Putzzwang

- Waschzwang oder Zählzwang

- Sammeltrieb, jedes Sammelstück stellt ein "Stück Ewigkeit" dar,

- starres Festhalten an Traditionen familiärer, gesellschaftlicher, moralischer, politischer, wissenschaftlicher und religiöser Art.

Zwanghafte Persönlichkeiten sind oft konservativ, neigen zur Vorurteilen und Fanatismus. Sie können sich schlecht entscheiden und sind in ihrem Verhalten eher zögernd. Einmal getroffene Entscheidungen werden jedoch konsequent vertreten, d.h. ein "Nein" bleibt ein "Nein" und die Entscheidung wird nicht oder selten revidiert. **Riemann** versteht darunter den sogenannten "Basta-Typ".[101]

Im zwischenmenschlichen Kontakt kristallisiert sich eine weitere Verhaltensweise heraus. Die zwanghafte Persönlichkeit versucht aktiv ihre Umwelt nach ihren Regeln und Grundsätzen zu formen.

Dieses Machtbedürfnis leitet sich aus dem zu großen Sicherheitsbedürfnis ab. Befriedigung können diese Machtbedürfnisse in Abhängigkeitsverhältnissen wie z.B. "Vater-Sohn, Lehrer-Schüler, Mann-Frau und Vorgesetzter-Untergebener" finden.[102] Dadurch wird verständlich, dass das Generationsproblem bei zwanghaft veranlagten Menschen besonders problematisch ist.

Es entsteht ein Teufelskreis, da diese Menschen durch ihre starre Haltung die von ihnen so gefürchteten Veränderungen selbst herausfordern und somit ein noch stärkeres Sicherheits- und Machtbedürfnis entwickeln. Sie können den Teufelskreis nur durchbrechen, wenn es ihnen gelingt, sich mit den Veränderungen auseinanderzusetzen und zu versuchen, sie anzunehmen.

Durch sein Verlangen, alle Entscheidungen korrekt, präzise und unter Berücksichtigung aller Schwierigkeiten genauestens zu fällen, setzt sich der Zwanghafte der Gefahr aus, nie zu einem Beschluss kommen zu können. Der Gedanke, bei einem Entschluss etwas Wesentliches vergessen zu haben, lähmt ihn und macht ihn unsicher für weitere Vorhaben.

Fasst der zwanghaft Veranlagte letztlich doch einen Beschluss, so hat dies etwas Endgültiges, Unumstößliches für ihn. Der Zwanghafte setzt sich selber unter den belastenden Druck, zu seinem Urteil bedingungslos und unabänderlich zu stehen.

---

[101] Vgl. Riemann, F., a.a.O., S.151
[102] Vgl. Hofstetter, H., Die Leiden der Leitenden, Köln 1988, S.19

Die Unterdrückung aller Impulse von Kindheit an führen bei zwanghaften Persönlichkeiten zu einer tiefen Unsicherheit darüber, was man tun darf und was nicht und was passiert, wenn sie den "ersten Schritt" machen.

Zwischen dem Impuls und seiner möglichen Ausführung ist grundsätzlich ein zweifelndes Zögern eingeschaltet, das dem Gegenimpuls die Möglichkeit gibt, spontane Handlungen zu verhindern. Im Extremfall kann die sofortige Beantwortung von Impulsen mit Gegenimpulsen zu völliger Handlungsunfähigkeit führen.

(8) Berufe der zwanghaften Persönlichkeit

Um bei Arbeitgebern und Vorgesetzten beliebt zu sein, glaubt der zwanghaft Veranlagte perfekt sein zu müssen. Ihren Fähigkeiten und Veranlagungen nach bevorzugt die zwanghafte Persönlichkeit Berufe, in denen es auf Genauigkeit, Präzision und Sorgfalt, Gründlichkeit und Geduld ankommt. Auch in Berufen, die mit Machtausübung verbunden sind, sind zwanghaft veranlagte Menschen zu finden.

Beispiele für mögliche Tätigkeiten beziehungsweise Berufe der **zwanghaften Persönlichkeit** sind:

Berufe • **Exakte Naturwissenschaftler** • **Chirurgen und präzise Handwerker** • **Finanzbeamte** • **Buchhalter** • **Pädagogen und Geistliche** • **Systematiker auf allen Gebieten** • **Beamte** • **Juristen und Richter** • **Statistiker und Organisator** • **Computerspezialisten**

Zwanghafte Menschen zeichnen sich durch ausgezeichnete Sachkenntnis in ihren Fachgebieten aus, neigen aber zu Eigeninitiative, Improvisation und Elastizität. Je nach Grad der zwanghaften Veranlagung kann aus Pflichtbewusstsein und Verantwortung Pedanterie werden. Die Grenzen zwischen positiven und negativen zwanghaften Persönlichkeitsmerkmalen sind sehr schmal.

Die Geschichte als solche, aber auch die Geschichte der Kunst, der Medizin und der Philosophie ist für diesen Persönlichkeitstyp von besonderem Interesse, da sie etwas Vergangenes mit Beständigkeit ist. Alles Zeitlose, z.B. Archäologie und Altertumskunde, zieht zwanghafte Menschen magisch an.

Ihr politisches Interesse ist stark mit dem Machtbedürfnis gekoppelt. Ist die zwanghafte Person politisch aktiv, vertritt sie meist den Konservatismus.

2.4 Die hysterische Persönlichkeit

Während der Zwanghafte bemüht ist, möglichst alles in seiner gewohnten Ordnung zu belassen, wünscht sich der Hysterische nichts sehnlicher als die Abwechslung. Sein Leben muss sich ständig verändern, nur so hat er das Gefühl, frei zu sein und selber entscheiden zu können. Seine Chancen liegen in der Zukunft, die ihm aussichtsreich, viel versprechend und rosig erscheint.[103]

(1) Kennzeichen der hysterischen Persönlichkeitsstruktur

Hysterische haben keine festen Pläne, denn morgen könnte sich in ihrem Leben alles schlagartig wieder geändert haben. Zeiteinteilungen und Verlässlichkeit sind nicht ihre starken Seiten, Verantwortungslosigkeit daher eine ihrer markantesten Eigenschaften. Durch konkrete Konzepte fühlen sie sich zu sehr eingeengt und ihrer kostbaren Freiheit beraubt, die ihnen wichtiger ist als jegliche Rücksichtnahme auf andere.

Hysterische Menschen sind durch ein hohes Maß an Spontaneität gekennzeichnet. Sie überraschen ihre Mitmenschen immer wieder durch neue Ideen und witzige Einfälle, durch die sie sich ganz anders zeigen können, als noch am Tag zuvor. Ihre Lebendigkeit, Aufgeschlossenheit und Wandlungsfähigkeit sind prägnant und haben etwas Mitreißendes. Beim Umgang mit ihnen tritt zumeist keine Langeweile auf.[104]

Sie gehören zu dem Charaktertyp Menschen, die „Feste feiern können, wie sie fallen" und die bei jeder Attraktion zu finden sind. Durch ihr Temperament und ihren Charme sind sie jederzeit im Mittelpunkt, genießen diese Position und sind bemüht, diese auch beizubehalten.

Hysterische scheinen auf den ersten Blick als vom Leben Begünstigte. Das Schicksal meint es gut mit ihnen. Sie sind beliebt, sympathisch und besitzen oft ein attraktives Äußeres, das ihnen den Umgang und den Kontakt mit Menschen erleichtert. Vieles scheint ihnen in die Wiege gelegt zu sein, ohne dass sie darum haben kämpfen müssen.[105] Erleiden Hysterische doch einmal eine Niederlage, so scheint sie dies nicht zu entmutigen. Sie richten sich wieder auf wie ein Stehaufmännchen und versuchen ihr Glück aufs Neue.

Der Hysterische hat das Verlangen, zu faszinieren, zu imponieren und ständig im Mittelpunkt zu stehen. Durch sein Bedürfnis immer an erster Stelle zu stehen, darf niemand witziger, intelligenter oder charmanter sein als er selber. Der hysterisch Veranlagte reagiert dann übertrieben entrüstet, mit pathetischen Gesten klagt er sein Gegenüber an.

Durch Intrigen und heimtückische Komplotte versucht er, seine Stellung beständig zu festigen.[106] Scheint ihm ein Erfolg jedoch als nicht aussichtsreich, so geht er einen anderen Weg, indem er sich mit seinem Rivalen verbündet.

---

[103] Vgl. Riemann, F.: Grundformen der Angst, a.a.O., S. 156 ff.
[104] Vgl. ebd., S. 174
[105] Vgl. Becker H., Hugo-Becker, A.: Psychologisches Konfliktmanagement, a.a.O., S.164
[106] Vgl. Riemann, F.: Grundformen der Angst, a.a.O., S. 172

Die folgende Tabelle zeigt die positiven und negativen Eigenschaften der hysterischen Persönlichkeit:

Positive Eigenschaften		Negative Eigenschaften	
- improvisierend	- innovationsfreudig	- oberflächlich	- launisch
- flexibel	- großzügig	- sprunghaft	- geltungssüchtig
- risikofreudig	- überzeugend	- ablenkbar	- chaotisierend
- kontaktfreudig	- anregend	- leichtsinnig	- unkontrolliert
- offenherzig	- spontan und gewandt	- unrealistisch	- verschwenderisch

Abb. 50: Vor- und Nachteile der hysterischen Persönlichkeit

(2) Erklärungsansätze

Zur Erklärung der Persönlichkeitsentwicklung werden wieder die Anlage- und Umweltfaktoren herangezogen.

(a) Anlagefaktoren

- Angeborene Lebhaftigkeit, emotional, spontan, lebhafter Mitteilungsdrang

- Angeborener Charme und Schönheit

- Kontaktfreudigkeit, großes Kontaktbedürfnis, betontes Geltungsbedürfnis

Alle Anlagen geben dem Kind ein angenehmes Erscheinungsbild. Es steht ohne große eigene Anstrengung im Mittelpunkt, erhält Sympathie und Bestätigung, ohne dafür etwas leisten zu müssen. Für das Kind entsteht der Eindruck, dass sich alle seine Bedürfnisse von selbst erfüllen. Es fängt an, sich auf seine Vorzüge zu verlassen und entwickelt die Erwartungshaltung, immer und von jedem geliebt zu werden.

Um sein Bedürfnis nach mitmenschlichem Kontakt und seine Geltungssucht zu befriedigen, wird das Kind seine Anpassungsfähigkeit ausbauen. Werden diese Verhaltensweisen von der Umwelt gefördert, kann es zu einer hysterischen Persönlichkeitsentwicklung kommen.

(b) Umweltfaktoren

Mögliche hysterische Entwicklungen finden ihren Ursprung in der Phase vom 4. bis zum 6. Lebensjahr des Kindes. Seine Umwelt erwartet von ihm, dass es allmählich in die Welt der Erwachsenen hineinwächst und deren Spielregeln kennenlernt, sich mehr und mehr vernünftig, verantwortungsbewusst und einsichtig zeigt. Es soll seine Wunschwelt aufgeben und lernen, sich mit der Realität vertraut zu machen und sich in ihr zurechtzufinden. Das Kind merkt in dieser Phase, dass seine Wünsche und Fähigkeiten Grenzen haben.

Damit es diesen Entwicklungsschritt vollzieht, muss die „Erwachsenen-Welt" dem Kind reizvoll und nachahmenswert erscheinen. Die Eltern sind nicht länger die vergötterten Bezugspersonen, sondern werden kritisch beobachtet und mit einem zunehmenden Wissensdurst ihres Kindes konfrontiert. Um ein gesundes Selbstwertgefühl zu entwickeln und zu seiner eigenen Identität zu finden, benötigt das Kind gesunde Leitbilder, mit denen es sich identifizieren kann.

Zwei extreme Arten von Fehlverhalten der Umwelt stören diese Entwicklung:

- **keine Leitbilder und chaotisch vorgelebte Ordnung**

- **übermächtige Leitbilder und zwanghaft streng vorgelebte Ordnung**

Im ersten Fall erhält das Kind zu wenig Halt und Orientierung durch seine Umwelt. Es wird nicht ernst genommen und immer noch als Kleinkind behandelt. Beispielsweise wird ein und dasselbe Verhalten heute bestraft und am nächsten Tag toleriert, oder die Eltern streiten in Gegenwart ihres Kindes, in der Annahme, dass es sowieso nichts versteht. Nachahmung des elterlichen Verhaltens führt zur Bestrafung.

Diese, für das Kind unverständlichen, Handlungen führen dazu, dass es sich in eine Scheinwelt zurückzieht. Der Grundstein für eine hysterische Persönlichkeitsentwicklung ist gelegt. Eine chaotische Umgebung kann diese Veranlagung ebenso begünstigen wie eine Kindheit in den so genannten „besseren Kreisen", in denen das gesellschaftliche Prestige wichtiger ist als das Kind selbst. Von anderen beneidet, spielt es die Rolle des glücklichen Kindes und versteckt seine Einsamkeit hinter Arroganz.

Wesentlich ist auch das Verhältnis der Eltern zueinander. Ein „Pantoffelheld" als Vater und eine übermächtige Mutter verhindern zum Beispiel eine gesunde Einstellung zum anderen Geschlecht.[107] Zweierlei Verhaltensweisen sind nun denkbar: entweder imitiert das Kind seine "schlechten" Vorbilder oder es nimmt seine Eltern nicht mehr ernst.

Im zweiten Fall prägen übermächtige Leitbilder die Entwicklung des Kindes. Die hysterischen Züge verstärken sich aus Protest über die starre, einzwängende erzieherische Haltung der Eltern. Die natürlichen Verhaltensweisen, z.B. Freiheitsdrang, werden unterbunden. So manches „missratene" Kind kommt aus einem zu strengen und konservativen Elternhaus. Hierbei handelt es sich nicht mehr um „**echte Hysterie**", sondern um „**reaktive Hysterie**".[108]

(3) Intensitätsgrade hysterischer Persönlichkeitsstrukturen

Mit steigender Intensität der hysterischen Veranlagung tritt der Geltungsdrang immer deutlicher hervor. Er ist bezeichnend für die nicht vollzogene Identitätsfindung und endet in der Krankheitsform „Hysterie".

---

[107] Vgl. König, K.: Kleine psychoanalytische Charakterkunde, a.a.O., S. 42 f.
[108] Vgl. Riemann, F.; Grundformen der Angst, a.a.O., S. 181

Intensitätsgrade

- der **Impulsive** und **Anregende**
- der **Optimistische** und **Gesellige**
- der **Mitreißende**
- der **Risikofreudige** und **Unternehmungslustige**
- der mit **Geltungssucht**
- der, der zur **Selbstkritik** unfähig und **kontaktsüchtig** ist
- **Krankheiten** ohne **Organbefund**, **Ängste** und der **Hysteriker**

(4) Verhalten in der Liebe

Die hysterische Persönlichkeit liebt die Liebe als solche. Sie ist ein Meister der Erotik, leidenschaftlich, aber auch fordernd. Die Liebe steigert ihr Selbstwertgefühl und dient zur Selbstbestätigung. Durch Charme, Temperament, Gewandtheit und Direktheit steht die hysterische Persönlichkeit schnell im Mittelpunkt. Sie kann es nicht ertragen, von anderen Menschen nicht als liebenswert empfunden zu werden.

Sind die hysterischen Züge noch nicht so ausgeprägt, verhalten sich Menschen mit dieser Veranlagung in einer Partnerschaft aufgeschlossen. Sie sind lebensfroh, phantasievoll und spontan in ihren Gefühlsäußerungen. Treue ist für hysterische Personen keine Maxime. Heimliche Liebschaften haben den Reiz des Neuen und Verbotenen und bieten Raum für phantasiereiche Romantik.

Je mehr sich die hysterischen Strukturen verstärken, wachsen auch die fordernde Haltung und der Wunsch nach Bestätigung. Hysterisch veranlagte Menschen benötigen den Partner als Spiegel, zur Aufwertung des eigenen Ichs. Auch in der Sexualität, wo ihnen zärtliches Vorspiel wichtiger ist als der eigentliche Akt, drückt sich Angst vor dem Endgültigen aus.[109] Beziehungen mit hysterisch veranlagten Menschen sind oft problematisch, da die jeweiligen Partner die Bedürfnisse nach Liebe und Selbstbestätigung kaum erfüllen können. Durch den zu großen Liebesanspruch werden hysterische Menschen oft enttäuscht. Neue Partnerschaften dienen dann als Entschädigung für vergangene Enttäuschungen und werden von Anfang an überfordert.

1. Hysterisch – Zwanghafte – Beziehung

Die zwanghafte Persönlichkeit wird Situationen konsequent ausdiskutieren und damit den hysterisch veranlagten Menschen in die Enge treiben. Der Hysterische wird versuchen, sich mit allen Mitteln dagegen zu wehren.

2. Hysterisch – Schizoide – Beziehung

Der Schizoide weicht der hysterischen Persönlichkeit instinktiv aus. Er durchschaut sie und lehnt es ab, die Bedürfnisse nach Bestätigung zu erfüllen.

---

[109] Vgl. König, K.: Kleine psychoanalytische Charakterkunde, a.a.O., S. 36 f.

3. Hysterisch – Depressive – Beziehung

Aufgrund der Neigung der depressiven Persönlichkeit, sich unterzuordnen und anzupassen, wird sie die Bedürfnisse hysterischer Menschen erfüllen. Die Partnerschaft geht alleine auf ihre Kosten.

4. Hysterisch – Hysterische – Beziehung

Diese Kombination ist nur dann denkbar, wenn die Veranlagungen noch nicht so ausgeprägt sind. Andernfalls führen Rivalität und gegenseitiges Übertrumpfen-Wollen zu großen Problemen.

(5) Träume der hysterischen Persönlichkeit

Die Träume hysterischer Persönlichkeiten handeln oft von der Scheinwelt, in der die Grenzen der Realität aufgehoben sind und sich alle ihre Wünsche erfüllen. Ausweglose Situationen werden märchenhaft gemeistert. So kann derjenige auf der Flucht plötzlich durch eine Wand gehen oder fliegen oder er erträumt sich einen Retter in letzter Not.

Die Träume sind meist farbig, lebendig und aufregend. Hysterische Menschen können sich gut an ihre Träume erinnern.

(6) Visionen der hysterischen Persönlichkeit

In der Phantasie der Hysterischen hat das Leben keine Begrenzung, kein Ende. Alles Unausweichliche und Unvermeidbare löst in ihnen Ängste aus. Nur Abwechslung, Wandel und Veränderung geben ihnen das Gefühl, in Freiheit zu sein und ihr Leben selber bestimmen zu können.[110] In ihren Visionen begeben sie sich ständig in neue, spannende Welten, voll mit vorher noch nie da gewesenen Sensationen und Abenteuern.

Das Älterwerden[111] oder den Tod wollen sie nicht wahr haben. Der Gedanke, nicht für immer vital und jung zu bleiben, beängstigt sie. In ihren Utopien bleiben sie ewig jugendlich und blühend.[112] Hysterische sind besessen von der Idee, alle Wünsche sofort erfüllt zu bekommen. In ihren Illusionen wird ihnen alles geboten, gelingt ihnen alles und ist gleichsam jeden Tag Sonnenschein.

Jegliches Tun muss eine sofortige Befriedigung in sich tragen. Eine Zufriedenheit, die erst in der Zukunft erreicht werden kann, hat in der Gegenwart keinen Wert. Hysterische sehen daher auch keinen Zusammenhang zwischen ihren Taten und deren Folgen. Kommen in ihnen doch einmal Zweifel über ihre Handlungen auf, so sehen sie in ihrer Traumwelt jedoch immer einen helfenden Retter.

In den Visionen der hysterisch Veranlagten sehen sie sich als Lieblinge und Genies, die von allen bewundert und anerkannt werden. Das Verlangen aufzufallen bestimmt ihre

---

[110] Vgl. Riemann, F.: Grundformen der Angst, a.a.O. S. 156
[111] Filmschauspielerinnen wie etwa Greta Garbo konnten das Älterwerden nicht ertragen, so dass sie sich in die Einsamkeit zurückzogen
[112] Vgl. Riemann, F.: Grundformen der Angst, a.a.O. S. 197

Handlungen und ihnen ist dafür beinah alles recht. Sie wollen nicht nur Eindruck auf andere machen, sondern möchten auch deren Sympathie und Anerkennung gewinnen.[113]

(7) Gefahren der hysterischen Persönlichkeit

Durch den Gedanken, dass alles Neue und Zukünftige ihnen Glück verheißt, haben sich Hysterische blind dem Fortschritt verschrieben. Sie versuchen jede Innovation zu erhalten und für sich zu nutzen.[114]

Ihr Glaube an das Neue grenzt oft an Naivität, da für sie keine Fakten zählen, sondern nur die Tatsache, dass etwas Neues, noch nie Dagewesenes, greifbar ist. Nicht genaues Abwägen und Überlegen bestimmt ihre Reaktionen, sondern vielmehr die Vorfreude und Spannung, etwas Neuartiges erhalten zu können. So sind Hysterische auch sehr leichtgläubig und einfach zu beeinflussen. Nur die Besonderheit eines Gegenstandes, eines Ortes oder einer Stimmung reicht für sie aus, zu reagieren.[115]

Der Hysterische kann den Zusammenhang zwischen Ursache und Wirkung nicht erkennen. Seine Spontaneität kennt keine Grenzen. Dadurch bringt er sich immer wieder in die Gefahr, unbedachte Handlungen zu begehen und Versprechen zu geben, die er nicht einlösen kann. Darüber hinaus ist er nicht sehr ausdauernd und bei langwierigen Angelegenheiten schwindet schnell sein Interesse.[116]

Durch ihre Visionen, in denen sie von allen bewundert werden und in denen alles nach ihren Wünschen erfolgt, begeben sich Hysterische immer wieder in die Gefahr, dass ihre Sicht auf das Leben nicht der Wirklichkeit entspricht. In der Realität sind sie daher immer wieder Enttäuschungen ausgesetzt, so dass sie sich immer öfter in ihre Träume flüchten.

Ihr Verlangen nach unbegrenzter Freiheit verstärkt noch weiter den Drang, in die Scheinwelt zu flüchten, da ihnen die Wirklichkeit diese Freizügigkeit nicht bieten kann.

Hysterische sind sehr oft mit ihrer eigenen Person unzufrieden. Auf der ständigen Jagd nach neuen Reizen und Veränderungen konzentrieren sie sich mehr auf ihre Umwelt als auf sich selbst. Sie wissen daher oft nicht, was sie wirklich wollen und was sie benötigen, um glücklich zu sein. Sie sind immer auf der Suche nach Neuem, gehetzt von der Vorstellung, dass es noch einen besseren Zustand als den momentanen gibt.

Unsicherheiten empfindet die hysterische Persönlichkeit immer dann, wenn sie mit der Realität in Berührung kommt. Verantwortlich dafür ist ihr gestörtes Verhältnis zwischen Scheinwelt und Realität. Sie versucht diese Unsicherheit nach außen mit "Imponiergehabe" und Angeberei zu kompensieren. Außerdem wirken die Anpassungsfähigkeit und das ständige Rollenspiel verunsichernd, da die hysterische Person letzten Endes nicht mehr weiß, wer sie selbst ist.

---

[113] Vgl. Kets de Vries, M., Miller, D.: De neurotische organisatie, a.a.O., S. 42 f.
[114] Vgl. Riemann, F.: Grundformen der Angst, a.a.O., S. 195
[115] Vgl. Kets de Vries, M., Miller, D.: De neurotische organisatie, a.a.O., S. 42 f.
[116] Vgl. König, K.: Kleine psychoanalytiscCharakterkunde, a.a.O., S. 60

(8) Berufe der hysterischen Persönlichkeit

Hysterischen Menschen liegen alle die Berufe, die mit einem persönlichen Einsatz verbunden sind. Bei der Wahl des Berufes achten sie jedoch darauf, dass ihre Geltungssucht dadurch befriedigt wird. Geeignet sind repräsentative Tätigkeiten, die ihr Ego aufwerten.

Im Gegensatz zur zwanghaften Persönlichkeit betrachten sie den Beruf oder das Amt nicht als Verpflichtung. Es dient vielmehr zur Selbstbestätigung und befriedigt das Geltungsbedürfnis. Weiterhin sind hysterische Personen in Berufen zu finden, in denen es auf Kontaktfähigkeit und Kontaktfreudigkeit ankommt. Im Marketing sind sie der überredende Vertreter oder der suggestiv überzeugende Verkäufer, der einem Kunden einen Ladenhüter als besonders günstigen Kauf aufdrängt. Berufe, in denen man durch Nettigkeit und Charme etwas erreicht wie z.B. im Hotelgewerbe, als Reisender oder als Animateur sind sehr beliebt.

In manchen Berufssparten, beispielsweise in der Gastronomie oder im Dienstleistungssektor, wird erwartet, dass man sich freundlich verhält ohne selbst so zu empfinden. Diese Verhaltensweise fällt der hysterischen Persönlichkeit leichter als anderen Menschen.

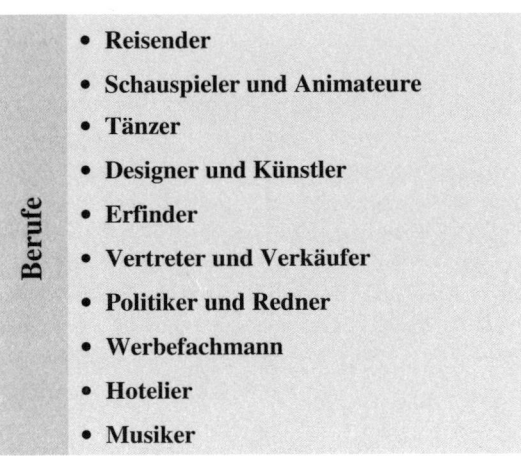

Berufe

- **Reisender**
- **Schauspieler und Animateure**
- **Tänzer**
- **Designer und Künstler**
- **Erfinder**
- **Vertreter und Verkäufer**
- **Politiker und Redner**
- **Werbefachmann**
- **Hotelier**
- **Musiker**

Bevorzugt werden auch Tätigkeiten, die ein Leben in der "großen weiten Welt" versprechen oder zumindest damit in Berührung kommen. Auch als Schauspieler oder Tänzer sind sie bei entsprechender Begabung erfolgreich, da sie sich durch starke Einbildungskraft, Ausdrucksfähigkeit und Darstellungsfreude auszeichnen. Politisch vertreten hysterisch veranlagte Menschen eher die liberalen oder revolutionären Parteien. Der Grund dafür können Sensationslust, Unzufriedenheit und unbestimmte Zukunftserwartungen sein. Ihrer politischen Aktivität kommt die Fähigkeit zugute, andere Menschen mit ihrer Redegewandtheit und Überzeugungskraft fesseln zu können.

Hysterische Persönlichkeiten halten aus pragmatischen Gründen an der Religion fest. Der Schein ist ihnen wichtiger als echter Glaube. Der Gedanke, durch Reue und Buße die Schuld bzw. Vergangenheit vergessen zu können, lässt sie an der Religion festhalten. Die Lehren, in denen von einem Weiterleben nach dem Tod die Rede ist, finden sie äußerst ansprechend.

2.5 Stufenmodell der riemannschen Persönlichkeitstypologie

Das folgende Modell von **Dr. Helga Kästner** verdeutlicht die Stärkegrade der einzelnen Persönlichkeitstypen, die siebenfach abgestuft sind. Jeder Mensch lässt sich aufgrund
seiner Persönlichkeitsstruktur in diese Typologien einordnen. In der Regel kommen jedoch
Mischungen mehrerer Strukturtypen vor. Seelisch gesund ist, wer die vier Grundimpulse
von der Mitte aus (1-4) ausgewogen zu leben vermag.

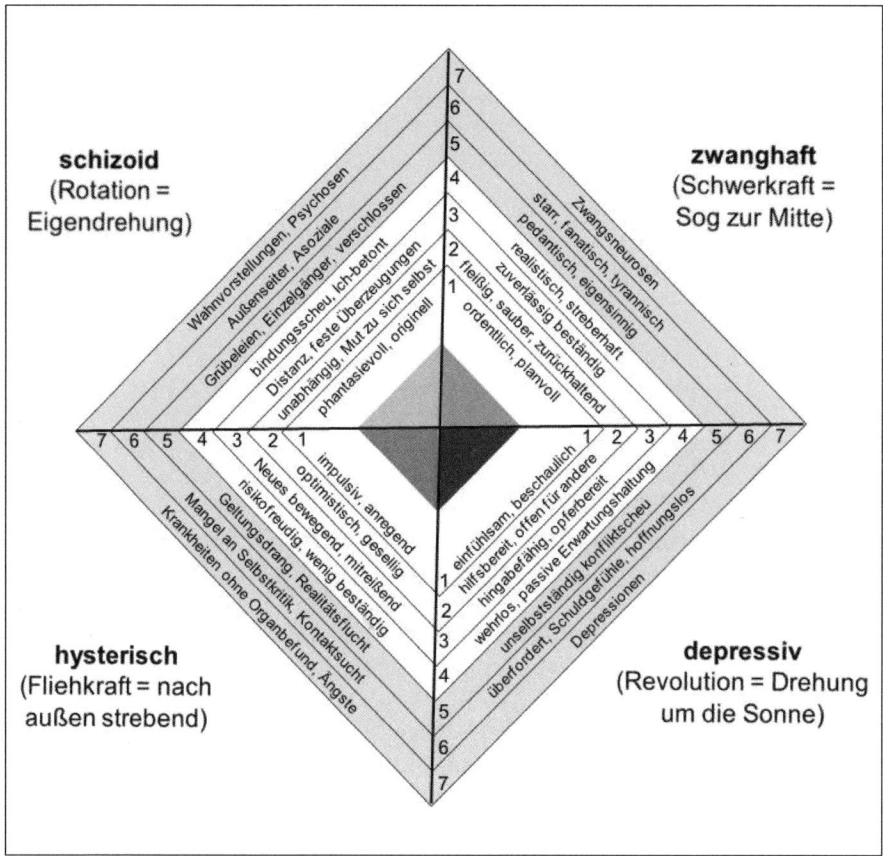

Abb. 51: Stufenmodell der riemannschen Persönlichkeitstypologie

Einseitigkeiten oder Überwertigkeiten einzelner Grundzüge (5-7) können zu Verhal-
tensstörungen bis hin zu den vier extremen Formen:

- Depression,
- Schizophrenie,
- Zwangsneurose und
- Hysterie führen.

Bei diesen Formen ist es dem Betroffenen nicht mehr möglich, aus eigener Kraft mit
dem Problem fertig zu werden. Er benötigt dann psychologische Hilfe.

2.6 Beispiele zu den vier Persönlichkeitstypen

Ordnen Sie die folgenden Eigenschaften der jeweiligen Persönlichkeit zu!

	Eigenschaft	Schizoid	Depressiv	Zwanghaft	Hysterisch
1.	konsequent				
2.	einfühlsam				
3.	selbstsicher				
4.	exakt				
5.	distanzfähig				
6.	putzwütig				
7.	spontan und gewandt				
8.	aufopferungsvoll				
9.	zuverlässig				
10.	intolerant				
11.	anpassungsfähig				
12.	abweisend				
13.	kontaktfähig				
14.	misstrauisch				
15.	empfindsam				
16.	konsequent				
17.	risikofreudig				
18.	unnahbar				
19.	oberflächlich				
20.	klammernd				
21.	leichtsinnig				
22.	hilfsbereit				
23.	geltungssüchtig				
24.	eigenbrötlerisch				
25.	pingelig				

Ergebnis:

1.	zwanghaft	10.	zwanghaft	19.	hysterisch
2.	depressiv	11.	depressiv	20.	depressiv
3.	hysterisch	12.	schizoid	21.	hysterisch
4.	zwanghaft	13.	depressiv	22.	depressiv
5.	schizoid	14.	schizoid	23.	hysterisch
6.	zwanghaft	15.	hysterisch	24.	schizoid
7.	hysterisch	16.	zwanghaft	25.	zwanghaft
8.	depressiv	17.	hysterisch		
9.	zwanghaft	18.	schizoid		

3 Typologie der Führungskräfte

Unternehmen werden durch vielfältige Faktoren wie etwa die Konkurrenzsituation, neue Technologien oder wirtschaftliche Umstände in ihrer Entwicklung von außen bestimmt und verändert. Aber auch innere Einflüsse haben Wirkung auf den täglichen Ablauf des Unternehmens.[117]

Organisationen können nicht nur als rational funktionierende, exakt konstruierte Automaten gesehen werden, in denen eine nüchterne, rationale Vernunft herrscht. Überall dort, wo Menschen Tätigkeiten verrichten, muss mit unlogischen, wirklichkeitsfremden und unvorhergesehenen Verhaltensweisen gerechnet werden.

Ein Mensch, der neu in ein Unternehmen eintritt, trägt in sich bewusste und unbewusste Wünsche, Neigungen und Ideen, die bereits fest in ihm verankert sind. Grundsätzlich aber sind Institutionen Bereiche, in denen diese Wünsche und Ideen der Menschen teilweise zurückgehalten werden müssen, da sie nicht ausgelebt werden dürfen. Unterschwellig jedoch machen sie sich stärker oder schwächer im Organisationsablauf bemerkbar und beeinflussen diesen letztendlich doch.

Manager, Führungskräfte oder Teamleiter, die im Unternehmen eine höhere, freiere Stellung haben als ihre Mitarbeiter, werden ihre Wünsche und Phantasien eher ausleben können. Dieser Personenkreis ist nicht gezwungen, nur auf seine Umwelt zu reagieren, sondern kann sie eigenständig gestalten und verändern. Ein nach seinem Charaktertyp vorsichtiger Abteilungsleiter wird nicht nur in seinem Privatleben alles prüfen und überdenken, sondern diese Verhaltensweisen auch auf seine Abteilung übertragen.

Viele Manager in Top-Positionen sind vom Rest ihres Unternehmens abgeschirmt, sei es etwa durch Überlastung und Stress, durch ausschließlichen Kontakt mit anderen Top-Managern oder nur durch ausgelagerte Büros außerhalb des dazugehörigen Betriebes. Solchen Führungskräften kann leicht der Kontakt mit der Realität verloren gehen, ein so genannter Realitätsverlust tritt ein. Hierdurch bekommen Wünsche und Phantasien der Manager eine Eigendynamik, die Neurosen auslösen oder verstärken kann.

Nach einer Studie der Kienbaum Unternehmensberatung lassen sich Unternehmen, deren Leitung an Realitätsverlust leidet, auch an ihrer finanziellen Lage erkennen. Die Umsatzrendite und die Kapitalrendite unbeschadeter Unternehmen sind dreimal so hoch wie die der neurotischen Unternehmen. Neu eingeführte Produkte erzielen unter einer ausgeglichenen Führung schon nach drei, bei „kranken" Führungen erst nach fast fünf Jahren Gewinne. Führungskräfte haben durch ihre Position die besondere Möglichkeit, sich weitgehend ungehindert in „Verhaltensraster" einleben zu können.

Die Umwelt bezeichnet dieses Verhalten dann als typisch und sieht sich gezwungen, es zu tolerieren und sich selbst entsprechend zu verhalten. Die Ordnung im Unternehmen verfällt somit schnell in starre Raster und Stagnation, eine Gefahr besonders für Organisationen, die schnell am Markt reagieren und agieren müssen.

---

[117] Vgl. Kets de Vries, M. u. Miller, D.: Balanceren aan de top, Amsterdam 1988, S. 12

Bedacht werden muss jedoch, dass solche Verhaltensweisen eher in zentralistisch aufgebauten Institutionen zum Tragen kommen können, da dort die Führung viel Entscheidungsfreiheit und Macht auf sich vereint. In dezentralisiert geleiteten Unternehmen können sich unterschiedliche Charaktertypen gegenseitig wieder ausgleichen und neutralisieren.[118] Zur näheren Beschreibung dieser Phänomene innerhalb von Institutionen bzw. Organisationen werden die vier Charaktertypen Riemanns herangezogen. Im Einzelnen werden Vor- und Nachteile unterschiedlicher Managertypen dargelegt.

Die Begriffsantinomie schizoid-depressiv bzw. zwanghaft-hysterisch dienen in der Psychologie sowohl der Beschreibung gesunder Strukturen als auch der Beschreibung krankhafter, neurotischer Veranlagungen in ihrer extremen Ausprägung. Für die gesunden Strukturen sollen neue Begriffspaare eingeführt werden, um eine Abgrenzung gegenüber den krankhaften Strukturen vorzunehmen. Bewusst wurden Begriffe mit einer positiven Aussage gewählt, da jeder der vier Verhaltenstypen sowohl positive als auch negative Eigenschaften in sich trägt, die nicht übersehen und vernachlässigt werden sollen.

Ein Zusammenhang der Begriffspaare kann aus dem folgenden Schaubild entnommen werden. Für die schizoide Persönlichkeitsstruktur wird der Begriff unabhängig, für die depressive Persönlichkeitsstruktur der Begriff fürsorglich, für die zwanghafte Persönlichkeitsstruktur der Begriff beherrscht und für die hysterische Persönlichkeitsstruktur der Begriff lebhaft verwendet.

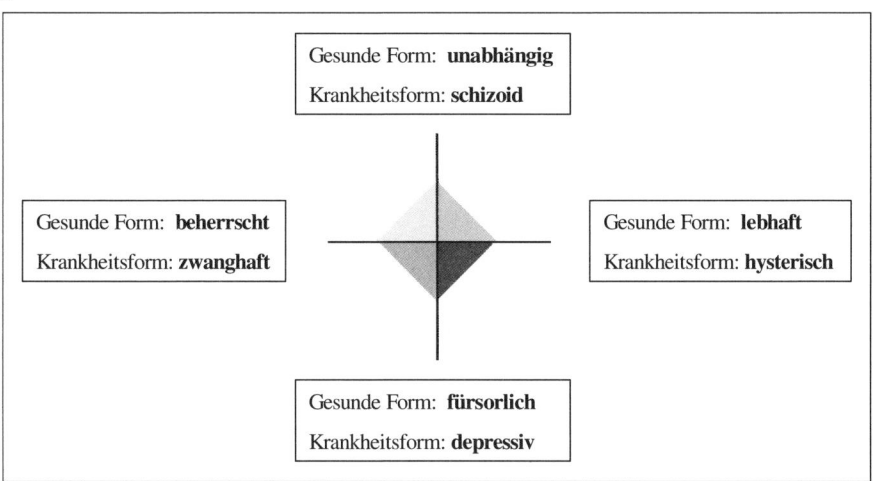

Abb. 52: Neue positive Begriffe für die Charaktertypen Riemanns

Wenn im Weiteren die Begriffe Führungskraft, Führung, Chef, Vorgesetzter oder Manager verwendet werden, so sind darunter Personen des oberen Managements eines Unternehmens zu verstehen.

Auf das middle-management sind die folgenden Beschreibungen ebenfalls anwendbar. Hierbei ist jedoch zu beachten, dass diese Führungskräfte sowohl Anweisungen von oben erhalten, als auch Weisungen nach unten weitergeben und demnach nur bedingt ihre Wünsche und Ideen ausleben können. Im Kapitel über das Verhalten von Mitarbeitern im Unternehmen finden sich noch weitere Hinweise über diese Personengruppe.

---

[118] Vgl. Kets de Vries, M., Miller, D.: De neurotische organisatie, a.a.O., S.40

3.1 Die unabhängige Führungskraft

Die unabhängige Führungskraft trägt überwiegend schizoide Charakteranteile in sich. Es handelt sich um Personen, die Emotionen und Nähe vermeiden, sich von ihrer Umwelt distanzieren und versuchen, autark, ohne Hilfe anderer, ihr Leben zu führen. Ihr angestrebtes Ziel ist die Autonomie und Unabhängigkeit. Diese Eigenständigkeit beinhaltet sowohl eine sich positiv äußernde Selbständigkeit und Objektivität, als auch ein sich negativ auswirkendes Verhalten, welches sich in Form von Misstrauen, Kälte und Herabsetzung ihrer Mitmenschen manifestiert.

(1) Die Persönlichkeitsstruktur der unabhängigen Führungskraft

Durch die Angst vor Nähe, Zuneigung und Kontakt mit ihren Mitmenschen strebt diese Führungskraft eine größtmögliche Unabhängigkeit und Eigenständigkeit an. Auf niemanden innerhalb des Unternehmens will sie angewiesen und niemandem gegenüber verpflichtet sein.[119]

Die Annäherung anderer weiß der Unabhängige nicht einzuschätzen. Er unterstellt seiner Umwelt niedere, persönliche Motive, die sich nur zu deren Vorteil auswirken. Jede Handlung und Reaktion wird mit einem hohen Maß an Misstrauen und Skepsis betrachtet.

Nach der Auffassung des unabhängigen Managers kann niemand Tätigkeiten und Handlungen besser und erfolgreicher erledigen als er selbst.[120] Dies kann von einfacher Arroganz bis zu Größenwahn und Selbstvergötterung führen. Auf Kritik und Lob anderer wird infolgedessen nicht reagiert und als emotional und daher unbedeutende Äußerung abgewiesen.[121] Der unabhängige Manager wird zum Einzelgänger und einsamen Streiter innerhalb des betrieblichen Geschehens.

Unabhängige Führungskräfte zeichnen sich durch auffallende Gefühllosigkeit aus. Bei Sanierungsprojekten fallen sie daher besonders durch Entschlusskraft, Radikalismus und Konsequenz auf. Menschliche Schicksale berühren sie wenig. Als Hardliner versuchen sie, durch die Entlassung von Teilen der Belegschaft, gefährdete Unternehmen zu sanieren.

Schuldig fühlen sie sich bei diesem Vorgehen jedoch nicht. Das Wohl der übergeordneten „Sache", die Rettung des Unternehmens ist ausschlaggebend.

In Verhandlungen bzw. Konferenzen fallen diese Unternehmertypen durch ihre kühle, entschlossene Art auf. Affektlose kühle Sachlichkeit und ein kritisch unbestechlicher Blick für Fakten, kombiniert mit dem Mut an Standpunkten festzuhalten, macht aus ihnen schwer zu überzeugende Verhandlungspartner.

Infolge ihrer Starrheit und Kompromisslosigkeit können sie zwar in Einzelfällen günstige Verträge abschließen, aber auch vorteilhafte Aufträge verlieren.

---

[119] Vgl. Riemann, F.: Grundformen der Angst, a.a.O., S. 20
[120] Vgl. Kernberg, O.: Regression in organizational Leadership. In: Kets de Vries, M. u.a. (Hrsg.): The irrational executive, New York 1984, S. 49 f.
[121] Vgl. Kets de Vries, M., Miller, D.: Balanceren aan de top, a.a.O., S. 110

Unabhängige Führungskräfte zeichnen sich durch Desinteresse an den Geschehnissen innerhalb ihres Unternehmens aus. Enttäuscht durch in ihren Augen unfähige Mitarbeiter, durch Marktentwicklungen, die sie nicht beeinflussen können und die Tatsache, im Besitz eines zu unbedeutenden Unternehmens zu sein, ziehen sich unabhängige Manager aus der täglichen Unternehmensführung weitgehend zurück.

Jegliches Interesse an gegenwärtigen und zukünftigen Veränderungen fehlt, während die privaten Dinge, wie etwa ein Ferienhaus, eine Segeljacht oder der betriebseigene Sportverein an Bedeutung gewinnen.

Abstrakte, von Emotionen befreite Pläne und wissenschaftliche, sachliche Konzepte werden von unabhängigen Managern bevorzugt. Die Technisierung und Quantifizierung von Arbeitsabläufen ist ihr vorrangiges Ziel bei der Unternehmensentwicklung. Hierbei nehmen sie bewusst eine Trennung zwischen „Arbeit" und „Leben" in Kauf. Das Vollbringen der Leistung ist entscheidend, nicht die Freude daran.

(2) Das Verhältnis der unabhängigen Führungskraft zu den Mitarbeitern

Die Angst der unabhängigen Führungskraft vor Nähe und Zuneigung lässt sie den Kontakt mit ihren Mitarbeitern meiden. Ihre fehlende Erfahrung im Kontakt erschwert ihr den täglichen Umgang mit ihren Mitarbeitern. Viele Arbeiten müssen daher z.B. die Sekretärin, der Assistent oder der Stellvertreter erledigen.

Der unabhängige Manager wünscht sich Mitarbeiter, die ihm ähnlich sind, die auf seiner Welle liegen.[122] Nur so kann er in seinem Team ein gutes Arbeitsverhältnis aufbauen. Da er aber nie gelernt hat, Gefühle richtig zu erkennen und zu deuten, kann er Unterschiede zwischen sich und seinem „verwandten" Gegenüber nicht erkennen. So projiziert er sein Bild von sich auf den anderen und erwartet gleiche Reaktionen und Verhaltensweisen wie bei sich selbst. Dies kann schnell zu einer Überschätzung des Mitarbeiters führen, der die in ihn gesetzten Erwartungen nicht erfüllen kann.

Ist ein unabhängiger Vorgesetzter von den Leistungen und Fähigkeiten einem seiner Mitarbeiter überzeugt, so hält er an dieser Überzeugung konsequent fest. Einmalige Misserfolge oder Irrtümer haben keine nachteiligen Einflüsse auf die Karriere. Diese Zuversicht und Gelassenheit kann den Mitarbeiter anspornen, ermutigen und ihn dann zu guten Leistungen motivieren. Einmal als „nützliche Trottel"[123] eingestufte Mitarbeiter haben jedoch keine Chance, unter der unabhängigen Führungskraft Anerkennung zu erlangen.

Durch das tägliche Miteinander werden Menschen im Laufe der Zeit miteinander vertraut. Redewendungen, Mimik und Scherze können schnell gedeutet werden und erleichtern die Arbeit. Bei einem unabhängigen Vorgesetzten ist das Sich-Näherkommen schwierig. Durch seine Angst, Gefühle zu zeigen und sie passend anzuwenden, kann er an einem Tag freundlich und aufgeschlossen, am anderen jedoch zurückweisend und schroff sein.[124]

---

[122] Vgl. König, K.: Kleine psychoanalytische Charakterkunde, a.a.O., S. 60
[123] Vgl. ebd., S. 108
[124] Vgl. Riemann, F.: Grundformen der Angst, a.a.O., S. 21

Seine Mitarbeiter wissen daher nie, wie sie sich ihrem Vorgesetzten gegenüber verhalten sollen und können seine Reaktionen nicht im Voraus einschätzen. Ungewollt entstehen Missverständnisse und Konflikte.

Die für die unabhängige Führung typische, an Größenwahn grenzende Überheblichkeit und Arroganz[125], lässt einem gleichberechtigten und offenen Mitarbeiterverhältnis keine Möglichkeit, sich zu entwickeln. Die Mitarbeiter müssen sich in diese Rangordnung fügen, so dass einfältige, eingeschüchterte Ja-Sager[126] ohne eigene Meinung das Unternehmen prägen.

(3) Die Führungsstrategie der unabhängigen Führungskraft

Der aus Enttäuschung vollzogene faktische Rückzug unabhängiger Manager aus dem Unternehmensalltag lässt ein Leitungsvakuum entstehen. Eine vorausschauende, planende und menschenbezogene Führungsstrategie ist aus Desinteresse und Unlust in unabhängigen Unternehmen nicht zu finden.

Entscheidungen und Beschlüsse werden aus Unzufriedenheit nicht bearbeitet oder verschoben. Die Mitarbeiter werden gezwungen, Aufgaben der Führung zu übernehmen, um einen Stillstand des Unternehmens zu verhindern. Auf diese Weise delegiert die unabhängige Führung indirekt Aufträge.

Lob und Anerkennung als Mittel einer gelungenen Führungsstrategie erscheinen dem unabhängigen Vorgesetzten als unnötig und wirkungslos. Da bei ihm selber ein Lob keine Wirkung oder Reaktion hervorruft, überträgt er diesen Gedanken auch auf andere Personen. Die Bestätigung einer Leistung durch Lob oder anerkennende Worte, erscheint dem unabhängigen Manager schon als zu gefühlvoll und übertrieben. Für das Team bleibt somit nur negative Kritik und der Gedanke, den Vorgesetzten mit keiner Leistung zufrieden stellen zu können.

Die Angst vor Nähe und Gemeinschaft überträgt der unabhängige Manager auf die gesamte Organisationsstruktur. Teamwork oder gemeinsame Projektarbeiten werden nicht gefördert, da die Führungskraft den Nutzen solcher Einrichtungen nicht erkennt, sondern dies eher als unnötige Zeitvergeudung ansieht. Bewusst wird die Abgrenzung der Mitarbeiter voneinander und die Isolation der eigenen Person vom Unternehmen bewirkt. Ein „Chefzimmer der offenen Türen", in das jeder Mitarbeiter ungehindert mit Beschwerden oder Ideen eintreten kann, wie dies für das fürsorgliche Unternehmen typisch ist, gibt es in unabhängigen Institutionen nicht.

(4) Die Auswirkungen der unabhängigen Führungskraft auf das Unternehmen

Durch die Unterdrückung jeder Gefühlsäußerung, jedes freundlichen Verhaltens durch die Führung und durch Betonung der Sachlichkeit fehlt dem Arbeitsalltag unabhängiger Unternehmen jegliche Freude und Motivation. Kreative, gefühlsbetonte Mitarbeiter können sich nicht einleben, resignieren oder verlassen die Institution; ein stetiger Wechsel des Personals ist die Folge.

---

[125] Vgl. Riemann, F.: Grundformen der Angst, a.a.O., S. 55
[126] Vgl. Kets de Vries, M., Miller, D.: De neurotische organisatie, a.a.O., S. 42

Das Leitungsvakuum innerhalb der Führung unabhängiger Unternehmen fördert die Aktivität der untergeordneten Führungskräfte. Dies kann sich durch eine größere Anzahl an Ideen und Wissen vorteilhaft auf innovative Projekte auswirken.

Ein zu starkes Konkurrenzdenken der Mitarbeiter, in das die fehlende Führung nicht eingreift, führt jedoch zu Misstrauen, zeitaufwendigen Konflikten und störendem „Klüngel".[127] Viele Beschlüsse werden eher aus „politischen" Gründen, unter Einfluss von Intrigen gefasst, als durch objektive Daten.[128]

Die Angst vor Nähe und Zutrauen innerhalb seines Unternehmens oder in seinem Beruf überträgt der unabhängige Manager ebenso auf seine Geschäftspolitik. Er misstraut der Konkurrenz und sieht in jeder freundschaftlichen Annäherung anderer Unternehmen nur die Absicht des „Ideen-Klau's".[129]

Bearbeitung gemeinsamer Projekte oder Großaufträge schließen sich somit für ihn von vornherein aus. Die unabhängige Institution kapselt sich vom Marktgeschehen ab und unterliegt dem Risiko, mit dem Fortschritt nicht mithalten zu können.

3.2 Die fürsorgliche Führungskraft

Die fürsorgliche Führungskraft trägt überwiegend depressive Charakteranteile in sich. Es handelt sich um Personen, die Zutrauen, Nähe und Kontakt mit anderen Menschen suchen. Das angestrebte Ziel ist eine Harmonie voller Zuneigung und Friedfertigkeit. Dieses Harmoniestreben beinhaltet sowohl eine sich positiv äußernde Fürsorge, Hilfsbereitschaft und Menschlichkeit, als auch eine sich negativ äußernde Verlustangst und Naivität.

Diese Vision unterscheidet ihn deutlich vom unabhängigen Manager, dessen Bestreben in die entgegengesetzte Richtung geht. Da beide jedoch durch das gleiche Ängstepaar geleitet werden, ähneln sich die Auswirkungen auf das Unternehmen teilweise.

(1) Die Persönlichkeitsstruktur der fürsorglichen Führungskraft

Der fürsorgliche Manager wird durch den Wunsch nach Eintracht und Frieden in seinem Unternehmen und mit seiner Umwelt geleitet. Er sieht sich als Vater bzw. Mutter einer großen Familie mit liebenden und zu liebenden Kindern.

Als Chef hat er daher immer ein offenes Ohr, zeigt Mitgefühl, ist allen, auch privaten Angelegenheiten zugewandt und ist um das allgemeine Wohlergehen seiner Mitarbeiter besorgt. Er hofft, durch dieses Verhalten Streitigkeiten und Konflikte vermeiden zu können. Nach seiner Vorstellung kann eine Belegschaft, zu der er sich freundlich und gutmütig verhält, keine Probleme bereiten und ihn nicht im Stich lassen.

Durch das Bedürfnis, jeden zufrieden zu stellen, es allen und jedem recht zu machen, begibt sich die fürsorgliche Führungskraft in Gefahr, nicht allen, an sie gestellten, Forderungen gerecht zu werden. Sie steht oft vor einem Berg von Erwartungen, die nicht erfüllt werden können, so dass sie beginnt, an sich zu zweifeln und letztlich zu resignieren.

---

[127] Vgl. Kets de Vries, M., Miller, D.: De neurotische organisatie, a.a.O., S. 68 f.
[128] Vgl. Kets de Vries, M., Miller, D.: Balanceren aan de top, a.a.O., S. 76
[129] Vgl. Riemann, F.: Grundformen der Angst, a.a.O., S. 27

Das Selbstbewusstsein fürsorglicher Manager ist daher gering und jede neue Initiative ist mit Angst vor dem Scheitern verbunden.[130] Jeglicher Mut, neue Aktionen in Angriff zu nehmen, fehlt ihnen, so dass sie den Retter aus allen Schwierigkeiten immer in anderen Personen, wie etwa Unternehmensberatern, sehen.[131]

Misserfolge und Krisen innerhalb des Unternehmens sind aus Sicht der fürsorglichen Führung immer ihre eigene Schuld. Sie sieht sich nicht in der Lage, ihr Personal erfolgreich zu führen, sondern hat das Gefühl, sie hätte versagt. Der Gedanke, das Unternehmen im Stich gelassen zu haben, nicht zur Stelle gewesen zu sein als es entscheidend war, quält sie stetig. Sie empfindet den der Firma oder der Abteilung zuteil gewordenen Misserfolg als Reaktion und gerechte Strafe für eine von ihr ausgeführte Entscheidung und sieht sich bestätigt in ihrer Vorstellung, gegen das Schicksal machtlos zu sein. Für die fürsorgliche Führungskraft besteht das unternehmerische Leben nur aus Ungerechtigkeiten.

Obwohl sie sich ständig bemüht, für ihre Abteilung und deren Mitarbeiter das Beste zu erreichen, wird sie ständig enttäuscht. Das eigene Team würdigt das kollegiale und verständnisvolle Arbeiten nicht, scheint nur Vorteile daraus ziehen zu wollen und zeigt keine eigenen Initiativen.

Andere Abteilungen oder Konkurrenten auf dem Markt sind in Verhandlungen viel hartnäckiger und weniger entgegenkommend als sie selbst und erreichen dabei „unverdienterweise" auch mehr. Dies lässt fürsorgliche Manager resignieren. Sie ziehen sich, ebenso wie die unabhängigen Manager, aus dem wahren Arbeitsalltag zurück und lassen innerhalb des Unternehmens ein Leitungsvakuum entstehen. Sie sind unmotiviert, müde und desinteressiert.[132] Jegliche Initiative innerhalb der Abteilungen wird auf ein Minimum beschränkt, ständig in der Hoffnung, dass sich alles von selbst regeln wird. Durch ihre Teilnahmslosigkeit versuchen sie Entscheidungen zu vertagen oder zumindest zu delegieren und jeglicher sie miteinbeziehender Kommunikation auszuweichen.[133]

Erfolg hat für den fürsorglichen Manager etwas Beängstigendes. Denn erfolgreich zu sein bedeutet, dass jemand anderes weniger erfolgreich ist, wodurch Eifersucht und Missgunst entstehen können. Triumphe stören demnach das Harmoniebild des Fürsorglichen. Er rettet sich aus dieser Problematik, indem er auf Erfolge verzichtet und sich mit Mittelmäßigkeit begnügt. Sogar Schicksalsschläge, die die eigene Position schwächen, können dann willkommen sein.

In den 80iger Jahren entstand im US-Slang für die fürsorgliche Führungskraft der Begriff des „**touchy-feely-managers**", des überempfindlichen, gefühlvollen Vorgesetzten, der nicht kompromisslos durchgreift, sondern auf Empfindung und Mitgefühl zählt. In den oberen Führungsebenen sind fürsorgliche Manager daher nicht oft zu finden. Ihre Eigenschaften entsprechen nicht dem üblichen Managerideal mit Stärken wie etwa aggressivem Durchsetzungsvermögen, ungebrochenem Selbstbewusstsein und Selbständigkeit.

---

[130] In der Transaktionsanalyse kennzeichnet dies die Lebensposition ich bin nicht ok - du bist ok. (Siehe Teil vier, S. 52 ff.)
[131] Vgl. Kets de Vries, M., Miller, D.: Balanceren aan de top, a.a.O., S. 82 ff.
[132] Vgl. Riemann, F.: Grundformen der Angst, a.a.O., S. 97
[133] Vgl. Kets de Vries, M., Miller, D.: Balanceren aan de top, a.a.O., S. 85 ff.

(2) Das Verhältnis der fürsorglichen Führungskraft zu ihren Mitarbeitern

Um Konflikte mit Mitarbeitern möglichst gering zu halten, werden gefährdende Situationen entschärft, indem Probleme heruntergespielt und beteiligte Personen idealisiert werden. Durch die Angst vor Auseinandersetzungen werden Kontroversen als Kleinigkeiten, als unbedeutende Ereignisse abgewertet, über die es sich nicht lohnt zu streiten. Unstimmigkeiten werden zu nicht gravierenden oder störenden Ereignissen umgedeutet.[134]

Der fürsorgliche Vorgesetzte ist gezwungen, die Schwächen seiner Mitarbeiter zu übersehen. Diese Vogel-Strauß-Politik muss er anwenden, da er sonst bei Fehlern eingreifen, aktiv handeln müsste und die von ihm ersehnte Harmonie zerstört würde.

Die Idealisierung einzelner Personen seines Teams macht ihn blind für deren schwache Seiten. Er formt somit Mitarbeiter, die nicht gefordert werden und ihre Schwächen noch zusätzlich pflegen können.

Die Trägheit im Arbeitsverhalten und das Desinteresse an den Marktgeschehnissen überträgt der fürsorgliche Vorgesetzte unbeabsichtigt auf seine Abteilung. Hier fehlen die nötige Motivation und die erforderliche Begeisterung, während ein Gefühl der Hilflosigkeit und Sinnlosigkeit überwiegt. Die Mitarbeiter fühlen sich nicht gefordert, da keine Ziele oder Perspektiven aufgezeigt werden, für die es sich lohnt, Initiative zu zeigen.[135]

Das Bestreben der fürsorglichen Führungskraft, jeglichen Erfolg zu vermeiden und im gesicherten Mittelmaß zu bleiben, wirkt sich auf ihre Mitarbeiter aus. Diese erkennen im Sich-Anstrengen, im Sich-Bemühen und im Erfolgreich-Sein keinen Vorteil. Solches Verhalten scheint ihnen nur Nachteile zu bringen. Paradoxerweise wird in ihrem Unternehmen das Zurückhaltende, Durchschnittliche lieber gesehen als moderne Ideen und intelligente Vorschläge.

Das Verhalten des fürsorglichen Managers führt letztlich zu stillen, selbstzufriedenen, initiativlosen und unkreativen Mitarbeitern. Gleichzeitig ist eine hohe Fluktuation zu erkennen, da kreative, einfallsreiche, begabte Menschen sich in solchen Abteilungen nicht verstanden fühlen und resigniert das Unternehmen verlassen.

(3) Die Führungsstrategie fürsorglicher Führungskräfte

Für die fürsorgliche Führungskraft ist eine autoritäre Alleinherrschaft undenkbar. Die Vorstellung, einsam und isoliert die Geschicke des Unternehmens oder der Abteilung leiten und entscheiden zu müssen, bereitet ihr Furcht. Ein kooperativer Führungsstil hingegen befriedigt ihren Wunsch nach Wärme, Nähe und Harmonie.

Nach ihren Ideen kann sie sich nur dadurch sicher fühlen, die Anerkennung und Tatkraft ihrer Mitarbeiter zu erhalten und ihre Wünsche zufrieden zu stellen. Gleichzeitig kann sie durch diesen, von ihr heraufbeschworenen, Teamgeist ihre Unfähigkeit verbergen, hart durchzugreifen, allein zu entscheiden und kompromisslos zu handeln.

---

[134] Vgl. Riemann, F.: Grundformen der Angst, a.a.O., S. 62 ff.
[135] Vgl. Kets de Vries, M., Miller, D.: Balanceren aan de top, a.a.O., S. 86

Teamwork und Mitbestimmung der Mitarbeiter bilden die Ziele innerhalb des fürsorglichen Führungsstils.[136] Hiermit kann die fürsorgliche Führung zwei Probleme gleichzeitig lösen. Zum einen kann sie ihre friedfertige, kollegiale Einstellung unter Beweis stellen und zeigen, wie sehr sie um die Meinung ihrer Abteilung bemüht ist, zum anderen wird sie von der ängstigenden Last befreit, Entscheidungen allein fällen zu müssen. Beziehungs- und Klimapflege sind unter fürsorglichen Vorgesetzten von großer Bedeutung. Eine einträchtige, freundschaftliche Stimmung und der Glaube an die gemeinsame Verantwortung für das Unternehmen sind Pflicht. Feiern, Jubiläen oder Ehrungen werden genutzt, um ein Gemeinschaftsgefühl zu erzeugen und zu verstärken.

Als Beispiel kann hierfür das schwedische **Möbelhaus IKEA** dienen, dessen Führungsstrategie unter anderem mit folgenden Worten beschrieben wurde:

„Menschlichkeit und Bescheidenheit zeichnen uns aus im Umgang miteinander...“

Kunden und Mitarbeiter gehören alle gleichsam zur „Family“, das Wachstum des Unternehmens ist kein privates Ziel, sondern ein quasi soziales Anliegen ... der Teamgeist wird groß geschrieben... alle vier Monate gehen die Abteilungen aus zum Tertialessen, und das „Du“ ist Pflicht. Die Führungsphilosophie der „großen Familie“ hat breiten Einfluss auf die Arbeitsweise innerhalb des Unternehmens. Der väterlich umsorgende Stil des fürsorglichen Managers ergänzt sich hierbei mit Theorien zur Humanisierung der Arbeit, wiederum, in letzter Konsequenz, resultierend aus der Angst vor Verlust der Nähe.

(4) Die Auswirkungen fürsorglicher Führungskräfte auf ihr Unternehmen

Sowohl bei den unabhängigen als auch bei den fürsorglichen Führungskräften ist ein Leitungsvakuum, mit unterschiedlichen Konsequenzen, zu erkennen. Während beim ersten Charaktertyp die unteren Führungsebenen an Einfluss gewinnen konnten und so teilweise deren innovative Ideen genutzt wurden, kommt dieser positive Effekt beim zweiten Charaktertyp nicht zur Geltung. Die Antriebsschwäche und Trägheit des Vorgesetzten entmutigt seine Mitarbeiter und das Unternehmen treibt routinemäßig im Mittelmaß weiter.

Durch die fehlende Hoffnung in neue Produkte oder neue Strategien verharrt das fürsorgliche Unternehmen in bewährten Marktbereichen und nimmt dabei Stagnation und geringere Gewinne in Kauf. Der Schwerpunkt wird mehr auf andere, „wohltätige“ Bereiche gelegt; wie etwa ausgeweitete Sozialleistungen oder verbesserte Arbeitsbedingungen.

Als Beispiel kann der schwedische Automobilhersteller Saab herangezogen werden. Dort wurden in der Vergangenheit zwei Produktionsstätten entwickelt, in denen auf die Fließbandfertigung verzichtet und stattdessen kleine Arbeitskollektive eingerichtet wurden. Gleichzeitig aber verließen führende Ingenieure das Unternehmen, da keine Bereitschaft des Konzerns bestand, neue Modelle zu entwickeln und die Umsätze, unter anderem deshalb, nachließen.[137]

---

[136] Vgl. Maccoby, M.: The corporate climber. In: Kets de Vries, M. u.a. (Hrsg.): The irrational executive, New York 1984, S. 98 f.

[137] Vgl. Garnillscheg, H.: Schwedens Autoindustrie büßt für alte Sünden. In: Kölner Stadt-Anzeiger, 184. Jg., Nr.265, 1992, S. 25

Da fürsorgliche Manager keine Entscheidungen treffen können und immer auf den ersehnten Retter warten, haben von solchen Führungskräften geleitete Unternehmen zumeist einen großen Zulauf an Beratern, Spezialisten und Experten jeglicher Art. Weil aber nicht jeder Fachmann entscheidende Probleme lösen kann, ist auch hier die Fluktuation hoch und die Richtung der Strategien nicht einheitlich, so dass oft keine Verbesserung der Situation eintritt.

3.3 Die beherrschte Führungskraft

Die beherrschte Führungskraft trägt überwiegend zwanghafte Charakteranteile in sich. Es handelt sich um Personen, die nach Beständigkeit, Ordnung und Gleichmäßigkeit streben. In ihren Visionen muss jegliches Tun Bestand haben und sich in einem geregelten System einordnen lassen. Diese Persönlichkeiten sind immerwährend damit beschäftigt, das scheinbare Chaos und die Unordnung in ihrem Leben zu beherrschen und werden gleichzeitig auch von dieser Vision beherrscht. Der Wunsch nach Konstanz beinhaltet sowohl eine sich positiv äußernde Disziplin und Sorgfalt dieser Menschen, als auch eine negative Starrheit und Zwanghaftigkeit.

(1) Die Persönlichkeitsstruktur der beherrschten Führungskraft

Nach den Wünschen des beherrschten Managers würden in seinem Unternehmen niemals Veränderungen durchgeführt, alles würde beim Alten bleiben, bestenfalls nur verfeinert werden. Es müssten keine innovativen Produkte entwickelt, kein neues Personal eingestellt werden, keine zusätzlichen Konkurrenten kämen auf den Markt und der Umsatz bliebe stabil. Die beherrschte Führung weiß jedoch, dass ihre Phantasievorstellung nicht zu verwirklichen ist. So versucht sie, zumindest den Wandel mittels Regeln und Plänen zu kontrollieren, um vor plötzlichen Veränderungen bestmöglich geschützt zu sein.[138] Der Drang, alle Abläufe im Unternehmen zu regeln und zu planen, lässt den beherrschten Manager in eine übertriebene Korrektheit und Pedanterie verfallen. Seine Regeln und Bestimmungen werden zum „ewigen Gesetz", nach dem sich die gesamte Abteilung oder das ganze Unternehmen richten muss. In extremsten Fällen kann daraus eine „Bibel"[139] entstehen, die „das Wort des Herren" für alle Zeiten unumstößlich festlegt und jeden Verstoß dagegen zur „Sünde" erklärt. So äußert sich Sami Bollag, Geschäftsführer der Esprit Mode, über sein Unternehmen:

„Vor fünfzehn Jahren haben wir als Unternehmen weltweit einen Katalog von zehn Punkten erstellt, welcher den Geist von uns allen stark geprägt hat. Diese „Gebote" könnte man als Grundprinzipien... definieren."[140] Das Verhaftet-Sein an Gewohntem, Altbewährtem und an überlieferten Traditionen lässt im beherrschten Manager einen starken Konservatismus entstehen, der ihm keine Möglichkeit lässt, sich mit dem Fortschritt anzufreunden und zu arrangieren.[141] Jede Neuerung erscheint ihm als zu riskant, zu kostspielig oder zu unausgereift. Dieses Verhalten bremst jede Entwicklung innerhalb des Unternehmens und lässt die Führung für die Mitarbeiter als verstockt, altmodisch und ängstlich erscheinen.

---

[138] Vgl. Riemann, F.: Grundformen der Angst, a.a.O. S. 106 ff.
[139] Vgl. Kets de Vries, M., Miller, D.: Balanceren aan e top, S. 102
[140] Vgl. Bollag, S.: Uns sind die Originellen lieb! In: io Management Zeitschrift, 62. Jg., H.3, 1993, S. 48
[141] Vgl. Riemann, F.: Grundformen der Angst, a.a.O. S. 108 ff.

Spontaneität hat für den beherrschten Vorgesetzten etwas Unberechenbares, wodurch unkontrollierbare Reaktionen hervorgerufen werden können, die nicht rückgängig zu machende Auswirkungen zur Folge haben. Dem beherrschten Manager stellen sich intuitive, kreative Handlungen als viel zu schnell dar und entziehen sich damit seiner Kontrolle, so dass er nicht mehr Herr der Lage sein kann.[142] Er wehrt sich daher gegen jede Form der Spontaneität und Phantasie innerhalb seines Teams und hält die Überwachung aller ihrer Handlungen als eine seiner entscheidenden Aufgaben.

Das Zögern und Zweifeln sind typische Verhaltensweisen der beherrschten Führungskraft. Durch tagelanges Überarbeiten und Überdenken versucht sie, Fehlentscheidungen zu vermeiden und die optimale Lösung zu erreichen. Beherrschte Manager innerhalb eines Unternehmens zeichnen sich daher auch durch ein hohes Verlangen nach Information[143] aus, in der Hoffnung, alle möglichen und unmöglichen Alternativen berücksichtigt und keine übersehen zu haben.

Durch die Angst, die Kontrolle über die Abteilung oder das Unternehmen zu verlieren, reißen beherrschte Führungskräfte alle benötigte Macht an sich. Nur so haben sie die Gewissheit, das Geschehen steuern zu können, ohne dass es in ein Chaos abgleiten kann. Beherrschten fällt es schwer, ihre Gefühle zu äußern.[144] Sie wirken daher oft kühl und diszipliniert.

In Verhandlungen fällt der beherrschte Manager durch seine Standfestigkeit und Beharrlichkeit auf. Während der unabhängige Manager um der Sache Willen konsequent bleibt, ist der Beherrschte standhaft, weil auf Grund präziser Untersuchungen seine Ideen und Vorstellungen korrekt sein müssen. Befindet sich die beherrschte Führungskraft im Unrecht, so kann sie sich hierzu nicht bekennen. Ein Eingeständnis würde Fehler in einer scheinbar nicht sorgfältigen Planung offenbaren.

Tritt ein beherrschter Manager neu in ein Unternehmen ein, so hat er sich vorher schon sorgfältig mit seiner neuen Arbeitsstelle und den Arbeitsbedingungen beschäftigt sowie darüber hinaus ein genaues Konzept ausgearbeitet, nach dem er vorgehen wird. Dass er den neuen Betrieb noch nicht kennt, ist dabei nicht entscheidend, denn er muss auf alles vorbereitet sein und nur ein detaillierter Plan gibt Sicherheit. Beherrschten Führungskräften ist es nicht möglich, Dinge erst einmal laufen zu lassen, Schwierigkeiten auf sich zukommen zu lassen und zu beobachten, welche Maßnahmen situationsabhängig getroffen werden müssen.[145]

Beherrschte Manager findet man selten in den oberen Führungsebenen, denn von ihnen gehen wenig unternehmerische Impulse aus. Nur eine nicht zu stark ausgeprägte Unspontaneität und Entscheidungsschwäche lässt sie über die Dauer bestehen. Durch ihr Verlangen nach Ordnung und Disziplin sind sie jedoch bestens für hierarchisch strukturierte Großunternehmen geeignet, in denen sie sich, mit einer gewissen Macht versehen, schnellstens zurechtfinden.

---

[142] Vgl. Riemann, F.: Grundformen der Angst, a.a.O., 136
[143] Vgl. Kets de Vries, M., Miller, D.: Balanceren aan de top, a.a.O., S. 110
[144] Vgl. Riemann, F.: Grundformen der Angst, a.a.O., S. 126
[145] Vgl. König, K., Kleine psychoanalytische Charakterkunde, a.a.O., S. 112

(2) Das Verhältnis der beherrschten Führungskraft zu ihren Mitarbeitern

Die eigene präzise, ordentliche und korrekte Arbeitsweise des beherrschten Vorgesetzten erwartet dieser auch von seinen Mitarbeitern. Ein Aus-der-Reihe-Tanzen von Einzelnen ist nicht möglich, da hierdurch die Gefahr der Unordnung und des Abrutschens in das Chaos besteht. Sprüche wie etwa, „Da könnte ja jeder kommen."[146] oder „Wo kämen wir denn hin, wenn das jeder machen würde!" sind in diesem Mitarbeiterverhältnis häufig zu hören. Auf menschliche Belange kann und wird nicht Rücksicht genommen, da Regeln und Bestimmungen das Miteinander diktieren dürfen.

Mitarbeiter in beherrschten Unternehmen müssen sich an die vorgeschriebene, starre Unternehmensordnung halten. Jegliches Auflehnen und Beschweren wird von der Führung als Kritik am gesamten System gedeutet und der Mitarbeiter läuft Gefahr, seinen Aufstieg zu gefährden. In beherrschten Unternehmen findet man daher viele unterwürfige Mitarbeiter, die sich in Schemata und Normen zwingen lassen. Jegliche Kreativität und Individualismus ist bei ihnen verkümmert oder unterdrückt, aber dieses Verhalten gewährt ihnen die Chance des Aufstiegs.

Krisen unter beherrschten Vorgesetzten sind vorprogrammiert, wenn Mitarbeiter es wagen, Neuerungen zu fordern oder moderne Ideen einführen zu wollen. Die Führungskraft fühlt sich bedroht und in ihrer Position gefährdet, so dass sie versucht ihre Stellung durch Mahnung an die Ordnung und das Prinzip zu festigen. Entweder resigniert der Mitarbeiter oder er fühlt sich durch das Verhalten seines Vorgesetzten herausgefordert, rebelliert und reißt seine Kollegen mit sich, so dass eben jenes Chaos eintritt, welches der Vorgesetzte mit aller Macht vermeiden wollte.[147]

Mitarbeiter fühlen sich unter beherrschenden Vorgesetzten in ihren Aktivitäten stark eingeengt und fremdbestimmt. Der persönliche Freiraum eines jeden Einzelnen ist bestimmt durch seine Stellung innerhalb der Abteilung oder des Unternehmens.[148] Größeren Einfluss kann in beherrschten Unternehmen nur Derjenige erreichen, der Ausdauer und Beharrlichkeit auf dem Weg nach oben zeigt. Durch den Zwang, alles in einer konstanten Ordnung zu belassen, verkümmert über die Jahre die Kreativität des beherrschten Vorgesetzten. Feindlich steht er daher Mitarbeitern gegenüber, die ein hohes Maß an Originalität und Phantasie besitzen und ihm somit ständig seine Schwächen vor Augen führen. Der Neid der Führungskraft kann hierbei zur Zurücksetzung des Mitarbeiters führen, ohne dass dieser seine „Schuld" erkennt und enttäuscht resigniert.

Den Mitarbeitern bleiben nur wenige Möglichkeiten, um ihre Ideen erfolgreich in das Unternehmen einbringen zu können. Lediglich wenn sich ihre Vorschläge in das Schema und die Ordnung des beherrschten Vorgesetzten fügen, gleichsam als optimale Ergänzung eines von der Führungskraft selber erstellten Plans, kann der Mitarbeiter von einer Verwendung seines Konzeptes ausgehen.

In einem günstigen Fall kann er sogar darauf hoffen, gefördert zu werden und die Weiterentwicklung des Projektes zu betreuen. Da Chaos und Unordnung die beherrschte Füh-

---

[146] Vgl. König, K.: Kleine psychoanalytische Charakterkunde, a.a.O., S.80
[147] Vgl. Riemann, F.: Grundformen der Angst, a.a.O., S. 110
[148] Vgl. Kets de Vries, M. u. Miller, D.: De neurotische organisatie, S. 49

rung ängstigen, üben sie gleichzeitig auch einen gewissen Reiz und eine Faszination aus. So kann der seltene Fall eintreten, dass „Spinner, Narren oder Chaoten" (Künstler oder Designer) den Beherrschten beeindrucken und er sie toleriert. Diese Personen können dann ihre Phantasien, unter dem Schutz des Vorgesetzten, frei ausleben. Die beherrschte Führung ist jedoch ständig versucht, sie insgeheim durch gewisse Forderungen zu bändigen und zu erziehen.[149]

(3) Die Führungsstrategie der beherrschten Führungskraft

Während unter fürsorglichen Führungskräften ein ausgesprochen kooperativer Führungsstil wesentlich ist, findet man in beherrschten Unternehmen vorrangig die autoritäre Form, die den beherrschten Manager seine Wünsche optimal erfüllen lässt und gleichzeitig seine Ängste verringert. Nur eine Führung, die alles selbst entscheiden kann, hat eine gewisse Sicherheit, dass ihre Pläne und Konzepte nicht in ein Chaos führen.

Die Führungsstrategie der beherrschten Führungskraft kann vereinfacht in einem Satz wiedergegeben werden, „Wer nicht arbeitet, soll auch nicht essen."[150] Nur wer in den Augen des Vorgesetzten etwas geleistet hat, hat auch eine Belohnung, sei es in Geldform oder in Form einer Beförderung, verdient. Die Leistung wird nicht nach tatsächlichem Erfolg gemessen, sondern inwieweit der Mitarbeiter die Regeln und Grundsätze des Unternehmens befolgt.

Durch das Verlangen beherrschter Manager, alles in ordnende Schemata zu zwängen und Vorgänge nie dem Zufall zu überlassen, bleibt als Konsequenz nur eine hierarchische Organisationsstruktur des Unternehmens.[151] Dort ist der Status eines jeden Mitarbeiters durch seine Position bestimmt, jede Aufgabe kann genauestens zugeordnet und durch die Führung kontrolliert werden.

Die Möglichkeit eines freieren Führungsstils wird durch Formalisierung, detaillierte schriftliche Arbeitsanweisungen und Einhaltung des Dienstweges unmöglich gemacht.

Auch dem Wunsch des beherrschten Managers nach Machtausübung kommt die hierarchische Struktur entgegen. Unternehmen mit einer beherrschten Führung besitzen daher oft eine auffallend straff geordnete, militärische Organisation mit dogmatischen Führungskräften, deren Verlangen, anderen ihren Willen aufzuzwingen, teilweise bis zu Anweisungen für das Aufstellen von Notizen oder genauesten Kleidervorschriften reichen kann.

(4) Die Auswirkungen beherrschter Führungskräfte auf das Unternehmen

Unter der Leitung beherrschter Führungskräfte geht jede Spontaneität und Initiative der Mitarbeiter verloren. Viel zu sehr ist alles in feste Schemata und Maxime gezwungen, so dass für eine erneuernde Kreativität kein Raum bleibt und ermüdende Routine vorherrscht. Mitarbeiter fühlen sich unmotiviert und die Arbeitsmoral sinkt.[152]

---

[149] Vgl. König, K.: Kleine psychoanalytische Charakterkunde, a.a.O., S. 112
[150] Vgl. ebd., S. 71
[151] Vgl. Kets de Vries, M., Miller, D.: De neurotische organisatie, a.a.O., S. 49
[152] Vgl. Kets de Vries, M., Miller, D.: Balanceren aan de top, a.a.O., S. 100 ff.

Die starren Regeln und Traditionen lähmen das beherrschte Unternehmen, so dass Marktstrategien zwar sorgfältig geplant, aber oft zu langsam und zu spät durchgeführt werden. Brauchbare, innovative Ideen der Mitarbeiter werden von der Führung nicht berücksichtigt oder übersehen, ein Grund weshalb die Produktpalette beherrschter Unternehmen zumeist gering ist.

Schließlich kann in einigen Fällen sogar ein Effekt auftreten, der von den beherrschten Managern grundsätzlich verhindert werden sollte. Indem alle Vorgänge in Regeln gefasst werden und somit eine lähmende Routine entsteht, werden „schlechte Angewohnheiten" unbeabsichtigt zu Gesetzmäßigkeiten. Nach einiger Zeit werden diese Regelungen dann mit den Worten „Das war schon immer so." verteidigt und zur festen Maxime erhoben. So können sich, obwohl nicht beabsichtigt, auch unter beherrschten Führungskräften „chaotische" Zustände ergeben.

3.4 Die lebhafte Führungskraft

Die lebhafte Führungskraft trägt überwiegend hysterische Charakteranteile in sich. Es handelt sich um Personen, die nach Veränderung, Spannung und Erneuerung streben. Sie sind beherrscht von der Vision, dass sich alles in einem beständigen Fluss ohne jeglichen Stillstand bewegen muss. Dadurch bekommt ihr Lebensstil eine sehr lebhafte, leidenschaftliche Komponente. Der Wunsch nach Veränderung beinhaltet sowohl eine sich positiv äußernde Kreativität und Spontaneität, als auch eine sich negativ auswirkende Wirrheit und Unzuverlässigkeit dieser Personen.

(1) Die Persönlichkeitsstruktur der lebhaften Führungskraft

Die lebhafte Führungskraft sehnt sich nach Wandel, Freiheit und Risiko in ihrem Leben und überträgt diesen Wunsch auf das Unternehmen. Jede Aufgabe, die sie erledigt, muss den Reiz des Neuen in sich tragen und die Hoffnung auf eine neue Chance vermitteln.[153] Für Lebhafte ist die Zukunft die treibende Kraft, die ihnen Spannung und Abwechslung verspricht.

Innerhalb ihrer Abteilung beschäftigen sich lebhafte Vorgesetzte nicht mit den täglichen, routinemäßigen Angelegenheiten durch die sie nur gelangweilt und nicht gefordert werden. Ein neues Produkt, ein neues Verfahren oder ein neuer Kunde locken viel stärker und ziehen die Aufmerksamkeit des Lebhaften völlig auf sich. Aber genauso schnell wie der lebhafte Manager sich für neue Projekte begeistern kann, so schnell verliert er auch wieder die Lust und lässt sie fallen.

Da die Erfüllung für die lebhafte Führungskraft in der Zukunft liegt, interessiert sie sich für die Gegenwart nur wenig. Konzepte und Pläne werden nicht ausgearbeitet oder teilweise überhaupt nicht erstellt, da nicht vorhergesagt werden kann, ob demnächst die Bedingungen nicht wieder völlig verändert sind. Solche Arbeiten erscheinen dem lebhaften Manager aus diesem Grunde sinnlos und er geht lieber das Risiko eines Fehlschlags ein als seine Zeit zu verschwenden. Bei diesem Managertyp findet sich daher häufiger die Nach-mir-die-Sintflut-Mentalität.

---

[153] Vgl. Riemann, F.: Grundformen der Angst, a.a.O., S. 156 ff.

Beispiel:

> Seine Arbeitsweise ist unorthodox. Er nimmt Risiken auf sich, die andere nicht wagen. Ihm ist nicht zu trauen, sagen die Einen, ein phantastischer Unternehmer, die Anderen.

Unpünktlichkeit und fehlende Zeitplanung gehören als weitere typische Schwächen zum lebhaften Vorgesetzten und sind ein Zeichen für seine geringe Selbstdisziplin, die er aber nicht als einen gravierenden Nachteil ansieht.[154] Zudem hat der Lebhafte, im Gegensatz zum fürsorglichen Typ, der sich für vieles schuldig fühlt, nur ein geringes Schuldgefühl. Er neigt dazu seine Fehler zu vergessen oder zu leugnen, da seine Eitelkeit und Eigenliebe ihm verbieten Irrtümer einzugestehen. Durch diese „unschuldige" Lebensweise gelingt es lebhaften Managern immer wieder, selbst nach großen Niederlagen, wie ein Stehaufmännchen von neuem zu beginnen.[155]

Seine Stärken hingegen unterstreicht der Lebhafte durch Übertreibung und Imponiergehabe. Ständig ist er bemüht seine eigene Person in den Mittelpunkt zu stellen und umgibt sich mit Menschen und Gegenständen, die seinen Wert und sein Ansehen weiter steigern. Er braucht ständige Anerkennung und Bewunderung von seinen Mitarbeitern. Er sieht sich als Zentrum des Unternehmens mit einem zu ihm aufschauenden und gehorsamen Team.

Lebhafte Führungen präsentieren ihre Markt- und Geschäftserfolge effektvoll in der Öffentlichkeit und streben nach Publicity und Ruhm. Dieser Managertyp nutzt geschickt Erfolgssymbole, wie etwa Luxuswagen, Designerkleidung, aber auch Mitarbeiterzahlen und Bürogröße, indem er sie demonstrativ zur Schau stellt. Titel, Urkunden und Preise sind ihm wichtig, jedoch nur genutzt als Zeichen seiner Größe und nicht als Symbol für eine erbrachte Leistung.

Durch ihren Charme, ihr Temperament und ihre Gewandtheit im Umgang mit Menschen können sie ihr Gegenüber mitreißen und durch ihre starke Suggestionskraft überzeugen. Als originelle, begeisternde Redner ziehen sie Zuhörer in ihren Bann. Oft sind lebhafte Manager daher gute Führungspersonen, denen es jedoch leichter fällt Dinge in Gang zu bringen als die daran anschließende Detailarbeit zu bewältigen.

(2) Das Verhältnis der lebhaften Führungskraft zu ihren Mitarbeitern

Lebhafte Führungskräfte bevorzugen unsichere, fügbare Persönlichkeiten, denn ihr auf Größe und Einmaligkeit gerichtetes Verhalten verlangt abhängige Mitarbeiter.[156] Nur so können Vorgesetzte dauerhaft in einem günstigen Licht erscheinen und werden nicht gezwungen sich mit den „unwichtigen", normalen Dingen des Arbeitsalltags zu beschäftigen.

Diese abhängige, unterwürfige Haltung des Personals führt zu einer Idealisierung und Vergötterung des Vorgesetzten. Seine Fehler und Schwächen werden heruntergespielt, übersehen oder als typische, scheinbar erfolgreiche Eigenarten gewertet. Eine gegen den Chef gerichtete Kritik ist gleichzeitig ein Vorwurf gegen die gesamte Ab-

---

[154] Vgl. Kets de Vries, M., Miller, D.: Balanceren aan de top, a.a.O., S. 24
[155] Vgl. Riemann, F.: Grundformen der Angst, a.a.O., S. 194 ff.
[156] Vgl. Kets de Vries, M., Miller, D.: Balanceren aan de top, a.a.O., S. 31

teilung oder das gesamte Unternehmen. Die starken Seiten lebhafter Manager werden von seinen Mitarbeiter besonders hervorgehoben, übertrieben und durch ständige Komplimente betont.

Eine Idealisierung der Führung hat zur Folge, dass Mitarbeiter bereit sind alles für das Unternehmen zu leisten. Überstunden, unbezahlte Leistungen oder Arbeiten im Akkord werden ohne Ärger oder Abneigung, sondern mit Freude und Energie ausgeführt. Dem lebhaften Unternehmer kann kein Wunsch abgeschlagen werden, vielmehr bewirkt er in seinem Team eine enthusiastische, selbstverständliche Verpflichtung zum Einsatz. Durch sein Temperament ist der lebhafte Manager in der Lage, sein Personal immer wieder aufs Neue mitzureißen und zu motivieren.

Seine Ideen und Reaktionen bestimmen das Verhalten seiner Mitarbeiter vollkommen. Teilweise kann eine so große Abhängigkeit zwischen Vorgesetztem und Team entstehen, dass die Stimmung innerhalb der Abteilung oder des Unternehmens durch seine Anwesenheit steigt und durch sein Fehlen deutlich sinkt.

Eigenwillige, selbständige Persönlichkeiten haben unter lebhaften Vorgesetzten wenige Möglichkeiten auf Erfolg. Jeder der die Führungskraft nicht als das Maß aller Dinge akzeptiert, kann von ihm keine Hilfe oder Anerkennung erwarten. Eigenarten, Individualität und Freiheiten gewährt der lebhafte Vorgesetzte nur sich selber.[157] Selbst für zurückhaltendere Mitarbeiter ist wenig Raum für Gespräche und Verständnis, da der Lebhafte völlig auf seine Person konzentriert ist und sich niemand anderem widmen möchte.

Auf der Jagd nach neuen Reizen, modernen Produkten und Innovationen ist kein gleichbleibendes, berechenbares Verhalten des lebhaften Managers auszumachen. Sein Team kann nie einschätzen welche Richtung er als nächstes einschlagen wird. Im Unternehmen herrscht ein „Aprilklima"[158], in dem sich täglich die Stimmung und die „Witterungslage" ändert. Eine chaotische Atmosphäre mit verunsicherten Mitarbeitern ist die Folge.

(3) Die Führungsstrategie der lebhaften Führungskraft

Die lebhafte Führungskraft sieht sich als Mittelpunkt des Unternehmens, von dem alle Entscheidungen ausgehen. Somit ist jegliche Macht, gebündelt in einer oder wenigen Personen, unterstützt durch bedingungslos folgende Mitarbeiter. Dominant herrschen solche Manager dann über ihr Unternehmen.

Demokratische Entscheidungen sind lebhaften Vorgesetzten eher fremd. Der Gedanke einer der Mitarbeiter könnte bessere Ideen und Einfälle haben als er, ist ihm unvorstellbar. Beratungs- und Informationsgespräche mit dem Team, zumal diese teilweise auch einer sorgfältigen Vorbereitung bedürften, sind daher für ihn ohne Bedeutung, etwas, vor dem sich der Lebhafte scheut.

---

[157] Vgl. König, K.: Kleine psychoanalytische Charakterkunde, a.a.O., S. 118
[158] Vgl. Riemann, F.: Grundformen der Angst, a.a.O., S. 194

Der von vielen lebhaften Managern betriebene Personenkult setzt eine gewisse Unfehl-
barkeit solcher Personen voraus. Fehler und Irrtümer werden daher vertuscht oder geleugnet.[159] Der Einfachheit halber werden Mitarbeitern Fehlleistungen zugeschrieben und aus
tiefer Bewunderung ihres Vorgesetzten gegenüber heroisch auf sich genommen.

Da lebhafte Manager nach Urkunden, Preisen und Ehrungen streben, übertragen sie diesen Wunsch auch auf ihr Team. Eine Steigerung der Motivation und der Leistung wird in
lebhaften Unternehmen daher sehr oft durch Symbole und besondere Anerkennung, wie
etwa „Mitarbeiter der Woche" oder „Abenteuerurlaub für den erfolgreichsten Verkäufer",
versucht zu erreichen.

So wechselnd wie die Interessen und Konzepte des Vorgesetzten bezüglich Marktstrategie oder Produktinnovation sind, so unterschiedlich kann jedoch auch die Führungsstrategie lebhafter Unternehmen sein. Solange die herausgehobene Position der Führung nicht
gefährdet ist, können Experimente durchgeführt werden. Gruppenarbeit, freie Wahl der
Arbeitszeit oder Aufgabenerfüllung in Heimarbeit sind dann möglich. Aber auch die Einführung einer Kinderkrippe oder finanzielle Unterstützung für Fitness- oder Wellness-
programme sind für lebhafte Unternehmen charakteristisch.

(4) Die Auswirkungen lebhafter Führungskräfte auf ihr Unternehmen

Wie schon bei den drei anderen Managertypen ist auch unter der Führung des lebhaften
Managers ein häufiger Wechsel des Personals festzustellen. Nach außen zeigen sich lebhafte Unternehmen flexibel und modern und erwecken den Eindruck, als würden sie jedem
Angestellten bestmögliche Freiheit und Entfaltung bieten. Viele Mitarbeiter fühlen sich
bald nach Aufnahme ihrer Arbeit betrogen und enttäuscht, da sie ihre Kreativität und Ideen
nicht verwirklichen können, da dies nur dem Chef erlaubt ist, ihnen bleibt hingegen nur die
Ausführung seiner Entwürfe.[160]

Lebhafte Unternehmen sind abhängig von den Einfällen ihrer Führung. Durch deren
dominante Stellung werden Anregungen der Mitarbeiter nur unzureichend beachtet und
das Unternehmen läuft Gefahr, der Entwicklung nicht folgen zu können. Darüber hinaus
bietet die Führung durch ihr Verlangen nach Abwechslung und Spannung keine zielge-
richtete, langfristige Marktstrategie, die eine konzentrierte Planung ermöglichen würde.
Vielmehr überlastet der Wunsch nach Diversifikation die hierfür zu schlicht ausgestattete
Organisation.

Für veraltete, erfolglose Unternehmen kann die Persönlichkeit des lebhaften Managers
jedoch Wunder wirken. Über Jahrzehnte gleich bleibend geführte Familienunternehmen
oder zu einseitig vom Marktgeschehen abgekapselte Unternehmen werden durch das
Temperament und den Tatendrang dieses Managertyps zu neuen Erfolgen motiviert. Die
Kombination aus grundsätzlich soliden, bewährten Firmen mit erfahrenen Mitarbeitern
und nach Innovation und Kreativität übersprühenden „Machern" kann zu soliden Erfolgen
führen.

---

[159] Vgl. Riemann, F.: Grundformen der Angst, a.a.O., S. 194
[160] Vgl. König, K.: Kleine psychoanalytische Charakterkunde, a.a.O., S. 118

3.5 Grafischer Vergleich der vier Führungskrafttypen

(1) Grundgedanken der Führungskraft

Die unabhängige Führungskraft	Die fürsorgliche Führungskraft
„Ich will unabhängig und alleine arbeiten können. Ich will meine Ruhe. Meine Mitarbeiter sind unfähig. Das Unternehmen kann ich nicht verändern, ich möchte mich nicht mit den täglichen Problemen beschäftigen. Andere Dinge sind in meinem Leben interessanter, z.B. mein neues Ferienhaus. Die Konkurrenz ist mein großer Feind; Zusammenarbeit ist ausgeschlossen. Teamarbeit ist Zeit- und Geldverschwendung."	„Ich bin nie so gut wie die Konkurrenz. Harmonie voller Zuneigung und Friedfertigkeit im Unternehmen / in der Abteilung hat höchste Priorität. Die Mitarbeiter sollen sich alle gut miteinander vertragen; ein kollegiales und verständnisvolles Arbeiten ist sehr wichtig. Das Unternehmen ist eine große Familie. Erfolg ist nicht entscheidend, er führt nur zu Eifersucht und Missgunst und stört die Harmonie."
Die beherrschte Führungskraft	Die lebhafte Führungskraft
„Ich muss alles unter Kontrolle haben und darf nichts dem Zufall überlassen. Meine Mitarbeiter arbeiten nur wirklich gut, wenn sie genau das erledigen, was ich ihnen sage. Jeder Schritt muss genauestens überprüft werden, auch wenn dies viel Zeit kostet. Die Konkurrenz ist vielleicht schneller, aber ich habe die bessere Qualität."	„Ich will Spannung, Freiheit und Risiko. Nur in der Zukunft liegt mein Glück, denn nur sie bringt Abwechslung. Mich reizen neue Projekte, nicht Routineangelegenheiten. Jeder soll mich anerkennen und zu mir aufschauen. Ich sage, wo es langgeht. Meine Mitarbeiter müssen für mich die langweiligen, langwierigen Arbeiten ausführen."

Abb. 53: Grundgedanken der Führungskrafttypen

(2) Verhältnis der Führungskraft zu ihren Mitarbeitern

Die unabhängige Führungskraft	Die fürsorgliche Führungskraft
Strebt Eigenständigkeit an; ist arrogant; entschlussfähig; „Hardliner"; radikal (Sanierungsobjekt); hält an Meinungen fest; bei Verhandlungen kompromisslos; desinteressiert an Unternehmensentwicklung; wendet sich privaten Angelegenheiten zu; bevorzugt sachliche, wissenschaftliche Konzepte; trennt Arbeit und Leben	Großes Harmoniebedürfnis; Unstimmigkeiten werden heruntergespielt; will alle zufrieden stellen; fühlt sich schnell überfordert; geringes Selbstbewusstsein; alles wird als eigene Schuld gesehen; in Verhandlungen nicht konsequent und hartnäckig genug; unmotiviert; Angst vor Erfolg; „touchy-feely-manager"
Die beherrschte Führungskraft	Die lebhafte Führungskraft
Geht Veränderungen aus dem Weg; keine unternehmerischen Innovationen; führt eine Unternehmens-„Bibel"; korrekt; konservativ; keine Risikobereitschaft oder Spontaneität; langwieriges Überdenken und Überarbeiten; reißt alle Macht an sich; in Verhandlungen standfest; sucht Sicherheit in Plänen; entscheidungsschwach	Allem neuem zugewendet; verliert schnell das Interesse; tägliche, routinemäßige Aufgaben werden delegiert; mitreißende und motivierende Wirkung; ausgeprägte Ich-Bezogenheit; wenig Interesse an Mitarbeitergesprächen; keine genauen Konzepte und Pläne; geringe Selbstdisziplin; „Stehaufmänn-chen"; Imponiergehabe; dominant

Abb. 54: Verhältnis der Führungskrafttypen zu ihren Mitarbeitern

(3) Der daraus abgeleitete Führungsstil der Führungskraft

Die unabhängige Führungskraft	Die fürsorgliche Führungskraft
Lob und Anerkennung der Leistung sind unnötig und wirkungslos sowie übertrieben; Leitungsvakuum; Teamwork oder Projektarbeiten werden nicht gefördert; Mitarbeiter werden voreinander abgetrennt; kein „Chefzimmer der offenen Tür"	„Eine große Familie"; Leitungsvakuum; Initiativen werden nicht gefördert; geringe Motivation; kooperatives Arbeiten und Führen; Teamgeist und Mitbestimmung werden gefördert, Team- und Projektarbeiten; Beziehungs- und Klimapflege
Die beherrschte Führungskraft	**Die lebhafte Führungskraft**
Starre, hierarchische Unternehmensordnung; autoritärer, militärischer Stil: „Wer nicht arbeitet, soll auch nicht essen"; Ideen und Innovationen werden eingeschränkt; Beschlüsse werden „oben" gefasst; dogmatische Führung; detaillierte Arbeitsanweisungen	Starke Motivation u. a. durch Urkunden und Preise; Individualität und Freiheit werden unterdrückt; Macht ist in Führung gebündelt; keine Beratungs- und Informationsgespräche; „moderne, neue" Führungsstile werden getestet

Abb. 55: Führungsstil der Führungskrafttypen

(4) Auswirkungen auf die Mitarbeiter

Die unabhängige Führungskraft	Die fürsorgliche Führungskraft
Stetige Fluktuation des Personals; Freude und Motivation fehlen; untergeordnete Führungskräfte werden aktiv und leiten das Unternehmen mit; Beschlüsse werden aus „politischen" Gründen gefasst, nicht aus objektiven Daten; Misstrauen vor der Konkurrenz; hinter jeder freundschaftlichen Annäherung wird eine böse Absicht vermutet; gemeinsame Projekte oder Großaufträge werden von Anfang an ausgeschlossen	Kooperativer Führungsstil; Teamwork; Mitbestimmung; Leitungsvakuum; Mitarbeiter fühlen sich nicht gefordert; Mittelmaß wird angestrebt; unkreative, initiativlose Mitarbeiter entstehen; Beziehungs- und Klimapflege; Schwerpunkt liegt auf „wohltätigen" Bereichen, wie Sozialleistungen und verbesserte Arbeitsbedingungen; viele Berater, Spezialisten und Experten; Politik der offenen Tür
Die beherrschte Führungskraft	**Die lebhafte Führungskraft**
Gute Kontrolle; zumeist gut informiert; Strategien stehen schon fest bevor Situationen begutachtet werden; zu autoritäre Führung; Unternehmens-„Bibel"; Kreativität der Mitarbeiter verkümmert; autoritärer Führungsstil; hierarchische Organisationsstruktur, Arbeitsmoral sinkt	Alles wird widerspruchslos von den Mitarbeitern ausgeführt; Kreativität und Ideen selten verwirklicht; demokratische Entscheidungen fehlen; Personenkult; moderne Führungsmethoden möglich; häufiger Wechsel des Personals; Stimmung abhängig von der Führung

Abb. 56: Auswirkungen des Führungsstils auf Mitarbeiter

Während sich dieses Kapitel mit Führungspersonen, die durch ihre Position ihre Wünsche ausleben konnten, beschäftigt hat, handelt das folgende Kapitel von Personen, die auf Anweisungen reagieren und somit ihre Phantasien unterdrücken müssen: die Mitarbeiter.

4 Die Mitarbeitertypen

Unter Mitarbeiter sind im Weiteren alle die Personen zu verstehen, die Anweisungen empfangen und auf eine ihnen vorgeschriebene Weise reagieren müssen. Ihnen bleibt nur wenig Freiraum, um ihre Wünsche bei den auszuführenden Tätigkeiten ausleben zu können. „Unternehmen sind Orte, in denen der Einzelne zahlreiche Beschränkungen seiner Lebensführung erfährt: Er darf nicht sagen, was er denkt; er darf nicht bedenken was er tut; er darf nicht tun, was er will; er darf nicht wissen, was er möchte... .“[161] So kommen dann zurückgehaltene Phantasien durch unverständliche und unerwartete Verhaltensweisen letztendlich zum Ausdruck. Für Führungskräfte ist es daher wichtig, Reaktionen der Mitarbeiter richtig deuten zu können und auf eine angepasste Weise zu reagieren. Dies kann von einfachen Änderungen der Formulierung von Anweisungen bis zur Zuteilung geeigneter Aufgabenbereiche führen.

Die Mitarbeiter werden ebenso, wie schon bei den Führungskräften geschehen, auf der Basis der Charaktertypen Riemanns beschrieben. Viele Verhaltensweisen beider Personengruppen sind daher übereinstimmend. Im Weiteren wird daher der Schwerpunkt auf abweichende und mitarbeiterspezifische Reaktionsweisen gelegt. Vervollständigt wird dieses Kapitel mit situationsabhängigen Verhaltensweisen der Charaktertypen in Form von Diagrammen. Dies erschien praxisnäher und sinnvoller als eine Wiederholung der typischen Merkmale der vier Charaktere.

4.1 Der unabhängige Mitarbeiter

Der unabhängige Mitarbeiter besitzt überwiegend schizoide Charakteranteile und trägt somit ähnliche Ideen und Wünsche wie die unabhängige Führungskraft in sich.

(1) Persönlichkeit des unabhängigen Mitarbeiters

Der unabhängige Mitarbeiter hat das Bedürfnis nach Selbständigkeit und Eigenständigkeit.[162] Innerhalb des täglichen Arbeitsgeschehens möchte er alleine für sich seinen Aufgaben nachgehen können. Dabei ist jeder Kontakt mit den Kollegen unerwünscht und wird als störend und lästig empfunden. Sein Schreibtisch, seine Maschine oder sein Arbeitsraum sind „sein Reich“, über das nur er Befugnis besitzt. In diese Welt darf niemand ungefragt eindringen, wird jeder als unerwünscht angesehen und muss mit einer schroffen Zurückweisung rechnen.

Jegliche Gruppenarbeit und Teamwork sind dem unabhängigen Mitarbeiter unangenehm. Hierbei ist er zur Zusammenarbeit gezwungen und hat keine Möglichkeit, sich in seine schützende Einsamkeit zurückzuziehen. Er wird sich daher in Arbeitsgruppen mit Anregungen zurückhalten und versuchen Aufgaben zu übernehmen, die ihm die Möglichkeit geben, sich vom Team abzusondern, wie etwa durch externe Informationsbeschaffung oder durch sorgfältige Ausarbeitung zuvor besprochener Pläne.

Die Tätigkeit oder der Beruf des Unabhängigen werden ihm schnell zu einem notwendigen Übel, durch das er sich seinen Unterhalt verdienen muss. Daher verbindet ihn nicht viel mit seiner Arbeit und sie wird nicht als eine Erfüllung, als eine Freude bereitende Tätigkeit, von ihm empfunden, wie dies beim Beherrschten der Fall ist.

---

[161] Vgl. o. V.: Firmenkultur III, Psychologie heute, 12. Jg., H.8, 1986; S. 68
[162] Vgl. Riemann, F.: Grundformen der Angst, a.a.O., S. 20

Es findet sich bei solchen Personen eine eindeutige Grenze zwischen Arbeits- und Privatleben und so können sie ihre Mitmenschen bei der Ausübung ihrer Hobbys mit besonderen Leistungen und Fähigkeiten überraschen, während sie dies durch ihre Lustlosigkeit und Desinteresse im Arbeitsalltag nicht vermuten lassen würden.

Der unabhängige Mitarbeiter fühlt sich im Umgang mit seinen Kollegen und seinem Vorgesetzten unsicher. Er weiß sehr oft nicht, wie er ihre Reaktionen deuten soll, wie er sich ihnen gegenüber verhalten muss oder wie er seine Ideen und Meinungen verständlich äußern soll. So kann er plötzlich mit weltfremden, radikalen Vorschlägen, die nicht ausführbar sind überraschen und als Folge daraus wird er bald nicht mehr für ernst genommen und aus anstehenden, zu erarbeitenden Projekten herausgehalten.[163] Für seine Umwelt erscheint er daher als desinteressiert und in der Abteilung oder dem Unternehmen als deplatziert.

Der unabhängige Mitarbeiter ist von der Vorstellung geprägt, alle Handlungen, Aufgaben und Arbeiten akzeptabel und vor allem besser ausführen zu können als seine Kollegen und sein Vorgesetzter. Kritik an seiner Arbeitsweise kann er daher nicht nachvollziehen und seine Fehler nicht einsehen, so dass er trotz Beanstandung ständig seine Irrtümer wiederholt. Darüber hinaus fühlt er sich durch jede Kritik an seiner Leistung gekränkt, da diese ihm als ein anmaßender, ungerechter Eingriff in seine „eigene Welt" erscheint.

Durch die geringe Fähigkeit Gefühle zu äußern, fällt es dem unabhängigen Mitarbeiter schwer, sich in der jeweiligen Situation entsprechend zu verhalten. Insbesondere bei Ärger und Wut verfällt er schnell in aggressive Handlungen.[164] Das Benutzen von Schimpfwörtern, eine lautere, schreiende Stimme, arrogantes Verhalten oder teilweise sogar Handgreiflichkeiten sind für ihn typisch.

Eine leichtere Form, sich gegen „Angriffe" und Vorwürfe zur Wehr zu setzen, ist eine zynische, teilweise verletzende Kritik.[165] Diese hat zumeist eine schmerzliche Wirkung für die Betroffenen, da unabhängige Mitarbeiter ein Gespür für die „wunden Punkte" ihrer Kollegen haben. Ihr mehr zurückgezogenes, auf Beobachtung und nicht auf Handlungen fixiertes Verhalten, lässt sie Schwächen und Fehler anderer präzise erkennen und ermöglicht ihnen, sich diese zumeist auf unerfreuliche Weise zunutze zu machen.

Alle aufgeführten Eigenschaften führen innerhalb der Abteilung zur Ausgrenzung und Isolierung des unabhängigen Mitarbeiters, der sich dann zum Einzelgänger und Sonderling entwickelt. Innerhalb von Unternehmen übernehmen sie den Part des Eigenbrödlers und des Originals, das von seinen Kollegen gemieden und bei Initiativen jeglicher Art möglichst nicht miteinbezogen sowie überwiegend für Spott und Gelächter genutzt wird.

Aber gerade in dieser absichtlich hervorgerufenen Isolation liegt wiederum die besondere Stärke unabhängiger Mitarbeiter. Alleine, ungestört und nicht von Kollegen irritiert, können sie zu besonderen Leistungen fähig sein, die durch ihr analytisches und abstraktes Denken noch weiter verstärkt werden. Ihrer bemerkenswerten Standfestigkeit und der Fähigkeit sich Konflikten und Streitgesprächen zu stellen, verdanken sie darüber hinaus, dass ihre Vorschläge bei der Führung meistens angenommen und realisiert werden.

---

[163] Vgl. König, K.: Kleine psychoanalytische Charakterkunde, a.a.O., S. 68
[164] Vgl. Riemann, F.: Grundformen der Angst, a.a.O., S. 32 ff.
[165] Vgl. Becker, R., Hugo-Becker, A.: Psychologisches Konfliktmanagement, a.a.O., S. 171

(2) Verhaltensweisen im Umgang mit unabhängigen Mitarbeitern

Durch die Angst unabhängiger Mitarbeiter vor zu großer Nähe und persönlichem Kontakt sollte der Vorgesetzte bemüht sein, ihnen einen gewissen Freiraum zu lassen, der ihnen einen sicheren Abstand vom Gegenüber erlaubt. Ermöglicht werden kann dies u. a. durch Vermeidung einer Platzierung in einem Großraumbüro oder zumindest Zuteilung eines Schreibtisches am Rand, durch Betreuung mit Einzelaufgaben anstelle von Teamwork oder bei persönlichen Gesprächen durch einen größeren Abstand als normal.

Grundsätzlich sollte den unabhängigen Mitarbeitern Zeit gelassen werden, sich mit Kollegen und Vorgesetzten anzufreunden und einen zögernden Kontakt zu wagen.[166] Sie schließen nicht, wie etwa die fürsorglichen oder die lebhaften Personen, sofort Freundschaft mit jedem, sondern müssen erst langsam mit ihrem Gegenüber vertraut werden. Ein zurückhaltendes, sachlich korrektes und emotionsfreies Verhalten des Vorgesetzten scheint hierbei hilfreich zu sein.[167]

Vorgesetzte sollten sich über die Neigung unabhängiger Mitarbeiter zu einer plötzlichen und unerwarteten Aggressivität bewusst sein und bei Gesprächen darauf vorbereitet sein. Da wütende Äußerungen vom Unabhängigen schnell wieder bereut werden, ist eine Ermahnung und Besprechung des Vorfalls nach einer zur Beruhigung genutzten Zeit günstiger, als eine spontane Gegenreaktion. Führungskräfte sollten ferner gegenüber ihren unabhängigen Mitarbeitern konfliktfördernde Maßnahmen zu verhindern versuchen; so sollte etwa nicht schon bei kleineren, einmaligen Fehlern kritisiert werden oder ins Wort gefallen werden.

Unabhängige Mitarbeiter haben Schwierigkeiten, Verhaltensweisen und Reaktionen der Kollegen und der Führung einzuschätzen. Sie können auf diese Weise eine Äußerung ihres Vorgesetzten missverstehen und sich besorgt fragen, welchen Fehler sie begangen haben, obwohl objektiv kein Anlass dafür besteht.[168] Führungskräfte sollten daher auf ein gleich bleibend, weitgehend emotionsfreies Verhalten Unabhängigen gegenüber achten.

Das Bedürfnis nach Eigenständigkeit und das Gefühl, Tätigkeiten selbst am effizientesten auszuführen, erzeugt bei unabhängigen Mitarbeitern den Wunsch, Aufgaben „auf ihre Weise" zu verrichten. Eine präzise vorgegebene Vorgehensweise löst Abneigung und Unlust aus, da ihnen etwas aufdiktiert, vorgeschrieben wurde und sie ein Gefühl der Unmündigkeit spüren. Zu empfehlen wäre eher, im Sinne des Management by objectives, eine gemeinsame Ausarbeitung eines zu erreichenden Arbeitsergebnisses durch den Vorgesetzten und den Mitarbeiter, in dem der Mitarbeiter selber entscheiden kann, wie er das ihm vorgegebene Ziel erreichen möchte.

(3) Einsatzbereiche unabhängiger Mitarbeiter

Das sachliche, objektive und rationale Denken und Arbeiten bei diesem Mitarbeitertyp unterscheidet ihn von den anderen Charaktertypen, die gerade in diesem Bereich Schwä-

---

[166] Vgl. Riemann, F.: Grundformen der Angst, a.a.O., S. 34
[167] Vgl. Becker, H., Hugo-Becker, A.: Psychologisches Konfliktmanagement, a.a.O., S. 171
[168] Vgl. Riemann, F.: Grundformen der Angst, a.a.O., S. 22

chen zeigen. So sollten diese Fähigkeiten der Unabhängigen innerhalb einer Abteilung besonders genutzt und gefördert werden. Ihr Hang zu unpersönlichen Kontrollen, abstrakten Plänen und einer speziellen Neigung im Umgang mit Zahlen befähigt sie besonders für theoretische, sachliche Aufgabenbereiche, wie etwa mathematische Entscheidungsmodelle, Entwurf von Kontrollsystemen und Revisionsprogrammen, Technisieren und Quantifizieren von Arbeitsabläufen oder im Kreditwesen, z.B. für Kreditwürdigkeitsprüfungen.

Innerhalb hierarchisch geordneter Unternehmen eignet sich der unabhängige Mitarbeiter besonders für Stabsstellen. Dort kann er alleine, weitgehend abgelöst von den meisten Kollegen seiner Tätigkeit nachgehen und seine Spezialkenntnisse in besonderer Weise nutzen. Dem Stelleninhaber der Instanz kann er dann, als Spezialist, Vorschläge unterbreiten, ohne dass dieser ihn vollständig kontrollieren und eine exakte Vorgehensweise auferlegen kann.

Ihr Unbehagen im Umgang mit Kollegen lässt unabhängige Mitarbeiter sich weniger für Gruppenarbeit und Teamwork eignen. In Teamgesprächen und Versammlungen werden sie sich mit Wortmeldungen zurückhalten oder durch unverständliche Äußerungen auffallen; gerade bei solchen Treffen eignen sie sich jedoch durch ihre analytische, objektive Beobachtungsgabe bestens als Schriftführer oder zur Nachbearbeitung der Ergebnisse des Teams.

Unabhängige Personen absolvieren zumeist sachliche, theoretische Ausbildungen und sind meistens in wissenschaftlichen, abstrakten Berufsbereichen zu finden, die ihnen die Möglichkeit bieten, ihre Wünsche auszuleben und sich ihren Ängsten zu entziehen, so z.B. als Physiker, Mathematiker, Ingenieure, Naturforscher und Bibliothekare, aber auch als Förster, Nachtwächter und Pathologe.

Der unabhängige Mitarbeiter		
allgemeines Arbeitsverhalten		
wahrscheinliche Reaktionsweise	unausgesprochene Gedanken	Optimierungspotenzial
Sachlich; erfüllt Aufgaben zufrieden stellend; hat eigene Arbeitsmethoden; kein besonders hoher Einsatz; versucht bequemste, zeitsparendste und einfachste Arbeitsweise zu finden	„Ich mache das, was man mir sagt. Ich würde vieles anders machen; wenn man mich nur lassen würde. Ich mache das so, wie ich will. Das ist mein Job und dafür ruiniere ich mir nicht meine Gesundheit."	Eigene Arbeitsmethoden erlauben oder unterstützen; auf gewissenhafte Arbeiten achten; den Mitarbeiter durch Herausstellen der Tätigkeit motivieren
Verhalten bei Zuteilung ungewohnter Arbeit		
wahrscheinliche Reaktionsweise	unausgesprochene Gedanken	Optimierungspotenzial
Keine besondere Reaktion; Mitarbeiter interessiert sich für die zu erfüllenden Fakten; mürrisches, skeptisches Verhalten; verhält sich sachlich; Bearbeitung erfolgt auf eigene, individuelle Weise	„Es interessiert mich wenig, was ich zu erledigen habe. Wer weiß, was das wieder werden soll. Ich lasse mir nicht vorschreiben, wie ich die Arbeit zu erfüllen habe, das weiß ich selber am besten."	Genaue Fakten liefern; möglichst nur Zielvorschriften vorgeben und Bearbeitungsweise weitgehend freistellen; kein übermäßiges Interesse erwarten; Entwicklungsmöglichkeiten aufzeigen; auf Einzelarbeit achten

Kritik durch den Vorgesetzten		
wahrscheinliche Reaktionsweise	**unausgesprochene Gedanken**	**Optimierungspotenzial**
Mitarbeiter bleibt bei Kritik durch den Vorgesetzten unbeeinflusst und ruhig; zeigt dabei keine deutliche Wirkung	„Das ist mir egal. Ich mache hier meine Arbeit, um Geld zu verdienen, nicht um mich bevormunden zu lassen."	Fragen stellen statt Urteile fällen; sachlich argumentieren; an die Wirkung für gesamtes Unternehmen appellieren
Mitarbeiterverhältnis		
wahrscheinliche Reaktionsweise	**unausgesprochene Gedanken**	**Optimierungspotenzial**
Zurückgezogen; kein Interesse an Gruppenarbeit oder Feiern; arrogant; schweigsam; eigensinnig; ängstlich; unsicher; unfreundlich; Mitarbeiter fällt durch häufige Konflikte auf	„Ich will meine Ruhe haben. Meine Kollegen verstehen mich nicht und sind teilweise unter meinem Niveau. Deren Meinungen interessieren mich nicht. Deren Verhalten macht mich immer wieder aggressiv."	Sonder- und Einzelaufgaben anvertrauen; bei Kontaktversuchen helfen; mit Mitarbeitern gleicher „Wellenlänge" zusammen arbeiten lassen; evtl. Einsatz als Referent
Verhalten bei Konflikten		
wahrscheinliche Reaktionsweise	**unausgesprochene Gedanken**	**Optimierungspotenzial**
Mitarbeiter wird schnell laut und aggressiv; beharrt auf seiner eigenen Meinung; argumentiert verletzend und arrogant	„Der soll mich in Ruhe lassen, ich weiß es besser. Das ist zum aus der Haut fahren, dem werde ich es jetzt aber zeigen. Ich weiß, wie ich ihn am besten treffen kann."	Sachlich argumentieren; sich nicht durch lautes und aggressives Verhalten einschüchtern lassen; Gespräch nach Beruhigung wieder aufnehmen

4.2 Der fürsorgliche Mitarbeiter

Der fürsorgliche Mitarbeiter besitzt überwiegend depressive Charakteranteile und trägt somit dieselben Ideen und Wünsche wie die fürsorgliche Führungskraft in sich.

(1) Persönlichkeit des fürsorglichen Mitarbeiters

Der fürsorgliche Mitarbeiter sucht die Nähe und den Kontakt zu seinen Kollegen und zu seinem Vorgesetzten. Er zeichnet sich, innerhalb des Unternehmens, durch den Wunsch nach einem kollegialen, freundschaftlichen Arbeitsverhältnis aus. Angst bereitet ihm die Vorstellung, diesen harmonischen Zustand nicht erreichen oder, falls vorhanden, verlieren zu können. Somit ist der fürsorgliche Mitarbeiter allezeit bemüht, seine Kollegen zufrieden zu stellen, zu umsorgen und ihnen zu helfen.

Die Schwächen und dunklen Seiten der Kollegen oder des Vorgesetzten übersieht der fürsorgliche Mitarbeiter mit Absicht[169] oder betrachtet sie als nicht ernst zu nehmende, charakteristische Eigenarten. Hierdurch wird es ihm möglich, Konflikten, die unangenehm sind, auszuweichen, sein Gegenüber zu idealisieren und selber als geringwertig und unfähig zu erscheinen, welches wiederum seine Lebensvision, des Unfähigen und Hilflosen, bestätigt.

---

[169] Vgl. Riemann, F.: Grundformen der Angst, a.a.O., S. 62

Der Fürsorgliche neigt zu einer starken Identifikation mit seinem Vorgesetzten, der für ihn maßgebend und motivierend ist und dem blind gefolgt wird. Das Klischee der Sekretärin, die alles für ihren Chef erledigt, ihn gegenüber Anfeindungen der Mitarbeiter verteidigt, für ihn Entscheidungen trifft und ihn mütterlich umsorgt, ist ein überspitzt treffendes Beispiel.

Ein hohes Maß an Bescheidenheit, Verzichtbereitschaft, Friedfertigkeit und Selbstlosigkeit sind für den fürsorglichen Mitarbeiter typisch. Er gehört zu den Mitarbeitern, die bereitwillig während der Pause anderen ihren Sitzplatz anbieten, ohne besonderen Anlass für die Abteilung einen Kuchen backen, fehlendes, benötigtes Zubehör aus dem Lager holen oder den Kopierer wieder mit Papier bestücken. Diese Überverantwortlichkeit und das selbstlose Immer-erst-an-die-anderen-Denken lassen den fürsorglichen Mitarbeiter schnell in Schwierigkeiten geraten. Die Beschäftigung mit und die Übernahme von Aufgaben anderer geht auf Kosten seiner eigenen Leistung, die er nicht mehr zufriedenstellend erfüllen kann, auch dies schwächt wiederum sein Selbstbewusstsein.

Durch das Gefühl der Hilflosigkeit und dem geringen Vertrauen in die eigene Leistungsfähigkeit verfallen fürsorgliche Mitarbeiter in einen Zustand der Teilnahmslosigkeit und Passivität. Ihr Arbeitstempo ist gering, sie leiden vielfach an Konzentrationsschwäche und Initiativlosigkeit. Jede neue Tätigkeit, jeder neue Versuch wird mit der Angst eines erneuten Versagens begleitet und kann bis zur vollständigen Untätigkeit führen.

Aus Angst, das harmonische Arbeitsverhältnis zu gefährden, weichen fürsorgliche Mitarbeiter möglichst jedem Konflikt aus und setzen sich nie gegen Anfeindungen zur Wehr. So geben sie meist unverzüglich nach und sind für ihre schnelle Kompromissbereitschaft unter Kollegen und Vorgesetzten bekannt. Gleichzeitig entwickeln sie nur zu oft Wut gegenüber ihren Kollegen, da diese weniger fürsorglich, freundlich und nachgebend sind und doch mit diesem „egoistischen" Verhalten mehr erreichen.[170]

Der fürsorgliche Mitarbeiter misst seine Arbeitsleistung nicht an dem von ihm erreichten Ergebnis, sondern an den Anstrengungen, die ihm die Tätigkeit abverlangt hat. Es ist ihm nicht möglich, wie etwa dem beherrschten Mitarbeiter, in der Arbeit selber eine Bestätigung oder Erfüllung zu sehen; der Kräfteverlust und die schmerzenden Bemühungen sind ausschlaggebend und werden als alleiniges Kriterium herangezogen. Somit bereitet das Arbeiten dem fürsorglichen Mitarbeiter oft keine Freude und Befriedigung,[171] sondern vielmehr ist er schnell erschöpft und lustlos.

(2) Verhaltensweisen im Umgang mit fürsorglichen Mitarbeitern

Vorgesetzte müssen bei fürsorglichen Mitarbeitern ständig bedacht sein, deren friedfertige und kooperative Art nicht auszunutzen. Solche Mitarbeiter können keine Wünsche oder Verbesserungen fordern.[172] Zur Forderung eines besseren Schreibtischstuhls, einem höheren Maß an Information oder des Einsatzes von effektiveren Arbeitsprogrammen fehlt

---

[170] Vgl. König, K: Kleine psychoanalytische Charakterkunde, a.a.O., S. 78

[171] Vgl. Maccoby, M.: Changing work. In: Kets de Vries, M. u.a. (Hrsg.): The irrational executive, New York 1984, S. 458 f

[172] Vgl. Riemann, F.: Grundformen der Angst, a.a.O., S. 65

der Mut. Der Vorgesetzte muss daher leichten Andeutungen und versteckten Hinweisen bereits Bedeutung zumessen und diese als einen zögernden Versuch der Meinungsäußerung erkennen.

Fürsorglichen Mitarbeitern fällt es schwer, andere enttäuschen zu müssen; in ganz besonderem Maße bei von ihnen idealisierten Vorgesetzten. Ein „Nein" gegen Überstunden oder „Hausarbeiten übers Wochenende" erscheint ihnen oft unmöglich und unaussprechbar. Es muss dann Aufgabe des Vorgesetzten sein, den fürsorglichen Mitarbeiter nicht zu sehr zu belasten, zudem dieser schnell in ein Gefühl der Überforderung gelangt, das ihn für seine zu bewältigenden Aufgaben lähmt und er daraufhin zu keiner effizienten Leistung fähig ist.

Leistungsfähig sind fürsorgliche Mitarbeiter nur in einer Atmosphäre der Ruhe und der Entspanntheit. Lediglich wenn ihnen Zeit gelassen wird und nicht das Gefühl des Gejagtseins sie überwältigt, sind sie strapazierbar und können Höchstleistungen erbringen.

Fürsorgliche Mitarbeiter fallen Vorgesetzten oft durch ihr Jammern und Klagen auf, da ihnen Arbeiten zumeist als zu schwer und zu anstrengend erscheinen, obwohl sie imstande wären, sie korrekt zu bewältigen. Führungskräfte werden daher gezwungen, die Leistungsfähigkeit ihrer fürsorglichen Mitarbeiter abzuschätzen, um deren Klagen situationsabhängig als heimliche Bequemlichkeit und Trägheit deuten zu können.[173]

Durch das Bedürfnis des fürsorglichen Mitarbeiters nach Anerkennung und Zuneigung sehnt er sich nach Lob und Würdigung seiner Arbeit. Anerkennende Worte können eine teilnahmslose, müde Person in einen motivierten, aktiven Mitarbeiter wandeln.

Kritik und Tadel sind dementsprechend für den Fürsorglichen beängstigend und quälend, so dass Führungskräfte gegebenenfalls Fehler nicht überbewerten sollten, sondern Zuversicht und Optimismus für die folgenden Tätigkeiten spüren lassen.

(3) Einsatzbereiche fürsorglicher Mitarbeiter

Keiner der anderen drei Charaktertypen besitzt ein so sicheres Einfühlungsvermögen wie der Fürsorgliche. So sehr wie der unabhängige Mitarbeiter den Kontakt mit seinen Kollegen meidet, umso mehr sucht der Fürsorgliche diesen. Er fühlt sich in Projektgruppen, in denen Kooperation gefragt ist, und bei Teamarbeit wohl. Dort kann er seine positiven Eigenschaften bestens zur Geltung bringen. Im Team findet er Rückhalt, zwischenmenschlichen Kontakt und soziale Anerkennung.[174]

Wenn „Not am Manne ist", wenn Überstunden geleistet werden müssen, ist auf den fürsorglichen Mitarbeiter Verlass. Nicht seine Leistungsfähigkeit, sondern seine Einsatzbereitschaft macht ihn zu einer zuverlässigen Kraft im Unternehmen und besonders bei Krisen innerhalb des Unternehmens zeichnet er sich durch Beharrlichkeit und Belastbarkeit aus.

---

[173] Vgl. Becker, H. u. Hugo-Becker, A.: Psychologisches Konfliktmanagement, a.a.O., S. 172
[174] Vgl. Jung, H.: Personalwirtschaft, a.a.O., S. 548 ff.

Einsatzgebiete fürsorglicher Mitarbeiter sollten ihm immer den Kontakt zu Mitmenschen ermöglichen, wie z.B. Kundenpflege und -beratung, Tätigkeiten innerhalb der Personalabteilung oder Mitarbeiterbetreuung.

Durch sein Verlangen nach mütterlichen, fürsorglichen, helfenden, dienenden und pflegenden Tätigkeiten[175] eignet er sich besonders für alle Abteilungen, die ihm in diesem Wunsch entgegenkommen, wie etwa die Reparaturwerkstatt, das Lager, die Poststelle oder die Schreibstelle.

Ihren Beruf empfinden fürsorgliche Mitarbeiter zumeist als eine Berufung und weniger als Möglichkeit, ihren Lebensunterhalt zu verdienen oder als Prestigesteigerung. Unter ihnen findet man u. a. Ärzte, Geistliche, Gärtner, Pfleger und Missionare aber auch Gastwirte, Friseure und Bäcker.

Der fürsorgliche Mitarbeiter		
allgemeines Arbeitsverhalten		
wahrscheinliche Reaktionsweise	**unausgesprochene Gedanken**	**Optimierungspotenzial**
Mitarbeiter arbeitet langsam; hat geringe Arbeitsleistung; ist unkonzentriert und schnell abgelenkt; Beschäftigung oft mit anderen Arbeiten; begnügt sich mit Mittelmaß und vermeidet besondere Erfolge; ausdauernd; wenig belastbar	„Ich versuche mein Bestes, aber mir gelingt vieles doch nicht richtig. Wenn ich schon nichts Herausragendes leiste, so will ich wenigstens durch meinen Einsatz auffallen. Bescheidenheit ist eine Zier. Mir wird schnell alles zu viel."	Kollegen und Führungskräfte sollten ihm gegenüber Hoffnung über das Gelingen auszuführender Arbeiten äußern; Mitarbeiter besser mit wenigen Aufgaben betrauen und ihn zur Leistung ermutigen
Verhalten bei Zuteilung ungewohnter Arbeit		
wahrscheinliche Reaktionsweise	**unausgesprochene Gedanken**	**Optimierungspotenzial**
Arbeit erscheint dem Mitarbeiter oft zu schwer; er klagt über zu große Belastung; hat Angst vor Überforderung; nimmt Arbeit kritiklos an und hat oft vor der Arbeit schon das Gefühl des Versagens	„Das schaffe ich nie. Das ist viel zu schwer für mich. Ich werde wieder versagen. Wie soll ich all diese Arbeiten erledigen? Ich werde und darf meinen Vorgesetzten nicht enttäuschen. Wenn ich ablehne, wird man von mir enttäuscht sein."	Mitarbeiter nicht überfordern; Arbeiten langsam steigernd zuteilen; keine zu großen Leistungen von ihm erwarten; beruhigend und optimistisch auf ihn einwirken; auf menschenbezogene Arbeit achten
Kritik durch den Vorgesetzten		
wahrscheinliche Reaktionsweise	**unausgesprochene Gedanken**	**Optimierungspotenzial**
Sehr betroffen; eingeschüchtert; Fehler werden zugegeben, um Verzeihung gebeten und Besserung versprochen	„Schon wieder habe ich alles falsch gemacht. Alles was ich beginne misslingt. Ich hoffe, dass mein Vorgesetzter es schnell wieder vergisst."	Fehler nicht überbewerten; Betonung der Möglichkeit auf eine neue Chance; sonstige Leistungen anerkennen

---

[175] Vgl. Riemann, F.: Grundformen der Angst, a.a.O., S. 103

Mitarbeiterverhältnis		
wahrscheinliche Reaktionsweise	**unausgesprochene Gedanken**	**Optimierungspotenzial**
Freundlich; kumpelhaft; um Harmonie bemüht; verständnisvoll; verunsichert; überrascht mit „Kleinigkeiten"; hilfsbereit; schnell enttäuscht und bewundert andere; geht Konflikten aus dem Weg	„Ich will zu allen Kollegen ein harmonisches Verhältnis haben und erhoffe das auch von ihnen. Die anderen sind fast immer besser als ich. Kleine Geschenke erhalten die Freundschaft."	Mitarbeiter zur Eigenständigkeit ermutigen; vor Ausnutzung durch Kollegen schützen; familiäre Art des Mitarbeiters bremsen; Meinungsäußerungen sachlich unterstützen und fördern
Verhalten bei Konflikten		
wahrscheinliche Reaktionsweise	**unausgesprochene Gedanken**	**Optimierungspotenzial**
Mitarbeiter hält sich zurück; weicht dem Streit aus; gibt schnell nach; bekennt sich bei Streitigkeiten, oft auch ungerechtfertigter Weise, schuldig; fühlt sich unwohl	„Ich will keinen Streit. Niemand soll sich wegen mir aufregen oder ärgern. Wenn wir uns jetzt streiten, werden wir nie wieder friedlich zusammenarbeiten können."	Um Meinungsäußerung bitten; Jammern und Klagen des Mitarbeiters als Zeichen der Verärgerung deuten; sachbezogen und nicht personenbezogen argumentieren

4.3   Der beherrschte Mitarbeiter

Der beherrschte Mitarbeiter besitzt überwiegend zwanghafte Charakteranteile und trägt somit dieselben Ideen und Wünsche wie die beherrschte Führungskraft in sich.

(1) Persönlichkeit des beherrschten Mitarbeiters

Der beherrschte Mitarbeiter scheut sich vor Veränderungen, die ihm ein Gefühl der Unsicherheit geben. Jeder Wandel innerhalb des Unternehmens ist für ihn von Furcht vor der Ungewissheit, dem Unbeherrschbaren und mit Risiko verbunden. So weicht er jeder neuen Erfahrung aus und fällt durch Starrsinn und ein Verankertsein in Traditionen auf.[176] Beherrschte Mitarbeiter sind die Pedanten und Ordnungsfanatiker im Unternehmen. Sie beginnen ihre Arbeit morgens pünktlich auf die Minute und beschweren sich über die Inkorrektheit ihrer Kollegen. Während ihrer Arbeit versuchen sie jeden Fehler, und sei er noch so bedeutungslos, zu vermeiden oder falls doch entstanden, sofort zu beseitigen. Gespräche mit Kollegen während der Arbeitszeit schließen sie aus, denn dafür sind ihrer Ansicht nach die Pausen vorgesehen.

Alle Regeln und Vorschriften, die der beherrschte Mitarbeiter von seinem Vorgesetzten erhält, führt er korrekt und gewissenhaft aus. Dabei kann er sogar für die Mitmenschen äußerst negative Maßnahmen, ohne Gewissenskonflikte, ergreifen und vollstrecken, in dem er „im Namen von..." oder „nach Paragraph..." entscheidet[177] und sich selber somit von jeder Schuld freisprechen kann. Gleichermaßen legt er Gesetze und Verordnungen äußerst eng aus, bezieht sich alleinig auf den Wortlaut, ohne die jeweils situationsabhängigen Unterschiede zu berücksichtigen.[178] Spontaneität und Intuition sind für den beherrschten Mitarbeiter unangenehm, da er nicht in der Lage ist, die jeweilige Situation zu kontrol-

---

[176] Vgl. Riemann, F.: Grundformen der Angst, a.a.O., S. 106
[177] Vgl. ebd., S. 125
[178] Vgl. König, K.: Kleine psychoanalytische Charakterkunde, a.a.O., S. 80

lieren, um sie nicht in ein Chaos abgleiten zu lassen. So fällt er durch ein schützendes Zögern und durch ein ständig zweifelndes Nach- und Überdenken von an sich spontanen Handlungen auf. Er versucht, sich vor deren Unberechenbarkeit zu schützen.

Das Bedürfnis nach Perfektion bedeutet für den beherrschten Mitarbeiter ein ständiges Bearbeiten und Überprüfen seiner Tätigkeiten. Kontinuierlich jedoch erhält er auch neue Informationen und Gedanken, die er bei seinen auszuführenden Aufgaben meint, berücksichtigen zu müssen. Aus diesem Grund werden beherrschte Personen mit ihrer Arbeit nie pünktlich fertig, glauben, einen nicht abgeschlossenen Auftrag abzuliefern und wünschen sich noch einige Tage mehr Zeit, die ihnen jedoch auch kein besseres Resultat ermöglichen würden.

In der täglichen Arbeit sehen beherrschte Mitarbeiter, im Gegensatz zu fürsorglichen oder unabhängigen, eine Befriedigung an sich. Vollbrachte, gelungene Leistungen bereiten ihnen Freude, so dass die finanzielle „Belohnung" einen angenehmen Nebeneffekt darstellt, aber nicht die ausschlaggebende Kraft bildet. Andererseits sehen sie jedoch die Faulheit, und besonders die ihrer Kollegen, als eine Sünde an,[179] der man zu keiner Zeit erliegen darf. Als Folge daraus sind beherrschte Mitarbeiter ständig aktiv und beschäftigt, jedoch oft auch überbeansprucht und erschöpft.

(2) Verhaltensweisen im Umgang mit beherrschten Mitarbeitern

Beherrschte Mitarbeiter scheinen sich, im Vergleich zu den drei anderen Charaktertypen, durch ihr Verlangen nach Disziplin, Kontrolle und Ordnung in besonders geeigneter Weise in bürokratische Organisationen und streng gegliederte Hierarchien fügen zu können. Sie wünschen und erwarten von einer Führungskraft Anweisungen, die sie dann exakt ausführen. Gegenüber ihren Kollegen und Vorgesetzten verhalten sie sich dementsprechend korrekt und „tadellos", aber erwarten diese Integrität auch wiederum von ihnen.

Vorgesetzte sollten beherrschten Mitarbeitern keine zu großen Veränderungen zumuten.[180] Das ständige Wechseln von Arbeitsplätzen, von Kollegen oder auch von zu betreuenden Kunden kann eine Unsicherheit und Beängstigung hervorrufen. Die Leistungsfähigkeit wird beeinträchtigt, da die dafür benötigte Energie für den „Kampf gegen die Unordnung" aufgebracht werden muss. Durch ihr Verlangen nach ständiger Perfektion geraten beherrschte Mitarbeiter schnell in Zeitnot.

Der Vorgesetzte sollte sie zwar in der Bemühung um korrekte Leistungen unterstützen, ihnen aber auch die Grenzen einer „gesunden" Perfektion aufzeigen, zumal Beherrschte nur schwer die Entscheidung treffen können etwas zu beenden, etwas für ausreichend und abgeschlossen zu erklären.

Beherrschte Mitarbeiter können zu dem eine sehr lange Zeit fehlerfreie Leistungen erbringen, tritt jedoch früher oder später eine Inkorrektheit auf, so kränkt dies den Mitarbeiter. Der Vorgesetzte sollte dann beschwichtigend und beruhigend einwirken und auch selber nicht enttäuscht sein, sondern sich über die Unmöglichkeit der Vollkommenheit seines an sich gewissenhaften Mitarbeiters bewusst sein.

---

[179] Vgl. König, K.: Kleine psychoanalytische Charakterkunde, a.a.O., S. 83
[180] Vgl. Becker, H., Hugo- Becker, A.: Psychologisches Konfliktmanagement, a.a.O., S. 174

Da der beherrschte Mitarbeiter Gefühle und besonders „negative", aggressive Emotionen nicht zeigen will, äußert er seine Meinung und Standpunkte nur selten und geht Konflikten aus dem Weg. Eine Möglichkeit sich zu „rächen", sieht der Beherrschte im Zurückhalten oder nur zögernden Preisgeben von Informationen,[181] Führungskräften erschwert dies den Umgang mit ihnen. So sollten beherrschte Mitarbeiter zur Meinungsäußerung ermutigt und aufgefordert werden.

(3) Einsatzbereiche beherrschter Mitarbeiter

Beherrschte Mitarbeiter sollten überall dort eingesetzt werden, wo ein genaues, sorgfältiges Arbeiten mit einem hohen Maß an Präzision und Verantwortung benötigt wird. Besonders, wenn Gründlichkeit und Geduld wichtiger erscheinen als Kreativität und künstlerische Freiheit, ist dieser Charaktertyp am besten geeignet.

Durch ihr Bemühen, alle Vorgänge und Prozesse in präzise durchdachte Regeln zu ordnen, haben beherrschte Mitarbeiter für jede neue Aufgabe schon einen universellen und konkreten Plan „heimlich" erstellt. Führungskräfte sollten die Ideen dieser Besserwisser[182] tolerieren und sie mit in den Entscheidungsprozess einbeziehen, um dann gemeinsam Änderungen zu erarbeiten. Andererseits kann in einzelnen Fällen aber gerade durch eine Abgrenzung, durch ein Allein-arbeiten-lassen, der Beherrschte in Ruhe zu besonderen Leistungen fähig sein.

Durch das Verlangen des beherrschten Mitarbeiters, möglichst eine vollkommene Ordnung ohne störende Einflüsse zu erschaffen, ist er überall dort geeignet, wo alle hemmenden Effekte ausgeschlossen werden müssen[183], wie z.B. in der Produktions- oder Qualitätskontrolle. Ein hohes Maß an Pflichtbewusstsein, Verlässlichkeit und Ausdauer selbst bei monotonsten Arbeiten befähigen ihn darüber hinaus für die Finanzbuchhaltung, Kostenrechnung, Betriebsstatistik aber auch für die Rechtsabteilung und die Lagerplanung.

Auf der Suche nach Präzision und Tradition finden sich beherrschte Personen oft in Berufen wie etwa als Beamte, Juristen, Richter, Chirurgen, exakte Naturwissenschaftler aber auch als Schiedsrichter, Schreiner, Schuhmacher oder Schaffner wieder.

Der beherrschte Mitarbeiter		
allgemeines Arbeitsverhalten		
wahrscheinliche Reaktionsweise	unausgesprochene Gedanken	Optimierungspotenzial
Korrekt; ordentlich; langsam; fehlende Spontaneität; zögert vor Entscheidungen; versagt bei intuitiven, kreativen Arbeiten; Höchstleistung bei gleichbleibenden Arbeiten mit Möglichkeit zur Ruhe	„Ich muss alles perfekt und präzise ausführen. Mir darf bei der Arbeit kein Fehler unterlaufen. Wenn ich Ruhe habe, kann ich besonders viel leisten. Ich kann mich nur schwer zwischen zwei Alternativen entscheiden."	Kollegen und Führungskräfte sollten versuchen den Hang des Mitarbeiters zum Perfektionismus zu bremsen; dem Mitarbeiter sollten nicht zu viele Entscheidungen überlassen werden

---

[181] Vgl. Riemann, F.: Grundformen der Angst, a.a.O., S. 128
[182] Vgl. Becker, H., Hugo-Becker, A.: Psychologisches Konfliktmanagement, a.a.O., S. 174
[183] Vgl. König, K.: Kleine psychoanalytische Charakterkunde, a.a.O., S. 82

Verhalten bei Zuteilung ungewohnter Arbeit		
wahrscheinliche Reaktionsweise	**unausgesprochene Gedanken**	**Optimierungspotenzial**
Verlangt alle Informationen; von Beginn an Versuch eines perfekten Arbeitens; geringe Kreativität; wenig neue Ideen; Angst vor unbekannter Arbeit; Versuch, Arbeit abzulehnen und Altbewährtes weiterhin auszuführen; überrascht mit Arbeitsplan, bevor Arbeit überhaupt zugeteilt wird	„Ich will keine neue Arbeit, sondern lieber an dem weiterarbeiten, was ich kenne. Ich muss alles über die neue Tätigkeit in Erfahrung bringen und mein Vorgehen genauesten planen und ordnen. Wenn ich die Arbeit ablehne, gefährde ich meine Stellung."	Neue Tätigkeiten für den Mitarbeiter sollten langsam eingeführt werden; Veränderungen ihm schon früh ankündigen und ausführlich darlegen; sein Umfeld möglichst wenig verändern; mögliches Scheitern des Mitarbeiters nicht als nachteilig darlegen

Kritik durch den Vorgesetzten		
wahrscheinliche Reaktionsweise	**unausgesprochene Gedanken**	**Optimierungspotenzial**
Schuld wird geleugnet; Enttäuschung wird zur Kenntnis genommen; erneute Fehler werden ausgeschlossen	„Ich habe nicht sorgfältig genug gearbeitet, sonst wäre das nicht passiert. Das nächste Mal muss ich korrekter arbeiten."	Gesichtsverlust des Mitarbeiters meiden; Fehler nicht überbewerten; gemeinsam den Fehler analysieren

Mitarbeiterverhältnis		
wahrscheinliche Reaktionsweise	**unausgesprochene Gedanken**	**Optimierungspotenzial**
Sachlich; Freundlichkeit ohne Betonung von Emotionen; schaut auf Kollegen herab; erwartet korrektes Arbeiten von seinen Kollegen; muss sich mit neuen Kollegen erst langsam anfreunden; versucht Konflikten auszuweichen	„Meine Kollegen stören mich bei meiner Arbeit, dann kann ich nicht mehr konzentrieren und verliere den Überblick. Andere arbeiten viel unpräziser als ich. Neue Kollegen sind lästig, kosten Zeit und bringen Unordnung."	Möglichst mit den selben Kollegen zusammenarbeiten lassen; die Bedeutung der Kollegen für die Abteilung deutlich machen; Kontakt fördern; ein „Aussichherausgehen", bspw. bei Betriebsfeiern unterstützen

Verhalten bei Konflikten		
wahrscheinliche Reaktionsweise	**unausgesprochene Gedanken**	**Optimierungspotenzial**
Versucht Ärger zu unterdrücken; besteht auf seinen Prinzipien und Regeln, die eingehalten werden müssen; lässt sich nur schwer von seinem Standpunkt abbringen; reagiert diszipliniert und ruhig	„Ich muss auf meine Prinzipien bestehen. Nur mein Vorgehen sichert auch tatsächlich die Gewähr des Erfolgs. Ich werde keine Wut oder Ärger zeigen, sondern ganz ausgeglichen erscheinen, denn dann bin ich überlegen."	Versuchen das Regel- und Prinzipiensystem des Mitarbeiters durch Fragen zu verstehen; dem Mitarbeiter Regeln und Vorschriften entgegensetzen; konkrete Verbesserungsvorschläge ansprechen

4.4 Der lebhafte Mitarbeiter

Der lebhafte Mitarbeiter besitzt überwiegend hysterische Charakteranteile und trägt somit dieselben Ideen und Wünsche wie die hysterische Führungskraft in sich.

(1) Persönlichkeit des lebhaften Mitarbeiters

Während dem beherrschten Mitarbeiter Ordnung und Routine wichtig waren, wehrt sich der lebhafte Mitarbeiter gegen Einförmigkeit und traditionelle Einschränkungen.[184] Er sucht die Abwechslung und die Spannung in seiner Tätigkeit um möglicher, beängstigender Langeweile vorzubeugen.

Lebhafte Mitarbeiter fallen im Unternehmen durch eine natürliche Aufgeschlossenheit und eine Initiativen ergreifende Dynamik auf, die sich als vorteilhaft im Umgang mit ihnen erweist. Durch dieses Verhalten werden sie jedoch auch unberechenbar[185] und können in ihren Reaktionen nicht festgelegt werden. So erfüllen sie ihre Aufgaben nicht in einer gleichmäßigen Qualität, vergessen Termine, berücksichtigen „Nebensächlichkeiten" nicht oder führen Tätigkeiten nicht vollständig zu Ende.

Jegliche Begrenzung, wie Termine, exakte Formulare oder feste Arbeitszeiten empfinden sie als Beschränkung und Einengung ihrer Freiheit. Pünktlichkeit und Exaktheit sind ihnen lästig und erscheinen ihnen als kleinlich, pedantisch und unnötig. So werden Entwürfe „eben mal schnell" auf einen Schnipsel Papier gezeichnet oder Mitteilungen mit wenigen, undeutlichen Stichworten geschrieben, in der Hoffnung, der Empfänger werde den Sinn entschlüsseln können.

Viele lebhafte Mitarbeiter zeichnen sich durch ein ausgeprägtes Verlangen nach Bewunderung und Anerkennung aus und möchten über ihren Kollegen stehen, ihnen und ihrem Vorgesetzten imponieren,[186] indem sie mehr Einzelteile fertigen oder Arbeiten schneller erledigen als der Rest des Teams, auch wenn die Qualität darunter leidet. Ihre von ihnen angestrebte herausgehobene Stellung innerhalb des Unternehmens versuchen sie möglichst zu behalten. Aber ständige Fehler, verursacht durch ihre Unzuverlässigkeit, bereiten ihnen dabei besondere Schwierigkeiten. Oftmals werden dann Fehlleistungen verschwiegen, geleugnet oder anderen zugewiesen.

Durch die ständige Suche nach Abwechslung und Neuigkeiten besitzen lebhafte Mitarbeiter zumeist ein hohes Maß an Kreativität. Ihr unerschöpflicher Ideenreichtum unterscheidet sie von den drei anderen Charaktertypen und lässt sie besonders aus Arbeitsgruppen herausragen und im Mittelpunkt stehen.

Da ihnen jede Art der Kommunikation mit Kollegen, Kunden oder Fremden Neues und Spannendes liefern kann, sind lebhafte Mitarbeiter sehr offen und kontaktfreudig gegenüber ihren Mitmenschen. Im Unternehmen oder innerhalb der Abteilungen kennen sie einen großen Teil der Belegschaft und signalisieren ihrem Gegenüber Interesse und Aufmerksamkeit, so dass sie zumeist sehr begehrt sind. Ihre Beliebtheit wird noch darüber hinaus durch ihr inspirierendes und oft frohes Verhalten gefördert, so gehören sie zu den Personen, die in den Pausen Witze und Späße erzählen, den Anstoß für Betriebsfeiern geben oder sich für Musik bei der Arbeit verantwortlich zeigen.

---

[184] Vgl. Riemann, F.: Grundformen der Angst, a.a.O., S. 56
[185] Vgl. ebd., S. 163
[186] Vgl. Riemann, F.: Grundformen der Angst, a.a.O., S. 171

(2) Verhaltensweisen im Umgang mit lebhaften Mitarbeitern

Lebhafte Mitarbeiter bestechen durch ihre Kreativität und ihr Ideenreichtum. Allzu oft haben sie jedoch auch nicht realisierbare, traumtänzerische Ideen und Vorstellungen. Vorgesetzte müssen dann versuchen, deren Tatendrang zu bremsen und ihnen eine sachliche Realität entgegenzusetzen. Besonders bei Argumentationen sollte die Betonung auf eine zuverlässige, nüchterne und pünktliche Arbeitsweise gelegt werden.[187]

Durch seine sympathische, oft auch charmante Art kann der lebhafte Mitarbeiter seinen Vorgesetzten faszinieren und fesseln.[188] Dieser ist dann nicht mehr in der Lage, objektiv zu führen und andere Mitarbeiter gleichwertig zu behandeln. Durch seine positive Ausstrahlung werden dem Lebhaften dann zu viele Fehler und Schwächen von der Führung zugestanden, die in der Zukunft nicht wieder zurückgenommen werden können.

Der lebhafte Mitarbeiter erzielt durch seinen Wagemut und seine Risikofreude schnell große Erfolge, die ihn dann zu leichtsinnigen und unbekümmerten Taten verleiten. Somit wird der Vorgesetzte gezwungen, ständig dessen Aktivitäten zu überwachen und zu kontrollieren. Ein bremsendes, beschwichtigendes Verhalten der Führungskraft kann oft größere Fehler im Voraus ausschließen oder zumindest mindern. Die besondere Bedeutung der Kreativität von lebhaften Mitarbeitern sollte von Vorgesetzten besonders in innovativen Unternehmen genutzt werden. Hierbei ist ein unterstützendes, ordnendes Verhalten der Führung von Vorteil, da so dem Lebhaften die Möglichkeit gegeben wird, seine Ideen zu entwickeln und gleichzeitig eine sachliche Basis zur reellen Umsetzung geschaffen wird.

(3) Einsatzbereiche lebhafter Mitarbeiter

Der Einsatz von lebhaften Mitarbeitern erweist sich als besonders vorteilhaft in innovativen, schnelllebigen Bereichen von Unternehmen. Dort können sie ihre Wünsche nach Veränderung, Risiko und Spannung bestmöglich verwirklichen. Ein breites Tätigkeitsfeld für Lebhafte findet sich in Werbe-, Entwicklungs- und Forschungsabteilungen.

Durch das mäßige Durchhaltevermögen und geringe Geduld bei langwierigen Aufgaben, eignen sich lebhafte Mitarbeiter eher für die Anfangsphase von Projekten, in denen Ideen, Informationen und Alternativen gesucht werden müssen. Aber auch bei der Gründung einer neuen Abteilung oder der Übernahme eines neu erworbenen Unternehmens können ihre Fähigkeiten effizient eingesetzt werden und eine hohe Leistung von ihnen erwartet werden; wenn jedoch mit der Zeit Routine und Alltäglichkeit überhand nehmen, verliert der Lebhafte das Interesse und sollte, falls möglich, versetzt werden.

Durch die Freude und das Interesse am Kontakt mit Menschen eignet sich der lebhafte Mitarbeiter für alle Aktionen des Unternehmens am Markt, wie u. a. Public Relations, Public Promotion, Kundenberatung oder Repräsentation im Allgemeinen. Hierbei kann der Lebhafte sich und das Unternehmen in den Mittelpunkt stellen und sich auf seine Inspiration und Kreativität verlassen. Ihn langweilende, eintönige Aufgaben wird er dann anderen überlassen, da für ihn die Aktion mehr zählt als die präzisen Fakten.

---

[187] Vgl. Becker, H., Hugo-Becker, A.: Psychologisches Konfliktmanagement, a.a.O., S. 193
[188] Vgl. ebd., S. 175

Die lebensbejahende, optimistische Grundhaltung, die von lebhaften Mitarbeitern überzeugend verkörpert wird, kann in vielen Bereichen des Unternehmens zum Einsatz kommen. In Arbeits- und Projektgruppen ist er zumeist die treibende Kraft, die mit neuen Vorschlägen ins Stocken geratene Prozesse wieder belebt,[189] als Bandleiter das Team motiviert und von der gemeinsamen Leistung überzeugen kann oder als Sprecher der Führung deren Strategien seinen Kollegen glaubhaft deutlich machen kann.

Zur Erfüllung ihrer Wünsche nach Freiheit, Abwechslung und Risiko findet man lebhafte Personen oft in Berufen, die ihnen „ein Leben in der großen Welt versprechen oder damit in Berührung bringen",[190] wie etwa als Maler, Designer, Schriftsteller oder Musiker, aber auch in der Werbebranche oder im Hotelgewerbe. Ihre gute Kontaktfähigkeit und Freundlichkeit lässt sie darüber hinaus für Tätigkeiten als Vertreter, Verkäufer oder Berater besonders geeignet sein.

Der lebhafte Mitarbeiter		
allgemeines Arbeitsverhalten		
wahrscheinliche Reaktionsweise	**unausgesprochene Gedanken**	**Optimierungspotenzial**
Kreativ; ideenreich; schnell; ungenau; oberflächlich; unpünktlich und unzuverlässig; legt keinen Wert auf bekannte Vorgehensweisen; hoher Einsatz bei „interessanten" Arbeiten	„Wenn ich meine Ideen und Phantasien einbringen kann, macht das Arbeiten richtig Spaß. Viele finden meine Arbeit zu ungenau und zu wenig sorgfältig. Ich finde, es ist vollkommen ausreichend."	Führungskräfte und Kollegen sollten bei der Ausführung von Arbeiten auf Korrektheit bestehen und dem Mitarbeiter keine zu präzisen Arbeiten anvertrauen
Verhalten bei Zuteilung ungewohnter Arbeit		
wahrscheinliche Reaktionsweise	**unausgesprochene Gedanken**	**Optimierungspotenzial**
Hoher Einsatz; ist begeistert tätig; überrascht durch eigene, zusätzliche Ideen; „dankbar" für neue Tätigkeit; beginnt ohne konkretes Konzept; kein vorbereitendes Einholen von Informationen; überschreitet die Grenzen der gestellten Arbeit; keine Misserfolgsängste	„Endlich etwas Neues. Nun kann ich zeigen, was ich alles kann. So macht arbeiten Spaß. Ich werde einfach beginnen und alles Wichtige wird sich im Laufe der Arbeit schon von selber andeuten. Wenn es misslingt, wird mir schon jemand helfen."	Tatendrang des Mitarbeiters sollte gebremst werden; auf korrektes Vorgehen sollte bestanden werden; seine Kreativität und sein Ideenreichtum nutzen und in „geregelte" Bahnen lenken; die ihm zugeteilte Verantwortung stets betonen
Kritik durch den Vorgesetzten		
wahrscheinliche Reaktionsweise	**unausgesprochene Gedanken**	**Optimierungspotenzial**
Schuld wird geleugnet und Fehler anderen zugewiesen; erneute Fehler werden ausgeschlossen	„Das ist nicht meine Schuld. Der Fehler lohnt keine Aufregung. Das wird irgendjemand schon wieder richten."	Dem Mitarbeiter den Grund des Fehlers deutlich machen; auf Korrektheit bestehen

---

189 Vgl. Becker, H., Hugo-Becker, A.: Psychologisches Konfliktmanagement, a.a.O., S. 193
190 Vgl. Riemann, F.: Grundformen der Angst, a.a.O., S. 196

Mitarbeiterverhältnis		
wahrscheinliche Reaktionsweise	**unausgesprochene Gedanken**	**Optimierungspotenzial**
Der Mitarbeiter kennt jeden; ist aufgeschlossen, kontaktfreudig und mitreißend; Imponiergehabe; niemand darf über ihm stehen; höchstens auf der selben Stufe, besser darunter	„Der Kontakt mit meinen Kollegen macht Spaß. Ohne mich wäre die Abteilung viel langweiliger. Ich bin hier die wichtigste Person. Die anderen sind froh, dass sie mit mir zusammenarbeiten dürfen."	Ausnutzung anderer verhindern; zu kontaktfreudige Art des Mitarbeiters bremsen; sein Imponiergehabe zur Verhinderung von Konflikten abschwächen; evtl. Job-Rotation durchführen

Verhalten bei Konflikten		
wahrscheinliche Reaktionsweise	**unausgesprochene Gedanken**	**Optimierungspotenzial**
Leugnet Möglichkeit der Kritik; findet das Verhalten anderer übertrieben; fühlt sich verzweifelt und betrübt; wird mit Intrigen weiter kämpfen oder zurückstecken und sich „verbünden"	„Ich weiß gar nicht recht, was ich verkehrt gemacht habe. Das war nicht meine Absicht. Das ist kein Grund, um mich zu kritisieren. Beim nächsten Mal mache ich es dann endlich besser. Dem werde ich das schon irgendwie wieder heimzahlen."	Auf immer wieder gleiche Fehler hinweisen; auf Korrektheit bestehen; nicht zu sachlich argumentieren; durch lebhafte Beschreibung Verbesserungen anregen neue Möglichkeiten aufzeigen

4.5 Grafischer Vergleich der vier Mitarbeitertypen

(1) Persönlichkeiten der Mitarbeitertypen

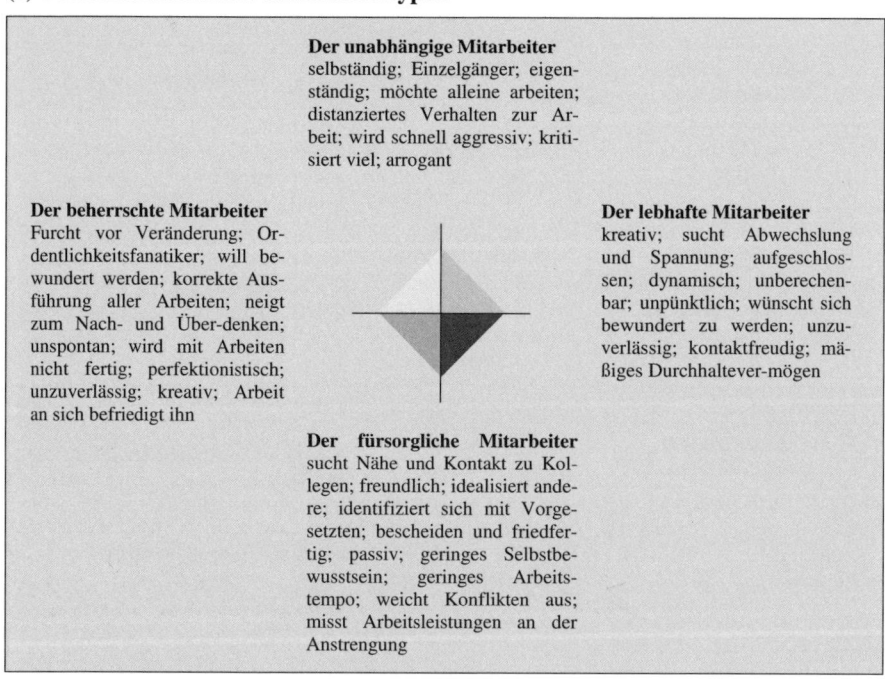

Der unabhängige Mitarbeiter
selbständig; Einzelgänger; eigenständig; möchte alleine arbeiten; distanziertes Verhalten zur Arbeit; wird schnell aggressiv; kritisiert viel; arrogant

Der beherrschte Mitarbeiter
Furcht vor Veränderung; Ordentlichkeitsfanatiker; will bewundert werden; korrekte Ausführung aller Arbeiten; neigt zum Nach- und Über-denken; unspontan; wird mit Arbeiten nicht fertig; perfektionistisch; unzuverlässig; kreativ; Arbeit an sich befriedigt ihn

Der lebhafte Mitarbeiter
kreativ; sucht Abwechslung und Spannung; aufgeschlossen; dynamisch; unberechenbar; unpünktlich; wünscht sich bewundert zu werden; unzuverlässig; kontaktfreudig; mäßiges Durchhaltever-mögen

Der fürsorgliche Mitarbeiter
sucht Nähe und Kontakt zu Kollegen; freundlich; idealisiert andere; identifiziert sich mit Vorgesetzten; bescheiden und friedfertig; passiv; geringes Selbstbewusstsein; geringes Arbeitstempo; weicht Konflikten aus; misst Arbeitsleistungen an der Anstrengung

Abb. 57: Die Persönlichkeiten der Mitarbeitertypen

(2) Mitarbeiterspezifische Verhaltensweisen

Der unabhängige Mitarbeiter
Abstand halten; sich seiner Aggressivität bewusst sein; bei Kontaktaufnahme Zeit lassen; sachliches und emotionsfreies Arbeitsverhältnis

Der beherrschte Mitarbeiter
erwarten von Führungskraft Anweisungen; ihm keine häufigen Veränderungen zumuten; seiner Perfektion Grenzen setzen; zur Meinungsäußerung auffordern

Der lebhafte Mitarbeiter
traumtänzerische Ideen müssen gebremst werden; sich nicht vom Charme fesseln lassen und Fehler übersehen; Leichtsinn durch frühe Erfolge bremsen

Der fürsorgliche Mitarbeiter
seine hilfsbereite Art nicht ausnutzen; zögerndes „Nein" richtig deuten; nicht zu sehr belasten; sich von Jammer und Klagen nicht irritieren lassen; ihn loben und anerkennen; Fehler nicht überbewerten

Abb. 58: Die Verhaltensweisen der Mitarbeitertypen

(3) Einsatz der Mitarbeitertypen

Der unabhängige Mitarbeiter
keine Gruppenarbeit oder Teamwork; Einzelaufgaben anvertrauen; eignet sich für „management by objectives" und Stabstellen; sachliche, objektive, rationelle Tätigkeiten zuteilen; wenig Kontakt mit Menschen zumuten

Der beherrschte Mitarbeiter
eignet sich für bürokratische, hierarchische Organisationen; Einsatz, falls hohes Maß an Perfektion und Verantwortung gefordert werden; Einzelarbeiten zuteilen; störende Effekte suchen und beseitigen lassen

Der lebhafte Mitarbeiter
in innovativen, schnelllebigen Bereichen einsetzen; für Anfangsphase von neuen und Reorganisationsphase von veralteten Betrieben; Versetzung bei monotoner Arbeit; günstig für Public Relations

Der fürsorgliche Mitarbeiter
eignet sich zur Gruppenarbeit und zur Teamwork; Kontakt mit Menschen ermöglichen; wenn „Not am Manne" ist; Einsatz zur Kundenpflege und -beratung

Abb. 59: Einsatzmöglichkeiten der Mitarbeitertypen

(4) Berufe der Mitarbeitertypen

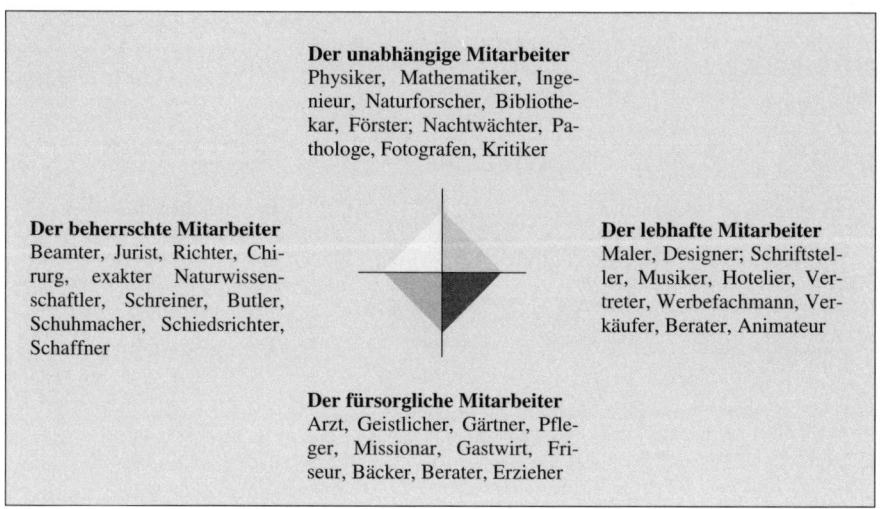

Der unabhängige Mitarbeiter
Physiker, Mathematiker, Inge-
nieur, Naturforscher, Bibliothe-
kar, Förster; Nachtwächter, Pathologe, Fotografen, Kritiker

Der beherrschte Mitarbeiter
Beamter, Jurist, Richter, Chi-
rurg, exakter Naturwissen-
schaftler, Schreiner, Butler,
Schuhmacher, Schiedsrichter,
Schaffner

Der lebhafte Mitarbeiter
Maler, Designer; Schriftsteller, Musiker, Hotelier, Vertreter, Werbefachmann, Verkäufer, Berater, Animateur

Der fürsorgliche Mitarbeiter
Arzt, Geistlicher, Gärtner, Pfleger, Missionar, Gastwirt, Fri-
seur, Bäcker, Berater, Erzieher

Abb. 60: Berufe der Mitarbeitertypen

5   Ausgewählte Führungskraft - Mitarbeiter Konstellationen

Führungskräfte fördern bewusst oder unbewusst Mitarbeiter, die ihnen bei der Erfüllung ihrer Wünsche behilflich sind und ihre Eigenarten begünstigen und verstärken. Gleichzeitig fühlen sich Mitarbeiter unter solchen Vorgesetzten wohl, die wiederum deren Verlangen nach Anerkennung, Selbständigkeit oder Sicherheit befriedigen. Abteilungen und Unternehmen können dann einen „Sog" auf bestimmte Menschen ausüben, so dass im Laufe der Zeit „eingespielte Teams" entstehen, in denen einzelne Personen bestimmte Rollen übernehmen und sich in dieser Funktion glücklich fühlen.

Problematisch wird es, wenn durch Versetzung oder Neueinstellung fremde Personen in eine Abteilung gelangen, die dort eine Rolle übernehmen sollen, die sie nicht verkörpern können oder wollen. Die Konsequenz sind Konflikte, Distanziertheit, innere Kündigung oder möglicherweise der Austritt aus dem Unternehmen.

Nach der Darstellung der verschiedenen Führungskrafttypen und der vier Mitarbeiter-Typen sollen in diesem Kapitel nun die Kombinationsmöglichkeiten beider tabellarisch dargestellt werden. Hierbei werden jeweils Vor- wie Nachteile aufgeführt, die in solchen Vorgesetzten - Mitarbeiter - Verhältnissen unter anderem möglich sein können.

Die beschriebenen positiven und negativen Effekte der einzelnen Konstellationen können nicht als allgemeingültige Folge solcher Verbindungen gesehen werden, sondern sind vielmehr wahrscheinliche, günstige oder ungünstige Auswirkungen. So muss z.B. ein Vorgesetzter nicht jedem Mitarbeiter bei Entscheidungen zur Seite stehen oder bei Teamarbeiten nicht ständig einen Mitarbeiter fordern.

5.1 Die unabhängige Führungskraft

Folgende Abbildung stellt die Vor- und Nachteile bei der Konstellation der unabhängigen Führungskraft mit dem jeweiligen Mitarbeitertyp gegenüber.

Konstellationsmöglichkeiten der unabhängigen Führungskraft		
Mitarbeitertyp	**Vorteile**	**Nachteile**
unabhängig	Führungskraft und Vorgesetzter verstärken ihre positiven Seiten gegenseitig; gleiche „Wellenlänge möglich"; Arbeitsweise ist gleich; sachliches, emotionsloses Arbeiten; keine Zeit für unwichtige Dinge verschwendet	Großes Misstrauen; durch geringen persönlichen Kontakt und Abschottung voneinander, entstehen wenig neue Ideen; in den meisten Fällen kann kein gutes Führungskraft–Mitarbeiter–Verhältnis entstehen
fürsorglich	Mitarbeiter übernimmt viele Arbeiten der Führungskraft, besonders solche, bei denen persönlicher Kontakt wichtig ist; kümmert sich um Klimapflege; Mitarbeiter kann durch zurückhaltende Art der Führungskraft motiviert werden	Führungskraft hat kein Verständnis für Wunsch des Mitarbeiters nach Nähe zu den Kollegen; Arbeitsweise ist gegenläufig; schüchtert den Mitarbeiter durch sein aggressives Verhalten ein und verletzt ihn tief durch sein arrogantes Verhalten
beherrscht	Führungskraft gibt dem Mitarbeiter alle für ihn wichtigen Informationen; Arbeitsweisen harmonisieren durch Hang zur Ordentlichkeit und Sachlichkeit beider; Führungskraft unterstützt Mitarbeiter bei der Entscheidungsfindung	Führungskraft gibt dem Mitarbeiter nicht genug Sicherheit und Unterstützung; häufig entstehen Konflikte durch Meinungsverschiedenheiten und Starrheit beider; der Mitarbeiter vermisst die absolute Führung
lebhaft	Mitarbeiter kann Wunsch nach Freiheit und Kreativität frei entfalten; gute Kombination durch sachliches und objektives Verhalten der Führungskraft zu intuitivem und kreativem Verhalten des Mitarbeiters	Sachlichkeit der Führungskraft wird durch Lebhaftigkeit des Mitarbeiters gestört; Mitarbeiter vermisst Kontaktmöglichkeiten mit Kollegen sowie deren Anerkennung und die Anerkennung durch die Führungskraft

Abb. 61: Konstellationsmöglichkeiten der unabhängigen Führungskraft mit den vier Mitarbeitertypen

5.2 Die fürsorgliche Führungskraft

Folgende Abbildung stellt die Vor- und Nachteile bei der Konstellation der fürsorglichen Führungskraft mit dem jeweiligen Mitarbeitertyp gegenüber.

Konstellationsmöglichkeiten der fürsorglichen Führungskraft		
Mitarbeitertyp	**Vorteile**	**Nachteile**
unabhängig	Führungskraft lässt Mitarbeiter dessen Meinungen und Ideen verwirklichen; Mitarbeiter greift für Führungskraft „hart durch"; Führungskraft nutzt die Fähigkeit des Mitarbeiters zu sachlichen und schnellen Entscheidungen	Arbeitsweise oft gegenläufig; Führungskraft ist zu emotional; Mitarbeiter zu sachlich und kühl; Führungskraft kann sich gegen aggressive „Angriffe" seines Mitarbeiters nur schlecht wehren und hat kein Verständnis für Distanz des Mitarbeiters
fürsorglich	Arbeitsweise gleich; familiäres Arbeiten; Führungskraft und Mitarbeiter verstärken ihre positiven Seiten gegenseitig; harmonisches, verständnisvolles, partnerschaftliches Führungskraft-Mitarbeiter-Verhältnis	Zu familiärer Kontakt kann die Arbeit behindern; kein gegenseitiges Anspornen; Mitarbeiter delegiert zu wenig Aufgaben; Leitungsvakuum der Führungskraft kann Mitarbeiter in Arbeitsweise negativ beeinflussen
beherrscht	Führungskraft nutzt die ordnenden Fähigkeiten des Mitarbeiters; Einigkeit von Mitarbeiter und Führungskraft hinsichtlich der altbewährten Arbeitsaufgaben; Führungskraft vermittelt durch Zuverlässigkeit Sicherheit	Mitarbeiter vermisst eine hierarchische Ordnung mit einer eindeutigen Führung; Führungskraft lässt sich von Mitarbeiter zu sehr beeinflussen; Führungskraft und Mitarbeiter sind nicht in der Lage, Entscheidungen zu treffen
lebhaft	Führungskraft lässt die kreativen Ideen des Mitarbeiters zu; Mitarbeiter hilft der Führungskraft bei der Entscheidungsfindung; Mitarbeiter weckt durch Ideen in Führungskraft das Interesse an zukünftigen Plänen	Führungskraft lässt dem Mitarbeiter zu viel Freiheit; Führungskraft lässt sich vom Mitarbeiter zu sehr beeinflussen und fremdbestimmen; Führungskraft übernimmt zu gewagte Entscheidungen des Mitarbeiters

Abb. 62: **Konstellationsmöglichkeiten der fürsorglichen Führungskraft mit den vier Mitarbeitertypen**

5.3 Die beherrschte Führungskraft

Folgende Abbildung stellt die Vor- und Nachteile bei der Konstellation der beherrschten Führungskraft mit dem jeweiligen Mitarbeitertyp gegenüber.

Konstellationsmöglichkeiten der beherrschten Führungskraft		
Mitarbeitertyp	**Vorteile**	**Nachteile**
unabhängig	Ähnliche Arbeitsweise; sachliche, objektive Art des Mitarbeiters hilft der Führungskraft, Entscheidungen zu fällen; beide zwingen sich zur Konzentration auf das Wesentliche; Mitarbeiter erfüllt Anweisungen widerstandslos	Konflikte durch Starrheit beider; unterkühltes Verhältnis; gestehen beide keine Fehler ein; Mitarbeiter wenig motiviert; Führungskraft hat oft Schwierigkeiten, den Mitarbeiter in einer hierarchischen Organisation zu halten
fürsorglich	Mitarbeiter fühlt sich durch konkrete Anweisungen positiv geführt; Mitarbeiter wirkt durch verständnisvolles Verhalten „pflegend" auf Führungskraft ein; Mitarbeiter vermittelt Führungskraft Gefühl der Ruhe, Zufriedenheit und Menschlichkeit	Beide können keine Entscheidungen fällen; Führungskraft überfordert seinen Mitarbeiter; freudloses Arbeitsklima; seine Fehler schiebt Führungskraft dem Mitarbeiter zu; strenge Hierarchie wirkt auf Mitarbeiter unmenschlich
beherrscht	Arbeitsweise gleich; Führungskraft und Mitarbeiter verstärken ihre positiven Seiten gegenseitig; korrektes, ordentliches Arbeiten; Innovationsscheu beider ermöglicht reibungslosen Arbeitsablauf in geregelten Bahnen	Durch zögerndes Verhalten beider, bei Entscheidungsfindungen nur schwer Lösungen zu finden; zu langsames Arbeiten; hohes Konfliktpotenzial zwischen Führungskraft und Mitarbeiter; Fehler werden nicht eingesehen
lebhaft	Mitarbeiter vermittelt der Führungskraft das Gefühl der Leichtigkeit und Zuversicht; fehlende Phantasie und Spontaneität der Führungskraft wird durch Mitarbeiter wieder ausgeglichen; Mitarbeiter hilft bei der Entscheidungsfindung	Führungskraft engt seinen Mitarbeiter zu sehr ein und lässt Individualität und Freiheitsdrang dessen nicht zu; Führungskraft hat Schwierigkeiten, den Mitarbeiter in einer hierarchischen Organisation zu halten; gegenläufige Arbeitsweise

Abb. 63: Konstellationsmöglichkeiten der beherrschten Führungskraft mit den vier Mitarbeitertypen

5.4 Die lebhafte Führungskraft

Folgende Abbildung stellt die Vor- und Nachteile bei der Konstellation der lebhaften Führungskraft mit dem jeweiligen Mitarbeitertyp gegenüber.

Konstellationsmöglichkeiten der lebhaften Führungskraft		
Mitarbeitertyp	**Vorteile**	**Nachteile**
unabhängig	Führungskraft kann durch Desinteresse des Mitarbeiters uneingeschränkt arbeiten; sachliches, objektives Verhalten des Mitarbeiters unterstützt den Vorgesetzten; Mitarbeiter kann ungestört in seinem Bereich tätig sein	Führungskraft ist dem Mitarbeiter zu unsachlich und zu leichtlebig; Mitarbeiter erkennt herausgehobene Stellung der Führungskraft nicht an und fühlt sich fremdbestimmt; Mitarbeiter kann Reaktionen der Führungskraft nicht nachvollziehen
fürsorglich	Führungskraft kann den Mitarbeiter motivieren und hilft ihm bei der Entscheidungsfindung; Mitarbeiter übernimmt „lästige" Aufgaben der Führungskraft und gibt ihr die Möglichkeit, seine Stärken in Ruhe zu nutzen	Führungskraft nutzt Mitarbeiter aus und überfordert ihn; Mitarbeiter idealisiert die Führungskraft; Stimmung des Mitarbeiters von Führungskraft abhängig; Mitarbeiter kann dem Imponiergehabe der Führungskraft nichts entgegen setzen
beherrscht	Führungskraft hilft Mitarbeiter bei der Entscheidungsfindung; Mitarbeiter übernimmt Routineaufgaben, ordnet dessen „wilde" Ideen und Pläne und akzeptiert seine höhere Stellung, so dass diese ungestört arbeiten kann	Führungskraft nutzt Mitarbeiter aus und überfordert ihn; Mitarbeiter vermisst eindeutige, hierarchische Ordnung; Imponiergehabe des Vorgesetzten und besserwisserisches Verhalten des Mitarbeiters führen zu Konflikten
lebhaft	Führungskraft und Mitarbeiter zeigen hohe Einsatzbereitschaft und verstärken ihre positiven Seiten gegenseitig; kontaktfreudige und aufgeschlossene Art beider trägt zu einem angenehmen Arbeitsklima bei	Arbeitsweise zu spontan; beide sind zu risikofreudig; Desinteresse von Führungskraft und Mitarbeiter bei alltäglichen Angelegenheiten, kann zu Konflikten führen; Imponiergehabe beider führt zu Machtkämpfen

Abb. 64: Konstellationsmöglichkeiten der lebhaften Führungskraft mit den vier Mitarbeitertypen

5.5 Zusammenfassung

Wichtiger Bestandteil des erfolgreichen Miteinanders zwischen Führungskraft und Mitarbeiter ist die Erkenntnis über die eigene Persönlichkeitsstruktur der Führungskraft. Unter dieser Voraussetzung gelingt es der Führungskraft, die Potenziale und Vorteile der Mitarbeiter auszuschöpfen und den Nachteilen mit geeigneten Maßnahmen oder Verhaltensregeln entgegen zu wirken.

Jeder der vier Charaktertypen, sowohl die Führungskraft als auch die Mitarbeiter, handeln aus individuellen Motiven und jeder hat eine andere Wertauffassung. Diese in Einklang mit den Zielen eines Unternehmens zu bringen, ist Aufgabe der Führungskraft. „Es gibt viel mehr Dinge, die der Mensch kann, als Dinge, die er nicht kann."[191] Allerdings bevorzugt er die Tätigkeiten, die er regelmäßig tut, weil er weiß, dass er sie kann. Dies bedeutet wiederum nicht, dass er andere Tätigkeiten nicht kann, er lehnt sie aber trotzdem ab.

Auch diese Ausprägung ist bei jedem Persönlichkeitstyp anders. Der eine probiert gern Neues aus, der andere beharrt auf konventionellen Arbeiten. Aufgabe der Führungskraft ist es, die Entwicklungspotentiale der Mitarbeiter zu erkennen und auszuschöpfen und auf die individuellen Entwicklungsbedürfnisse der Mitarbeiter einzugehen, ohne sich dabei selbst im Wege zu stehen. Hierfür ist die Aufstellung der Konstellationsmöglichkeiten mit ihren jeweiligen Vor- und Nachteilen ein bedeutendes Hilfsmittel.

Die Konstellationsmöglichkeiten des jeweiligen Führungscharakters mit dem Mitarbeitercharakter dient als Hilfestellung, damit die Führungskraft, mit der Erkenntnis seines eigenen Charakters, weiß, wann und in welchen Tätigkeitsfeldern sie welchen Mitarbeitertyp meiden oder gezielt einsetzen kann, um nicht durch die eigene Persönlichkeit mit ihm in Konflikt zu geraten. Wie die vorangegangene Betrachtung zeigt, gibt es bei allen Konstellationsmöglichkeiten auch diverses Konfliktpotential. Es ist daher von großem Vorteil zu wissen, welcher Mitarbeitertyp mehr oder weniger mit der Persönlichkeit der Führungskraft harmonisiert. Mit diesen Erkenntnissen gelingt es, eine Stelle passend zu besetzen, um das Maximale aus dem Mitarbeiter herauszuholen, ohne mit dem eigenen Charakter in Konflikt zu geraten. Wenn die Führungskraft zum Beispiel weiß, dass der betreffende Mitarbeiter das gleiche Verhaltensmuster aufweist wie sie selbst, kann das zu unangenehmen Machtkämpfen führen oder dazu, dass der Mitarbeiter seine Führungskraft nicht als diese anerkennt.

Die Konstellationsmöglichkeiten mit ihren Vor- und Nachteilen sind nicht nur ein hilfreiches Mittel für jede Führungskraft, sondern auch für den Mitarbeiter. Sie machen ein Verständnis dafür leichter, warum die Führungskraft in verschieden Situationen so reagiert oder mit dem Mitarbeiter aneinander gerät, wenig zum Lob bereit ist, viel Handlungsfreiräume gibt oder nicht, sowie Mitarbeiter oft unter- oder überfordert. Ebenso kann der Mitarbeiter herausfinden, mit welcher Führungskraft er es zu tun hat und warum einige Konstellationen reibungslos und andere wiederum konfliktreich verlaufen.

---

[191] Vgl. Mumford, J.: Erfolgreiches Life Coaching für Dummies, Weinheim 2007, S. 72

6 Optimierungspotenziale im Umgang mit der eigenen Person

Für die Führungskraft ist es von besonderer Bedeutung, den eigenen Charaktertyp oder zumindest diesbezügliche Tendenzen zu erkennen.

Jeder der vier Charaktertypen, deren psychologische Hintergründe in den vorherigen Kapiteln dargestellt wurden, besitzt sowohl wünschenswerte wie auch weniger wünschenswerte Verhaltensweisen und Eigenschaften. Für jeden Einzelnen ist es wichtig, diese charakterspezifischen Eigenarten zu erkennen, zu nutzen und ggf. abzuschwächen. Die folgenden Abschnitte sollen eine Hilfestellung dabei leisten.

6.1 Hinweise für Menschen mit vorwiegend schizoiden Charakteranteilen

Der schizoide Charaktertyp besticht durch sein klares, kritisches Denken und seine Intellektualität. Es macht ihm Spaß, Dinge abstrakt zu sehen und sachlich zu analysieren. Auf viele Menschen wirkt dies bedrohlich und ängstigend. Sie fühlen sich in die Enge getrieben und überfordert. Oft langweilen die abstrakten und trockenen Reden des Schizoiden. Er sollte daher nicht immer auf alles eine Antwort parat haben und sich mit dem Gedanken anfreunden, dass man auch mal ohne seinen Rat auskommen kann.

Der Schizoide ist der „lonesome Cowboy" im täglichen Leben. Lieber arbeitet er alleine und kann dabei äußerst viel leisten. Der Schizoide sollte sich daher um Tätigkeiten bemühen, die er ohne Mitarbeit anderer erledigen kann. Wenn einmal Teamarbeit von Nöten ist, so sollte er sich hierbei auf analytische Bereiche beschränken, größere Gruppen sind hierbei immer geeigneter als kleinere.

Verantwortung übernehmen und sich Konflikten stellen ist eine der Stärken des Schizoiden. Hierbei stößt er seine Mitarbeiter jedoch oft vor den Kopf, da er sie massiv kritisiert und dies noch mit zynischen und verletzenden Bemerkungen versieht. Der Schizoide sollte sich daher um gemäßigte, jederzeit sachliche Argumentation bemühen und sich an die eigene Empfindlichkeit gegenüber Kritik erinnern. Hierdurch aufgestaute Aggressionen sollten auf anderen Gebieten (Joggen, Gartenarbeit) beseitigt werden.

Im Umgang mit ihren Mitmenschen verhalten sich schizoid veranlagte Personen eher distanziert, und es fällt ihnen schwer, Gefühle in Worte zu fassen.

6.2 Hinweise für Menschen mit vorwiegend depressiven Charakteranteilen

Der Depressive ist oft „mit seinem Schreibtisch verheiratet". Für seinen Beruf gibt er alles. Überstunden machen ihm keine Probleme, er erledigt so etwas sogar gern. Es ist seine große Stärke, dass man sich auf ihn verlassen kann. Die Nachteile dieses Verhaltens machen sich jedoch früher oder später bemerkbar. Der Depressive überfordert sich. Er sollte daher viel schneller die Notbremse ziehen und sich in seinen Aktivitäten mäßigen. Er sollte einen schonenden Umgang mit sich und seinem Körper lernen und lieber einmal etwas weniger mit weniger Anstrengung erledigen.

Das Wort „**Nein**" fehlt dem Depressiven. Er ist nicht in der Lage, ihm übertragene Aufgaben abzuweisen, selbst wenn er genau weiß, dass er sie in der vorgegebenen Zeit nicht bewältigen kann. Ein „Nein" seiner Mitarbeiter kränkt ihn zutiefst. Das, was er selbst leistet, sollen auch die anderen leisten.

Der Depressive sollte sich um eine realistische Einstellung zur Arbeit bemühen. Mit seinen Mitarbeitern sollte er gemeinsam Arbeitspläne erarbeiten und bei seiner persönlichen Planung das angestrebte Soll direkt um ca. 10% kürzen.

Der Depressive frisst alles in sich hinein. Bevor er sich beschwert, ist es meistens schon zu spät. Wut und Ärger haben sich so stark aufgestaut, dass Wutausbrüche und „aus der Haut fahren" die Folgen sind. Der Depressive sollte lernen, mit Kritik nicht zu zögern und nicht erwarten, dass man seine Wünsche von den Augen abliest.

6.3 Hinweise für Menschen mit vorwiegend zwanghaften Charakteranteilen

Der Zwanghafte erledigt alles genau und ausführlich. Wenn ihm langwierige und komplizierte Probleme zugewiesen werden, verzettelt er sich oft durch seinen Hang zum Perfektionismus, gerät in Zeitnot und wird nicht fertig.

Der Zwanghafte ist gut im Planen, daher sollte er sich zu Beginn einer Aufgabe einen Arbeitsplan mit genauen Zeiteinteilungen erstellen, so dass er weiß, wo seine Grenzen sind. Er sollte darauf achten, dass er aufgrund seiner Geduld und Ausdauer nicht von seinen Mitmenschen ausgenutzt wird.

Der Zwanghafte will alles 100%-ig machen. Auch Entscheidungen müssen sorgfältig erarbeitet werden. Oft wird hierbei solange „gearbeitet", bis es für seine Entscheidung zu spät ist. Der Zwanghafte sollte sich für solche Fälle auf wenige, gute Ratgeber beschränken und sich immer wieder verdeutlichen, dass es DIE optimale Leistung nicht geben kann.

Mit Aggression kann der Zwanghafte nicht leben, sie sind ihm ein Gräuel. Er liebt die Ruhe und den Frieden. Viele Menschen erwarten aber ein gewisses Maß an aktiver Meinungsäußerung und wollen, dass Probleme angesprochen werden. Der Zwanghafte sollte sich daher mit seinen Ansichten nicht des lieben Friedens wegen zurückhalten, sondern sie offen und aktiv äußern.

6.4 Hinweise für Menschen mit vorwiegend hysterischen Charakteranteilen

Die Stärke des Hysterischen sind seine schnelle Auffassungsgabe und seine Aufgeschlossenheit gegenüber Innovationen. Andere Menschen werden von diesen Eigenschaften überfordert, sie vermissen ein korrektes, ruhiges Vorgehen. Der Hysterische sollte daher für sich und andere vieles bedächtiger angehen. Bei zu großer Begeisterung sollte er selber kritisch gegenarbeiten, dadurch vermeidet er Fehler und eine nachträgliche Bearbeitung.

Durch sein offenes Wesen gewinnt der Hysterische schnell Freunde und kann als Führungskraft Mitarbeiter motivieren und mitreißen. Er besitzt Charme und Anziehungskraft, sollte Zuneigung aber nur beteuern, wenn sie wirklich ernst gemeint ist, um Enttäuschungen zu vermeiden. Hysterische Menschen wollen gefallen und geliebt werden, neigen aber dazu, ihre Persönlichkeit und Meinung zu diesem Zweck zurückzustellen.

Nichts macht dem Hysterischen mehr Spaß, als anderen Freude zu bereiten. Er riskiert dabei aber auch, über seinen Kenntnisstand und seine Leistungsfähigkeit hinaus zu agieren und andere durch „leere" Versprechungen zu enttäuschen.

Hysterische Menschen möchten schnell alles können, nehmen sich aber zu wenig Zeit zum Üben und verlieren durch ihre Ungeduld die Lust an der Tätigkeit. Sie neigen dazu, anderen die Schuld für ihre Misserfolge zu geben und drücken sich gerne vor der Verantwortung.

F Schlusswort

Sich mit der Menschenkenntnis auseinanderzusetzen und sich zu bemühen, die gewonnenen Erkenntnisse der Persönlichkeitstypologie richtig anzuwenden, wird für denjenigen, der in einer Führungsverantwortung steht, einen dreifachen Zweck haben.

Erstens wird jede Führungskraft im Umgang mit ihren Mitarbeitern besser in der Lage sein, sich auf die individuelle Wesensart der verschiedenen Menschen einzustellen, d.h. sie wird mehr Verständnis für den Mitmenschen aufbringen können, kann sich anpassen und so zu einer entscheidenden Verbesserung der Kommunikation beitragen.

Insofern sind die Erkenntnisse der Persönlichkeitstypologie ein wichtiges Führungsmittel, das - wenn es von der Führungskraft richtig und bewusst angewendet wird - viel zum Betriebsklima und damit zur Lebensenergie eines Unternehmens beitragen kann.

Zweitens wird das Wissen über Verhaltensweisen der vier Persönlichkeitstypen bei jeder Führungskraft ein wichtiges Hilfsmittel zur Selbsterkenntnis und zur Arbeit an sich selbst sein. Die Selbsterkenntnis gewinnt für die Führungskraft in dem Maße an Bedeutung, je komplexer ihre Führungsaufgabe ist.

Eine Führung, die ein selbständiges und mitverantwortliches Arbeitsverhalten der Mitarbeiter erzielen will, ist weniger durch unbekümmerte Selbstsicherheit zu erreichen, sondern braucht mehr Problembewusstsein der Führungskraft und Selbstkritik gegenüber dem eigenen Führungsstil.

Drittens wirkt sich das Wissen über die möglichen Persönlichkeitstypen und deren charakteristische Verhaltensweisen positiv bei der Beurteilung und Personalentscheidung aus.

Es ist wohl der Wunsch eines jeden Chefs und Personalleiters, dass „der richtige Mitarbeiter am richtigen Platz sitzt", aber nur mit Hilfe der Menschenkenntnis ist dieser Wunsch annähernd zu realisieren. Nur wenn über den Mitarbeiter und seine Fähigkeiten bessere Kenntnisse vorhanden sind, kann diesem eine ihm entsprechende Tätigkeit zugeordnet werden.

Anhang: Der Persönlichkeitstest

Der UFBL-Test dient der besseren Erkenntnis und Beurteilung des eigenen Charakterbildes und lässt den persönlichen Typ optisch erkennen und verstehen. Zur Veranschaulichung des Ergebnisses aus dem Test dient der folgende Charakterdiamant.

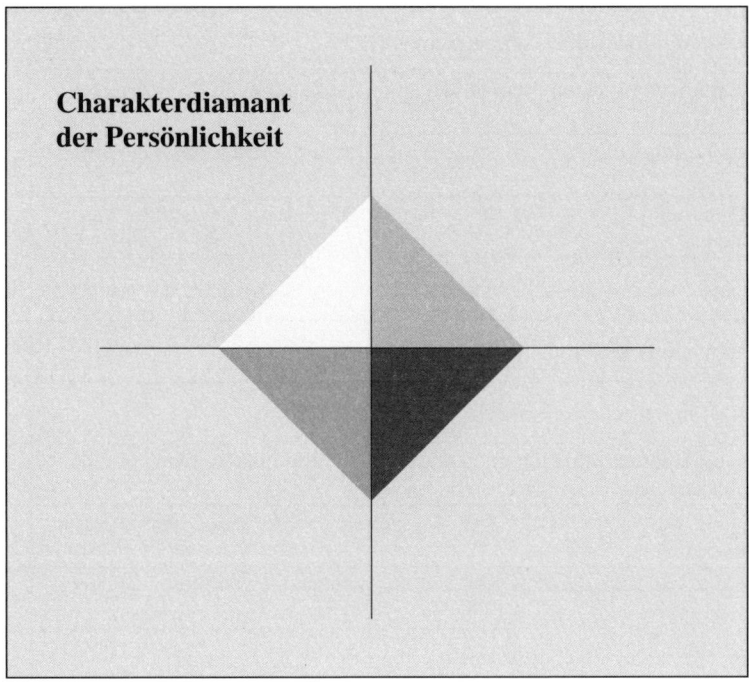

Abb. 65: Der Charakterdiamant

(1) Vorgehensweise

Um ein unverzerrtes Ergebnis zu erhalten, gehen Sie bitte unbedingt in der vorgeschriebenen Reihenfolge vor und bearbeiten die nun folgenden Seiten nacheinander.

➤ Lesen Sie die folgenden 80 Aussagen auf den folgenden Seiten (Testbogen 1 bis 4) und markieren Sie alle Aussagen, die Sie mit "Ja" beantworten können und die auf Ihr tägliches Verhalten zutreffen.

➤ Wenden Sie sich bitte erst dann der Auswertung (Punkt 3) zu, wenn Sie alle Aussagen bearbeitet haben! Ermitteln Sie hierzu die Summe der Punkte U, F, B und L und tragen Sie diese als Eckwerte in das Diagramm ein.

➤ Vergleichen Sie Ihre gefundenen Werte mit den Musterbeispielen in Punkt 4.

(2) Testbogen

Der folgende Testbogen besteht aus vier Testseiten mit jeweils zwanzig Aussagen.

Testbogen

Testbogen 1		
Ich liebe Perfektion und Dinge, die präzise ausgeführt sind.	O	B
Einsamkeit empfinde ich als unangenehm.	O	F
Ich fühle mich wohl, wenn mein Leben einen gleichmäßigen Rhythmus besitzt.	O	B
Pläne und Regeln empfinde ich oft als Einengung und Beschränkung meines Lebens.	O	L
Terminplaner empfinde ich als eine gelungene Erfindung. Ich benutze sie konsequent.	O	B
Ich bin eher ein misstrauischer Mensch.	O	U
Es gibt immer einen Grund, ein Fest zu feiern.	O	L
Manchmal bin ich sehr vergesslich.	O	F
In vielen Situationen fühle ich mich etwas hilflos und mutlos. Dann bin ich froh, wenn mir jemand zur Seite steht.	O	F
Manchmal gerate ich so sehr in Wut, dass ich laut werde und Dinge sage, die ich nicht so meine.	O	U
Ich habe mir im Laufe der Zeit viele lieb gewonnene Gewohnheiten angeeignet.	O	B
Wenn ich will, kann ich ganz besonders charmant sein.	O	L
Wenn eine Feier, ein Urlaub oder ein größerer Kauf ansteht, mache ich mir im Voraus einen genauen Plan zur Vorgehensweise.	O	B
Ich fühle mich glücklich, wenn ich meine Ruhe habe und mich niemand stört.	O	U
Den Fortschritt empfinde ich als etwas besonders Angenehmes, denn so entsteht immer wieder Neues, noch nie Dagewesenes.	O	L
Ich bin eigentlich ein Abenteurer und nehme gerne Risiken auf mich.	O	L
In der Gemeinschaft vieler Menschen fühle ich mich wohl.	O	F
Wenn mir ein Fehler unterläuft, so kann ich mich dabei sehr über mich selbst ärgern.	O	B
Arbeit macht mir Spaß. Dass man dabei auch noch Geld verdienen kann, ist ein angenehmer Nebeneffekt.	O	B
Manchmal fühle ich mich durch andere ausgenutzt.	O	F

	U	F	B	L
Anzahl der jeweils markierten Buchstaben				

Fortsetzung

Testbogen 2		
In meinen Tagträumen sehe ich die Welt gerne als eine glückliche, friedliche Gemeinschaft.	○	F
Auf mich kann man sich jederzeit verlassen.	○	B
Bei neuen Aufgaben habe ich schnell die Angst zu scheitern.	○	F
Oft handele ich unbedacht, ohne mögliche Folgen zu bedenken.	○	L
Disziplin gehört zu einem erfolgreichen Leben.	○	B
Ich versuche immer alle zufrieden zu stellen, dabei überfordere ich mich aber oft selber.	○	F
Kompromissfähigkeit ist für mich keine besonders positive Eigenschaft, man sollte auf seinem Standpunkt beharren.	○	U
Oft weiß ich genau, wie ich andere mit bissiger Kritik verletzen kann.	○	U
Ich habe es nicht gern, wenn andere mir vorschreiben, wie ich etwas zu erledigen habe, ich mache es lieber auf meine Art.	○	U
Ich bin kein besonders geduldiger Mensch. Bei langwierigen Arbeiten verliere ich schnell die Lust.	○	L
In der Masse unterzugehen finde ich beängstigend. Ich will meine Individualität und Selbständigkeit behalten.	○	U
Ich kümmere mich gerne um meine Mitmenschen; ich werde aber auch gerne umsorgt.	○	F
Wenn ich wählen könnte, würde ich immer eine lebhafte Großstadt einem ruhigen Dorf vorziehen.	○	L
Chaos im Leben, auf der Arbeit oder Zuhause empfinde ich als ganz schrecklich und gefährlich; wenn alles geordnet verläuft, fühle ich mich sicherer.	○	B
Mir macht es nichts aus, meine Meinung öfters zu ändern.	○	L
Über Menschen, die denken sie müssten immer alles planen und ordnen, kann ich mich amüsieren.	○	L
Oft zweifele ich bei Entscheidungen, ob ich die optimale Lösung gefunden habe.	○	B
Ich bin nicht gerne auf andere angewiesen, sondern lieber unabhängig.	○	U
Ich liebe die Abwechslung und hasse die Langeweile.	○	L
Ich bin nicht besonders spontan, sondern eher ein ruhiger Typ, der Dinge langsam angeht.	○	B

	U	F	B	L
Anzahl der jeweils markierten Buchstaben				

Fortsetzung

Testbogen 3		
Nur wenn man der echten ehrlichen Zuneigung eines Menschen sicher sein kann, sollte man ihm vertrauen.	o	U
Ich gehöre nicht gerade zu den verlässlichsten und pünktlichsten Menschen.	o	L
Sachliche, theoretische Aufgaben begreife und löse ich schnell.	o	U
Wenn ich einmal einen Entschluss gefasst habe, so bleibe ich standhaft und lasse mich nicht wieder davon abbringen.	o	B
Ich komme nur langsam in Kontakt mit Menschen.	o	U
Eigentlich stehe ich gerne im Mittelpunkt.	o	L
Ich bin sparsam in der Wahl meiner Worte. Gespräche über belanglose Dinge finde ich unnütze und vertane Zeit.	o	U
Ich streite mich nicht gerne, darum gehe ich Konflikten meistens aus dem Weg.	o	F
Nur für eine wirklich gute Leistung sollte man belohnt werden.	o	B
Ich fühle mich schnell für vieles verantwortlich und habe das Gefühl, mich um alles kümmern zu müssen.	o	F
Menschen, die nicht sachlich, sondern emotionsgeladen diskutieren, regen mich auf.	o	U
Ich könnte mir sehr gut vorstellen eine längere Zeit alleine, z. B. auf einer Almhütte oder einer Insel, zu leben.	o	U
Viele meiner Mitmenschen empfinde ich als unverschämt und frech.	o	F
Ich kann andere Menschen motivieren und mitreißen.	o	L
Ich arbeite lieber alleine für mich und in Ruhe, als in einer Gruppe, in der ich Rücksicht auf andere nehmen muss.	o	U
In meiner gewohnten Umgebung fühle ich mich am wohlsten. Daher fahre ich auch nicht so oft in den Urlaub, sondern genieße das Leben zu Hause.	o	B
Lob und Anerkennung von anderen ist mir nicht so wichtig; entscheidender ist, wie ich mich selber finde.	o	U
Auf mich kann man sich verlassen, wenn "Not am Manne" ist.	o	F
Ich will eigentlich immer alles unter Kontrolle haben. Ich kann nur schlecht Dinge einfach laufen und mich überraschen lassen, was am Ende raus kommt.	o	B
Ich wende mich gerne wissenschaftlichen, abstrakten und technischen Themen zu.	o	U

	U	F	B	L
Anzahl der jeweils markierten Buchstaben				

Fortsetzung

Testbogen 4		
Meine Mitmenschen können meist vieles besser als ich. Meine Leistungen sind oft nur Mittelmaß.	O	F
Oft weiß ich nicht recht, was ich will; alles interessiert mich.	O	L
Im Straßenverkehr halte ich mich an die Vorschriften, denn nur dann ist die Sicherheit aller gewährleistet.	O	B
Meine Arbeitsleistungen messe ich mehr an der Anstrengung, die sie mich kosten, als an dem letztendlichen Resultat.	O	F
Statussymbole sind wichtig, da kann man zeigen was man kann und hat.	O	L
Viele Arbeiten kann ich am besten ausführen; andere machen es mir oft nicht gut genug.	O	U
Lob und Anerkennung ist mir sehr wichtig, dann bin ich stolz auf mich.	O	F
Das Positivste an Arbeit und Beruf ist, dass man dabei Geld verdient.	O	U
Kompromisse schließen finde ich eine gute Möglichkeit um Konflikte beizulegen.	O	F
An Ideen, etwas zu unternehmen oder zu erfinden, fehlt es mir nie.	O	L
Bei Wünschen und Bitten anderer fällt es mir oft schwer "Nein" zu sagen.	O	F
Ich würde mich eher als traditionell statt als avantgardistisch bezeichnen.	O	B
Ich kann mich gut in andere hineinversetzen und ihre Gefühle verstehen.	O	F
Ich lasse mich schnell mitreißen und begeistern.	O	L
Die Zukunft hat für mich etwas Spannendes.	O	L
Nur sehr wenige Menschen verstehen mich wirklich.	O	U
Ich neige leicht zu Übertreibungen.	O	L
Ich frage mich oft, welche besonders negativen Folgen ein bestimmtes Vorgehen oder eine von mir ausgeführte Handlung haben können.	O	B
Nach einem Schiffbruch auf einer einsamen Insel zu stranden und dort unentdeckt leben zu müssen, erscheint mir als ganz besonders schrecklich.	O	F
Viele meiner Kleidungsstücke sind mir "ans Herz gewachsen". Ich trage sie, so lange es geht. Daher kaufe ich auch nicht viel Neues.	O	B

Anzahl der jeweils markierten Buchstaben	U	F	B	L

(3) Der UFBL-Test – Die Auswertung

Tragen Sie die Ergebnisse der vier Testbögen in die Tabelle ein und bilden Sie in jeder Spalte die Summe.

	U	F	B	L
Anzahl von Testbogen 1				
Anzahl von Testbogen 2				
Anzahl von Testbogen 3				
Anzahl von Testbogen 4				
Summe	**U =**	**F =**	**B =**	**L =**

Die so ermittelten Werte tragen Sie auf den entsprechenden Achsenabschnitten ab und verbinden diese Punkte miteinander. So erhalten Sie einen Charakterdiamanten, der Ihre persönlichen Ausprägungen darstellt.

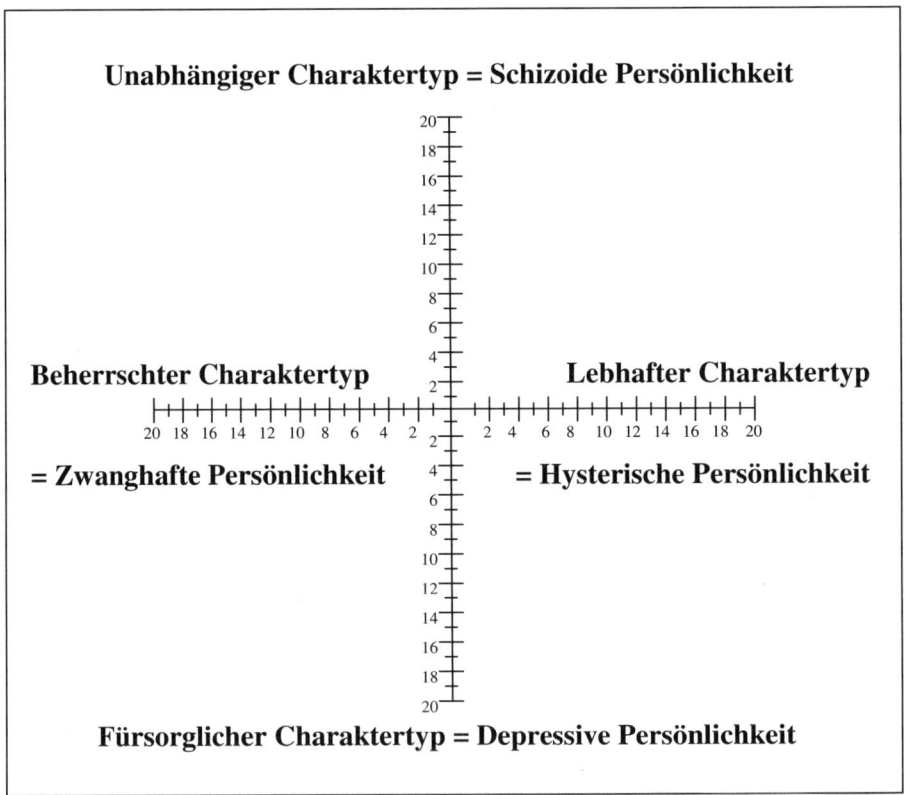

Abb. 66: Der Charakterdiamant

(4) Der UFBL-Test – Die Interpretation

Für die Interpretation gilt:

➢ Je größer ausgeprägt in allen Richtungen der Charakterdiamant ist, desto vielseiti-
ger ist Ihre Persönlichkeit. Gleicht die Form des Charakterdiamanten einem Quad-
rat, ist Ihre Persönlichkeit sehr ausgeglichen.

➢ Eine stark ausgeprägte Spitze zeigt auf Ihren vorherrschenden Charaktertyp.

➢ Die jeweils gegenüberliegenden Charaktertypen des Charakterdiamanten stellen
Gegenpole dar. Sind beide Spitzen gleich stark, so lässt dies auf einen Ausgleich
deren Stärken und Schwächen schließen.

➢ Sind zwei Pole in einer Richtung besonders stark ausgeprägt (z.B. hoher L- und F-
Wert), dann dominieren diese Charaktereigenschaften. Welche Eigenschaft hierbei
noch stärker ausgeprägt ist, wird zuerst genannt.

Musterbeispiele

Um Ihnen die Interpretation Ihres eigenen Charakterdiamanten zu vereinfachen, finden
Sie auf den folgenden Seiten drei Beispiele näher erläutert.

Beispiel 1: Idealtypus ausgeglichener Persönlichkeit.

Bei diesem Charakterdia-
manten sind alle vier Charaktertypen gleich stark
vertreten. Dies lässt auf
eine ausgeglichene, har-
monische und vielseitige
Persönlichkeit schließen,
da sich die Schwächen der
einzelnen Charaktere ge-
genseitig wieder ausglei-
chen und keine Stärken,
aber auch keine Schwä-
chen, übermäßig vertreten
sind. Dieser Zustand kann
als optimal angesehen
werden.

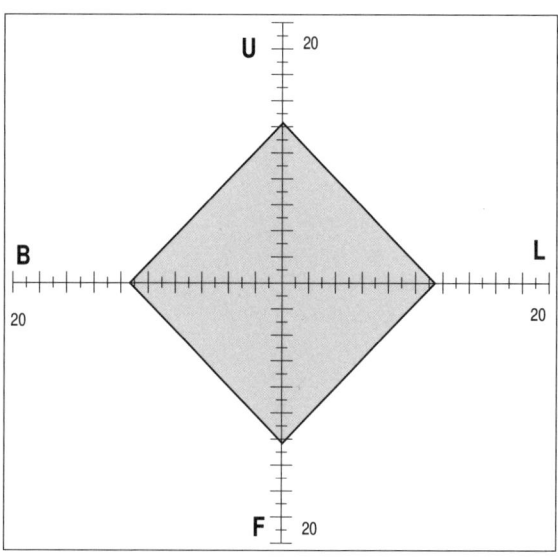

Abb. 67: Der Idealtypus

Beispiel 2: Hysterische Persönlichkeit

Dieser Charakterdiamant zeigt deutlich in Richtung des lebhaften Charaktertyps mit gleichzeitig nur einem schwachen Anteil des beherrschten Charaktertyps. Diese Persönlichkeit wird daher stark durch für diesen Typ charakteristische Eigenschaften geprägt sein. Die Ausprägungen des unabhängigen und des fürsorglichen Charaktertyps sind in einem ausgeglichenen Verhältnis vorhanden, so dass sich hier Stärken und Schwächen ausgleichen werden.

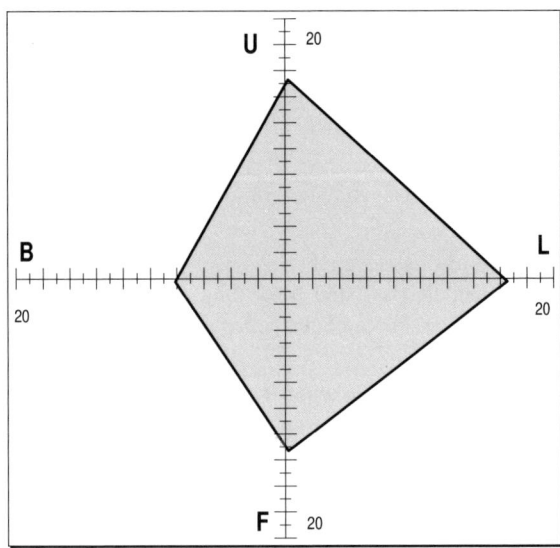

Abb. 68: Die hysterische Persönlichkeit

Beispiel 3: Zwanghaft depressive Persönlichkeit

Der dritte Charakterdiamant zeigt ein Ungleichgewicht in Richtung des beherrschten und des fürsorglichen Charaktertyps. Diese beiden Charaktertypen liegen sich nicht gegenüber. Stärken und Schwächen dieser zwei Typen mäßigen sich daher nicht gegenseitig, sondern können ungehindert zur Wirkung kommen.

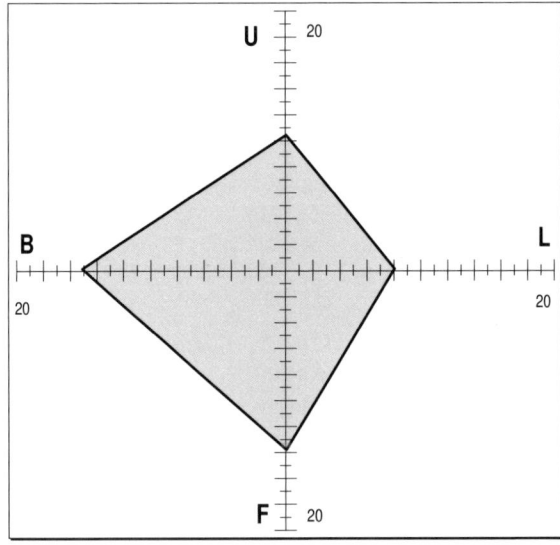

Abb. 69: Die zwanghafte Persönlichkeit

Grafischer Vergleich der vier Persönlichkeitstypen

In den folgenden Abbildungen sind die vier Persönlichkeitstypen noch einmal in kurzen Übersichten zusammengefasst. Hierbei befinden sich in der Abbildung 71 die allgemeinen Kennzeichen der vier Angsttypen.

Persönlichkeitstypologien

Schizoide Persönlichkeit	
positive	negative
- konsequent	- intolerant
- selbstsicher	- gleichgültig
- distanzfähig	- kontaktschwach
- autonom	- unsensibel

- entscheidungs-
  freudig
	- einsame
	  Entschlüsse

- unbeirrbar	- störrisch
- kritisch	- misstrauisch

Zwanghafte Persönlichkeit		Hysterische Persönlichkeit	
positive	negative	positive	negative
- exakt	- pingelig	- spontan	- chaotisierend
- pünktlich	- pedantisch	- gewandt	- oberflächlich
- systematisch	- starr	- flexibel	- sprunghaft
- ausdauernd	- verbissen	- einstellungs- fähig	- ablenkbar
- fleißig	- streberhaft	- risikofreudig	- leichtsinnig
- zuverlässig	- langweilig	- innovations- freudig	- unstetig
- ordentlich	- putzwütig	- großzügig	- unrealistisch
- genau	- unflexibel	- mitreißend	- launisch
- verlässig	- bieder	- überzeugend	- flatterhaft
- korrekt	- doktrinär		- zigeunerhaft
- vorsichtig	- kleinlich		- unruhig

Depressive Persönlichkeit	
positive	negative
- resonanzfähig	- resonanzabhängig
- einfühlsam	- nachgiebig
- kameradschaft- lich	- kumpelhaft
- kontaktfähig	- aufdringlich
- empfindsam	- empfindlich
- hilfsbereit	- lästig
- beratend	- entscheidungs- schwach
- tolerant	- lasch
- verstehend	- sich überfordernd

Abb. 70: Merkmale der vier Persönlichkeitstypen

Merkmale der vier Angsttypen	
Schizoide	**Hysterische**
Vermeidung von Emotionen; keine nahen persönlichen Kontakte; kühl, distanziert, sachliche Urteilsfähigkeit; außerordentliche Objektivität; „Röntgenblick"; Aggressivität; Arroganz; Unnahbarkeit; Gefühllosigkeit; fehlender Enthusiasmus; gleichgültig gegenüber Kritik und dem Schicksal; Vergangenheit und Zukunft unwichtig	Ständige Abwechslung; Freiheit; Spontaneität; „Glückspilz"; im Mittelpunkt stehen wollen; ständige Veränderung; Freiheitsdrang; geben von Versprechungen, die nicht eingehalten werden können; „Rösselsprünge" im Denken; Imponiergehabe; Staralüren
Depressive	**Zwangsneurotische**
Wunsch nach Zuneigung und menschlicher Nähe; Vermeidung von Konflikten; Vogel-Strauß-Politik; Naivität und Kindlichkeit; Konzentrationsschwäche; vergesslich, bescheiden, friedfertig, selbstlos; geduldig; Schuldgefühle; Minderwertigkeitsgefühle; Hoffnungslosigkeit; fehlende Motivation	Präzise Pläne; fanatischer Dogmatismus; Vorurteile; festhalten an Traditionen; keine Veränderungen; Perfektion; entschlussunfähig; Zwangshandlungen; „Freud´sche Fehlleistungen"; konsequent korrekt; Beschäftigung mit unwichtigen Details; fehlende Spontaneität; halsstarrig

Abb. 71: Merkmale der vier Persönlichkeitstypen

Die nun folgende Abbildung stellt die Persönlichkeiten der vier Angsttypen dar. Mit „Persönlichkeiten" sind hier die typischen Persönlichkeitsstrukturen beziehungsweise Charaktereigenschaften gemeint.

„Persönlichkeit" der vier Angsttypen			
Schizoid	**Depressiv**	**Zwangsneurotisch**	**Hysterisch**
Übersensibler; leicht Kontaktgehemmter; Einzelgänger; Kauz; Original; Eigenbrötler; Sonderling; Außenseiter; Asozialer; Krimineller; Psychotiker	Introvertierter; Pessimist; Gehemmter; Bescheidener; Schüchterner; Melancholiker; Pechvogel; Passiver	Pedant; Angepasster; Streber; lebensängstlicher Zweifler; Querulant; „Radfahrer-Typ"; Fanatiker, Hypochonder; Despot; Autokrat	Charmeur; Hochstapler; Glückspilz; Narzisst; Muttersohn; Vatertochter; Don-Juan oder Carmen Typ; ewiges Mädchen oder ewiger Jüngling

Abb. 72: Die Persönlichkeiten der vier Persönlichkeitstypen

Die Abbildung 78 hingegen stellt die Visionen, Denkweisen und Gefahren der schizoiden, depressiven, zwanghaften und hysterischen Angsttypen dar.

Die Persönlichkeiten der vier Angsttypen im Überblick			
Schizoid	**Depressiv**	**Zwangsneurotisch**	**Hysterisch**

	Schizoid	Depressiv	Zwangsneurotisch	Hysterisch
Visionen der vier Angsttypen	das Maß aller Dinge; Eigenständigkeit ohne jegliche Abhängigkeit, absolute Autarkie; deutlich getrennt: Außen- und Innenwelt; die Realität ist ein großes Chaos und bietet keine Freude; Kontakt mit anderen bietet keinen Nutzen	alle sind eine große Familie; überall sind nur Forderungen und Schwierigkeiten; das Leben ist ungerecht; es ist nutzlos, den Lauf der Dinge zu ändern	wenn etwas vorbei ist, es muss ein ständiger Schutz gegenüber allen Unwägbarkeiten des Lebens bestehen; alles sollte ewig bestehen können, kann es nicht wieder zurückgebracht werden; Älter werden ist schrecklich	durch Wandel Veränderung; Erhalt des Freiheitsgefühls; nur das Hier und Jetzt zählt; Wünsche erfüllen sich sofort; ewige Jugend; bei Schwierigkeiten kommt ein helfender Retter; nur der Augenblick zählt alles kommt irgendwie in Ordnung
Denkweisen der vier Angsttypen	„Ich will unabhängig und autark sein. Umgang mit anderen bringt mir nichts. Ich will in meiner Welt in Ruhe gelassen werden. Alle anderen machen alles falsch, nur ich weiß, was richtig ist. Ich muss alles sachlich angehen. Das Schicksal anderer interessiert mich nicht."	„Ich will nicht allein sein. Ich hasse Streit. Erst denke ich an die anderen, dann an mich. Ich bin dem Schicksal ausgeliefert."	„Es soll sich nichts ändern in meinem Lebe. Ich hasse das Risiko. Ich will alles regeln und ordnen. Ich darf mich nicht gehen lassen. Wenn ich einmal die Kontrolle verliere, verfällt alles in Chaos."	„Ich will Freiheit und Risiko. Traditionen und konkrete Konzepte engen mich ein. Ich möchte bewundert und anerkannt werden. Ich will im Mittelpunkt stehen. Was gestern war, interessiert mich heute nicht mehr."
Gefahren der vier Angsttypen	Illusion und Wirklichkeit können nur schwer auseinander gehalten werden; keine Erfahrung, um Kontakte herstellen zu können; Orientierungslosigkeit in der Realität; durch aggressives Verhalten Ausschluss von der Umwelt; Selbstherrlichkeit	nicht „Nein" sagen können; Abhängigkeit von jemandem birgt keine Garantie, extrem pessimistisch; diese Person ewig zu besitzen; nicht in der Lage, Forderungen oder Wünsche zu äußern; Idealisierung von Menschen; ausgenutzt werden; beschlussunfähig	Entwicklung wird durch Angst vor Veränderung gehemmt, die gegen alles Neue lähmt und wird über die Jahre immer aufwendiger; durch Beschlussunfähigkeit wird der tägliche Ablauf immer mehr gelähmt; selbst auferlegte Regeln quälen und engen ein	Ursache und Wirkung stehen in keinem Zusammenhang; leben in einer Traumwelt führt zu ständigen Schwierigkeiten in der Wirklichkeit; Unzufriedenheit mit der eigenen Person; blinder Glaube an den Fortschritt; oberflächlich; einfach zu beeinflussen

Abb. 73: Visionen, Gefahren und Denkweisen der vier Persönlichkeitstypen

Glossar

Das abschließende **Glossar** soll dem Leser eine Möglichkeit zur Abrundung und zum besseren Verständnis der besprochenen Thematik bieten. Einige der aufgeführten Stichwörter finden sich nicht im obigen Text, erscheinen aber als nützliche Erweiterung und sind daher im Folgenden mit aufgeführt.

Abnormal
Eine mehr oder weniger starke Abweichung des Verhaltens vom Normalen.

Adoleszenz
Das Alter der Jugendlichen nach eingetretener Geschlechtsreife, aber noch nicht abgeklungener Pubertät.

Affekt
Allgemeine Bezeichnung für jede Art von Gefühl oder Emotion.

Aggressivität
Allgemeine und umfassende Bezeichnung für gehäuft auftretendes feindseliges, sich in verbalen oder tätlichen Angriffen äußerndes Verhalten bzw. das Überwiegen feindselig-ablehnender und oppositioneller Einstellungen beim Menschen.

Aktivität
Allgemeine und umfassende Bezeichnung für den Grad der von einem Individuum gezeigten willkürlichen Bewegungen oder Beteiligung bei der Lösung einer Aufgabe, eines Problems u. a. bzw. im Zusammenhang mit der Aufnahme und Intensivierung sozialer Beziehung die von einem Individuum unternommenen Schritte im sozialen Feld.

Anal
Den Bereich der Darmöffnung (Anus) betreffend.

Angst
Allgemeine und umfassende Bezeichnung für eine Klasse von Emotionen, die mehr oder weniger auf Gefahr und Bedrohung beruhen und mit einem als unangenehm bis quälend empfundenen Erregungszustand des Organismus einhergehen.

Angstneurose
Neuroseform, gekennzeichnet durch schwere, manchmal chronische Angstzustände, Auftreten von akuter Panik möglich.

Anlagen
Im Sinne von Disposition die allgemeine und umfassende Bezeichnung für das Gefüge der angeborenen neutralen und / oder psychischen Bereitschaften, bestimmte Erlebnis-, Handlungs- und Verhaltensweisen, Fähigkeiten und Fertigkeiten zu entwickeln.

Antinomie
Als Antinomie bezeichnet man einen Satz, der mit sich selbst in Widerspruch steht.

Bedürfnis
Umfassende Bezeichnung für Zustände des Organismus, die ein suchendes bzw. zuwendendes Verhalten hervorrufen.

Charakter	In allg. Bedeutung jede an einem Individuum beobachtete Eigenheit bzw. die Summe aller Eigenheiten, die es ermöglicht, das einzelne Individuum oder Lebewesen mit anderen zu vergleichen.
Depression	Schwerwiegende Veränderung der Stimmungslage mit Zuständen der Niedergeschlagenheit, Melancholie und Teilnahmslosigkeit.
Dogmatismus	Bezeichnung für eine Einstellung, die sich durch „Geschlossenheit" des Systems von Meinungen, Einstellungen oder Überzeugungen erklären lässt Dominanz sowie die Bezeichnung für ein Verhalten, das durch eine deutliche Tendenz gekennzeichnet ist, andere Menschen beherrschen bzw. deren Verhalten kontrollieren zu wollen.
Egoismus	Bezeichnung für eine ethische oder soziale Einstellung, die von der Annahme ausgeht, dass das Grundmotiv des (moralischen) Denkens und Handelns die Wahrung eigener Interessen sei.
Emotion	Bezeichnung für physiologische Veränderungen, die von der Wahrnehmung, Erinnerung oder Vorstellung einer Situation ausgehen.
Erogene Zonen	Bezeichnung für solche Körperoberflächen-Regionen, bei deren Reizung durch Berührung oder Wärme sexuelle Empfindungen oder Reaktionen auftreten.
Ersatzbefriedigung	Besänftigung von Triebimpulsen, die sonst nicht umgesetzt werden können und eine Bedürfnisspannung erzeugen, durch Überfüllung von anderen Bedürfnissen, z.B. sexuelle Bedürfnisspannungen werden durch übermäßiges Essen „ersatzbefriedigt". Es entsteht ein Gefühl der Befriedigung, auch wenn der eigentliche Wunsch unerfüllt bleibt.
Freud'sche	Psychoanalytische Bezeichnung für – im Zusammenhang von Gesprochenem oder Geschriebenem – auftretende Fehlleistung, irrelevant und unpassend anmutende Wörter, von denen man annimmt, dass sie auf verdrängte Inhalte oder Wünsche in Bezug auf den betreffenden Gegenstand, Mitmenschen oder Sachverhalt verweisen, von dem die Rede ist.
Gefühl	siehe Emotion
Gemüt	Allgemeine und umfassende Bezeichnung für die affektiven bzw. emotionalen Aspekte des Erlebens.
Habitus	Bezeichnung für die Gesamtheit aller relativ überdauernden Einstellungen und Verhaltensweisen eines Menschen.
Hyper	Präfix mit der Bedeutung „über" im Sinne von zu stark.

Hypochondrie	Bezeichnung für einen Zustand besonderer und an Besessenheit grenzender Beachtung des eigenen Gesundheitszustands, begleitet von heftigen, zwanghaften Ängsten vor Krankheiten. Als Hypochonder bezeichnet man einen Menschen mit hypochondrischen Symptomen.
Hysterie	Umfassende und allgemeine Bezeichnung für neuronale und psychische Störungen, die sich durch erhöhte Empfindlichkeit gegenüber Störungen charakterisieren lassen.
Imponiergehabe	Aus der Tierpsychologie stammende Bezeichnung für solche Ausdrucks- und Verhaltensmerkmale, die ein anderes Tier durch Drohen oder Werben beeindrucken sollen.
Ich-Funktion	Damit der Mensch mit sich und seiner Umwelt umgehen kann, setzt er verschiedene Fähigkeiten seines Ichs ein. Introspektion: Innenschau, Realitätsprüfung: zutreffende Wahrnehmung der Außenwelt. Der Mensch muss in der Lage sein, Realität und Phantasie zu unterscheiden, um seine eigene Phantasien nicht der Außenwelt zuzuschreiben. Ansonsten kann es zu psychotischem Erleben kommen, z.B. der Mensch hört ermahnende Stimmen, d.h. er bildet sie sich ein.
Interaktion	Wechselseitige Beeinflussung, Wechselwirkung. Im sozialen Umfeld wird das Verhalten u. a. als Ergebnis von Interaktion betrachtet.
Kognitiv	Erkenntnismäßig, auf Erkenntnis bezogen.
Kompensation	In der Psychoanalyse Bezeichnung für einen angenommenen Mechanismus, der individuelle Schwächen oder Defekte verdeckt, indem relativ defektlose oder aber sozial wünschenswerte Verhaltensweisen in besonderer Stärke und Häufigkeit auftreten.
Konflikt	Allg. Bezeichnung für einen Zustand, der dann auftritt, wenn zwei einander entgegen gerichtete Handlungstendenzen oder Antriebe zusammen auftreten und sich als Alternativen in Bezug auf ein Ziel möglichen Handelns im Erleben des Betroffenen äußern.
Kreativität	Bezeichnung für die Möglichkeit eines Individuums, bei Problemlösevorgängen neue Beziehungen zu finden, relativ flüssig und flexibel neuartige Einfälle und originelle Lösungen zu produzieren.
Libido	Psychoanalytische Bezeichnung für sexuelle Impulse bzw. Inbegriff der „Vitalenergie", Antriebsstärke u. ä.
Lustprinzip	Psychoanalytische Bezeichnung für das Streben nach unmittelbarer Erfüllung von Triebansprüchen durch Erreichen des betreffenden Ziels bzw. einer entsprechenden Vorstellung.

Manie	Ältere und umfassende Bezeichnung für eine Vielzahl von Symptomen affektiver und motorischer Übererregbarkeit oder Übererregtheit, die sich vor allem durch ihre Unkontrollierbarkeit charakterisieren lassen.
Masochismus	Bezeichnung für sexuelle Lustgefühle bei zugefügtem körperlichen Schmerz.
Motivation	Hypothetisches Konstrukt zur Erklärung des Verhaltens, z.B. zur Beantwortung der Frage, warum jemand in einer bestimmten Situation so und nicht anders handelt.
Narzissmus	Übersteigerte Selbstbezogenheit bzw. Selbstliebe.
Neurose	Bezeichnung für eine Klasse von Funktionsstörungen, deren Symptome weder auf krankheitsbedingte noch auf träumerische Schädigungen von Organen oder Nervensystem zurückgeführt werden können.
Ödipuskomplex	Die sexuelle Bindung des Sohnes an seine Mutter, die sich während der phallischen Phase entwickelt. Der Junge begehrt nach der Entdeckung des anatomischen Unterschiedes seine Mutter und rivalisiert mit dem Vater um ihre Gunst.
Oral	Die Mundregion betreffend.
Paranoia	Bedeutet heute, in einem Wahn gefangen zu sein. Eine paranoide Idee ist ein Wahn, der näher bestimmt werden kann als z.B. Verfolgungs-, Größen- oder religiöser Wahn.
Persönlichkeit	Umfassende Bezeichnung für Beschreibung und Erklärung der Bedingungen, Wechselwirkungen und Systeme, die individuelle Unterschiede des Erlebens und Verhaltens systematisch erfassen und ggf. eine Vorhersage künftigen Verhaltens ermöglichen.
Phallische Phase	Stadium der psychosexuellen Entwicklung (3.-5. Lebensjahr), in dem sich nach Freud die sexuelle Befriedigung auf die eigenen Geschlechtsorgane des Kindes konzentriert.
Phobie	Bezeichnung für abnorme, unkontrollierbare Furcht vor Objekten oder Situationen.
Pragmatismus	Bezeichnung für eine philosophische Lehrmeinung, die das Kriterium der Nützlichkeit oder Zweckdienlichkeit als Maß der Wahrheit einführt und keine allgemeingültige Wahrheit kennt.
Psychisch	Allgemeine Bezeichnung für alle nicht-organischen, d.h. funktionalen Vorgänge und Zustände.

Psyche	Philosophisch-theologische Bezeichnung für den Inbegriff oder die Personifikation des Lebensprinzips, das als Bezugssystem oder Grundlage der psychischen Funktion bzw. des Handelns und Verhaltens angenommen wird.
Psychoanalyse	Ursprünglich von Freud entwickelte Methode der Psychotherapie. Sie erfordert eine langfristige und intensive Erforschung der Konflikte, der Kindheitserfahrungen und der verdrängten Erinnerungen des Erkrankten.
Psychose	Bezeichnung für schwere Geistesstörungen, einschließlich der schizophrenen, der manisch-depressiven und der paranoiden Reaktion. Schwere Störung der kognitiven und emotionalen Prozesse, oft vorübergehende Hospitalisierung notwendig.
Sadismus	Bezeichnung für eine Form der sexuellen Perversion, bei der durch den einem Mitmenschen zugefügten Schmerz, sexuelle Lustgefühle oder Befriedigung erzielt werden.
Schizophrenie	Allgemeine Bezeichnung für eine Gruppe psychotischer Erkrankungen, die sich besonders durch einen Zerfall der emotionalen und intellektuellen Aspekte des Verhaltens kennzeichnen lässt.
Tagträumen	Bezeichnung für eine Art der Phantasietätigkeit, in deren Verlauf ein Individuum sich, ohne besondere Absicht und unter weitgehender Ausschaltung der Beachtung seiner unmittelbaren Umgebung, angenehmen Vorstellungen hingibt, die sich auf Wünsche beziehen.
Talent	Allgemeine Bezeichnung für „natürliche" Begabung, meist im künstlerisch-schöpferischen Bereich.
Temperament	Allgemeine und umfassende Bezeichnung für die aus Bewegungs-, Stimmungs- und Reaktionsqualität und -intensität erschlossene Antriebs- oder Stimmungsstruktur eines Individuums.
Tiefenpsychologie	Mehrdeutiger, jedoch oft angewandter Inbegriff aller Versuche, Erleben und Verhalten mit unbewussten oder „tief"-unbewussten Phänomenen zu erklären.
Trauma	Jedes schädliche und angsteinflößende Erlebnis. Traumatische Erlebnisse können zu Persönlichkeitsproblemen führen.
Typus	Bezeichnung für eine durch einen bestimmten Merkmalskomplex charakterisierte Gruppe, wobei Einzelmerkmale in sehr verschiedenem Grade vorhanden sein können.

Typologie	Allgemeine Bezeichnung für Ansätze, die versuchen, durch „Typen" somatische und / oder psychische Eigenschaftskomplexe aufeinander zu beziehen.
Verdrängung	Allg. und umfassende psychoanalytische Bezeichnung für einen Abwehrmechanismus, dessen Funktion es ist, übermächtige Triebansprüche und damit verbunden Handlungen, Einstellungen, Erlebnisinhalte und Vorstellungen ohne Hinterlassen von Erinnerungen aus dem Bereich des bewussten Erlebens ins Unbewusste zu verlagern, so dass sie nicht mehr bewusst verfügbar sind.
Wiederholungs-zwang	Bezeichnung für immer wieder auftretende Handlungen ohne äußeren oder den Betreffenden bewussten Grund (z.B. Waschzwang).
Wunsch	Bezeichnung für die Vorstellung eines begehrten Gegenstandes, mit dem starken erlebten Drang nach dessen Erlangen.
Zwangsneurose	siehe Neurose

Literaturverzeichnis

Adler, **A.**: Menschenkenntnis, Leipzig 1927, Neuausgabe Frankfurt am Main 1966

Amendt-Lyon, N./ Spagnuolo Lobb M.: Die Kunst der Gestalttherapie. Eine schöpferische Wechselbeziehung, Wien 2006

Anschütz, M.: Ons temperament, Uigeverij Christofoor, Zeist 1991

Becker, H./ Hugo-Becker, A.: Psychologisches Konfliktmanagement, München 1992

Berger, M.: Die Versorgung Psychischer Erkrankungen in Deutschland, Springer 2005

Berne, E.: Games People play, New York 1967

Berne, E.: Was sagen Sie, nachdem Sie "Guten Tag" gesagt haben?, 20. Auflage, Frankfurt am Main 2007

Blankertz, S./ Doubrawa, E.: Lexikon der Gestalttherapie, Wuppertal 2005

Bollag, **S.**: Uns sind die Originellen lieb! In: io Management Zeitschrift, 62. Jg., H. 3, 1993

Butler, J./Scheelen, F.M.: Managementkompetenz – Der Weg zum erfolgreichen Unternehmer, Landsberg/Lech 2000

Christiani, A./Scheelen F. M.: Stärken stärken: Talente entdecken, entwickeln und einsetzen, München 2002

Corell, W.: Menschen durchschauen und richtig behandeln, Psychologie für Beruf und Familie München 1995

Damm, F., Reineke W.: Signale im Gespräch, Heidelberg 1997

Drössler, R.: Planeten, Tierkreiszeichen, Horoskope, Leipzig 1984

Duden, Das Herkunftswörterbuch, Band 7, 3. Aufl., 2001

Eiguer A.: Ganz gewöhnliche Scheusale und wie man sie erkennt, Originalausgabe, München 2002

Fix, D.: Streß und Macht, Topmanager: Anfällig für Neurosen. In: Wirtschafts Woche, 19. Jg., H. 24, 1992

Flöttmann, H.: Angst-Ursprung und Überwindung, Stuttgart 1989

Freud, S.: Elemente der Psychologie, 5., Frankfurt 1978

Freud, S.: Abriß der Psychoanalyse – Das Unbehagen in der Kultur, Frankfurt am Main 1960

Garnillscheg, H.: Schwedens Autoindustrie büßt für alte Sünden. In: Kölner Stadtanzeiger, 184. Jg., H. 265,1992

Glasl, F.: Konfliktmanagement, 2. Aufl., Stuttgart 1990

Gay, F.: Das DISG Persönlichkeitsprofil, Offenbach 2006

Guilford, J.: Persönlichkeitstypologie, 4. Aufl., Weinheim 1974

Hamann, B.: Die zwölf Archetypen–Tierkreiszeichen und Persönlichkeitsstruktur, München, 2005

Harris, T. A.: Ich bin o.k. - Du bist o.k., Reinbeck bei Hamburg 1975

Herles, W.: Neurose D: Eine andere Geschichte Deutschlands, Piper Verlag GmbH, München, 2008

Hofstetter, H.: Die Leiden der Leitenden, Köln 1988

Höhler, G.: Die Zukunftsgesellschaft, Berlin 1989

Ibelgaufts, R.: Körpersprache, Wahrnehmen, deuten und anwenden, Augsburg 1997

Jung, H.: Allgemeine Betriebswirtschaftslehre, 11. Aufl. München 2009

Jung, H.: Personalwirtschaft, 8. Aufl. München 2008

Jung, C.G.: Psychologische Typen, Rascher, Zürich 1950

Kernberg, O.: Regression in organizational Leadership. In: Kets de Vries, M. u.a. (Hrsg.): The irrational executive, New York 1984

Kets de Vries, M./ Miller D.: Balanceren aan de top, A.W. Sijthoffs Uitgeversmaatschappij bv, Amsterdam 1988

Kets de Vries, M./ Miller, D.: De neurotische organisatie (Management Pocketboeken), Uitgeverij Maarten Muntinga bv, Amsterdam 1993

Klußmann, R.: Psychoanalytische Entwicklungspsychologie, Berlin 1988

Knorb, N.: Körperrethorik – Eine Anleitung zum Gedankenlesen und –zeigen, Heidelberg 2007

Kowalewsky, R.: Wie in der Planwirtschaft. In: Wirtschafts Woche, 46. Jg., H. 23, 1992

König, K.: Kleine psychoanalytische Charakterkunde, Vandenhoeck & Ruprecht, Göttingen 1992

König, K.: Transfer – Von der Psychotherapie in den Alltag, Stuttgart 2007

Kretschmer, E.: Körperbau und Charakter, Göttingen, Heidelberg 1955

Kutter, P. / Müller, T.: Psychoanalyse – Eine Einführung in die Psychologie unbewusster Prozesse, Stuttgart 2008

Mumford, J.: Erfolgreiches Life Coaching für Dummies, Weinheim 2007

Littauer, F.: Einfach Typisch! Die vier Temperamente unter der Lupe, 19. Aufl., 2006

Lowen, A.: Körperausdruck und Persönlichkeit, München 1991

Lüscher, M.: Signale der Persönlichkeit, Düsseldorf 1988

Lüscher, M.: Der 4-Farben-Mensch, Düsseldorf 1989

Maccoby, M.: Changing work. In: Kets de Vries, M. u.a. (Hrsg.): The irrational executive, New York 1984

Maccoby, M.: The corporate climber. In: Kets de Vries, M. u.a. (Hrsg.): The irrational executive, New York 1984

Masereel, F.: Gesammelte Werke 1, Die Sonne, Das Werk, Mein Stundenbuch, 5. Aufl., Frankfurt 1985

Mertens, W.: Psychoanalysen. Grundlagen, Behandlungstechniken und Anwendung, &. Auflage, Stuttgart 2005

Mumford, J.: Erfolgreiches Life Coaching für Dummies, Weinheim 2007

Naisbitt, J./ Aburdene P.: Megatrends 2000, ECON-Taschenbuch-Verlag, Düsseldorf Wien 1991

Nods, R./ Wieringa, S.: Nieuwe trends in strategie (Management Pocketboeken), Uitgeverij Maarten Muntinga bv, Amsterdam 1990

Ott, L., Wittmann, R., Gay, F.: Das DISG Persönlichkeitsprofil, In: Hrsg. Simon W.: Persönlichkeitsmodelle und Persönlichkeitstests, Offenbach 2006, S. 159 - 178

o.V.: Firmenkultur III. ,In: Psychologie heute, 12. Jg., H. 8,1986

Ott, L., Wittmann, R., Gay, F.: Das DISG Persönlichkeitsprofil, In: Hrsg. Simon W.: Persönlichkeitsmodelle und Persönlichkeitstests, Offenbach 2006, S. 159 - 178

Pawlik, K.: Zur Frage der psychologischen Interpretation von Persönlichkeitsfaktoren, Arbeiten aus dem Psychologischen Institut der Universität Hamburg Nr. 22, Hamburg 1793

Perls, F. S.: Was ist Gestalttherapie? Wuppertal 1998

Peter, L. J./ Hull, R.: Das Peter-Prinzip, Hamburg 1990

Remplein, H.: Psychologie der Persönlichkeit, 6. Aufl., München, Basel 1967

Reutler, B.: Körpersprache verstehen, München 1995

Riemann, F.: Grundformen der Angst. Eine tiefenpsychologische Studie, 14. Aufl., München, Basel 1979

Roth, G.: Persönlichkeit, Entscheidung und Verhalten. Warum es so schwierig ist, sich und andere zu ändern, 3. Auflage, Stuttgart 2007

Rotter, W.: Charaktere erkennen – Menschen verstehen, 2. Auflage, Güllesheim 2008

Rüttinger, R.: Transaktionsanalyse, Arbeitshefte zur Arbeitspsychologie Nr. 10, 8. Aufl., Heidelberg 2001

Scheelen, F. M./ Tracy, B.: Personal Leadership, Frankfurt/Main 2005

Scherer, H.P.: Schlechte Zeugnisse, Managerenquete. In: Wirtschafts Woche, 47. Jg., H. 9, 1993

Schirm, R. W./ Schoemen, J.: Evolution der Persönlichkeit. Die Grundlagen der Biostruktur-Analyse, 11. Aufl., Luzern 2005

Schirm, Rolf W.: Schlüssel zur Selbsterkenntnis – Die Biostruktur-Analyse 1, Luzern 2005

Schirmer, F.: Arbeitsverhalten von Managern, Wiesbaden 1992

Schmidt, R.: Träume und Tagträume: Eine individualpsychologische Analyse, Göttingen 2000

Schultz-Hencke, H.: Lehrbuch der analytischen Psychotherapie, Stuttgart 1951

Schulz von Thun, F.: Klärungshilfe, Reinbek bei Hamburg 1990

Schulz von Thun, F.: Miteinander reden: Fragen und Antworten, Rheinbeck bei Hamburg 2007

Shea, M.: Führungspersönlichkeiten, Düsseldorf 1991

Simon, W.: GABALs großer Methodenkoffer, Persönlichkeitsentwicklung, Bad Nauheim 2007

Simon, W.: Persönlichkeitsmodelle und Persönlichkeitstests. 15 Persönlichkeitsmodelle für Personalauswahl, Persönlichkeitsentwicklung, Training und Coaching, Offenbach 2006

Spieth, R.: Menschenkenntnis im Alltag, München, Gütersloh, Wien 1996

Spranger, E.: Lebensformen, Geisteswissenschaftliche Psychologie und Ethik der Persönlichkeit, Halle 1930

Stahl, S., Alt, M.: So bin ich eben, 3. Aufl. Hamburg 2005

Steiner, C. M.: Wie man Lebenspläne verändert. Die Arbeit mit Skripts in der Transaktionsanalyse, 11. Auflage, Paderborn 2005

Titze, C./ Rischar, K.: Methoden der Persönlichkeitsanalyse, 2. Aufl., Renningen 2002

Wagner, H.: Was macht Teamarbeit erfolgreich? Eine Einführung in das Team Management System nach Margerison-McCann, Lüdenscheid 2000

Winkler, W.: Warum sind wir so verschieden?, Heidelberg 2005

Wirth B. P.: Alles über Menschenkenntnis, Charakterkunde und Körpersprache, 5. Aufl., mvg Verlag, München 2006

Zinker, J.: Gestalttherapie als kreativer Prozess, 7. Aufl., Paderborn 2005

Sachwortregister

Menschen und Manager: Ein Balanceakt?

Eugen Buß
**Die deutschen Spitzenmanager -
Wie sie wurden, was sie sind**
Herkunft, Wertvorstellungen, Erfolgsregeln
2007. XI, 256 S., gb.
€ 26,80
ISBN 978-3-486-58256-7

Was ist eigentlich los im deutschen Management? Kaum ein Tag vergeht, ohne dass die Medien kritisch über die Zunft der Führungskräfte berichten. Sind die deutschen Manager denn seit dem Beginn der Bundesrepublik immer schlechter geworden? War früher etwa alles besser, als es noch »richtige« Unternehmerpersönlichkeiten gab?
Antworten auf diese Fragen finden Sie in diesem Buch.

Es gibt kein vergleichbares Buch, das die Zusammenhänge des Werdegangs und der Einstellungen von Spitzenmanagern darstellt. Die Studie zeigt, dass es in der Praxis unterschiedliche Managertypen gibt. Diejenigen, die ihre Persönlichkeit allzu gerne der Managementrolle unterordnen und jene, die eine Balance zwischen Mensch und Position finden.

Das Buch richtet sich an all jene, die sich für die deutsche Wirtschaft interessieren.

Prof. Dr. Eugen Buß lehrt an der Universität Hohenheim am Institut für Sozialwissenschaft.

Oldenbourg

Umfassend, praxisorientiert und bewährt

Hans Jung
Personalwirtschaft

8. aktualisierte und überarbeitete Auflage 2008
1.018 S. | gebunden
€ 39,80 | ISBN 978-3-486-58709-8

Ziel dieses Buches ist, die betriebliche Personalarbeit auf der Basis wissenschaftlicher Erkenntnisse in einer modernen und praxisbezogenen Form darzustellen. Dazu wird zunächst das erforderliche Grundlagenwissen vermittelt, um dann Möglichkeiten zur praktischen Umsetzung dieser Erkenntnisse aufzuzeigen. Thematisch umfasst das Buch neben den Grundlagen der Personalwirtschaft die personelle Leistungsbereitstellung, den Leistungserhalt und die Leistungsförderung sowie Informationssysteme der Personalwirtschaft.

Neuere Aspekte der Personalarbeit, die sich zum Beispiel durch die Veränderungen im europäischen Wirtschaftsraum und die daraus resultierenden Trends und Problemfelder ergeben, werden ebenso aufgezeigt wie moderne Ansätze für die Zukunft der Personalwirtschaft. Dabei steht die Anregung zu einer kritischen Auseinandersetzung bezüglich der Einsetzbarkeit und der Vor- und Nachteile neuerer Instrumente der Personalwirtschaft im Vordergrund. Nach den einzelnen Abschnitten werden Fragen zur Kontrolle und Vertiefung angeboten.

Das Buch richtet sich sowohl an Studierende an Universitäten, Fachhochschulen und Berufsakademien als auch an Praktiker im Personalbereich.

Über den Autor:
Prof. Dr. rer. pol. Hans Jung lehrt an der Fachhochschule Lausitz Betriebswirtschaftslehre und Personalmanagement.

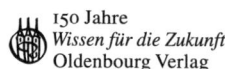
150 Jahre
Wissen für die Zukunft
Oldenbourg Verlag

Bestellen Sie in Ihrer Fachbuchhandlung oder direkt bei uns: Tel: 089/45051-248, Fax: 089/45051-333
verkauf@oldenbourg.de

Oldenbourg

Wiki erobert die Wirtschaft

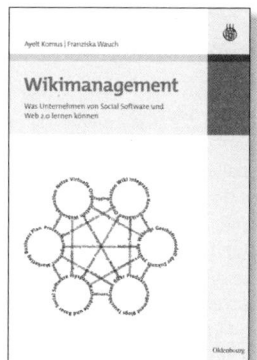

Ayelt Komus, Franziska Wauch
Wikimanagement Was Unternehmen von Social Software und Web 2.0 lernen können
2008 | 193 Seiten | gebunden
€ 34,80 | ISBN 978-3-486-58324-3

Wie schaffen es hunderttausende Menschen in ihrer Freizeit eine Enzyklopädie zu erstellen, die der seit Jahrhunderten renommierten Brockhaus-Enzyklopädie in der Qualität in nichts nachsteht und in der Quantität weit übertrifft? Warum veröffentlichen Millionen von Internetnutzern ihre Urlaubsbilder und Videos aus dem privaten Leben im Netz? Wieso funktioniert die Informationsversorgung durch Touristen und Privatleute oftmals besser als die Berichterstattung der großen Agenturen? Und warum versprechen sich Unternehmen wie Google oder die Holtzbrinck Gruppe so viel von derartigen Plattformen, dass deren Gründer über Nacht zu Millionären werden?

Wikimanagement gibt nicht nur einen ausführlichen Überblick über die aktuelle Welt des Web 2.0, sondern stellt auch die Funktionsweise der Wikipedia und anderer Social Software-Systeme den wichtigsten organisationstheoretischen Ansätzen gegenüber. In Anwendungsfeldern wie Innovation, Projektmanagement, Marketing und vielen anderen wird deutlich gemacht, wie Unternehmen von Social Software-Technologie und -Philosophie lernen und profitieren können.

Das Buch richtet sich an Studierende, Dozenten, Unternehmenspraktiker und Interessierte.

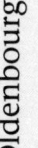

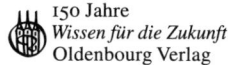
150 Jahre
Wissen für die Zukunft
Oldenbourg Verlag

Bestellen Sie in Ihrer Fachbuchhandlung oder direkt bei uns: Tel: 089/45051-248, Fax: 089/45051-333
verkauf@oldenbourg.de

Der Faktor Mitarbeiter

Max Ringlstetter, Stephan Kaiser
Humanressourcen-Management
2008 | 339 S. | broschiert
€ 34,80 | ISBN 978-3-486-58415-8

In einer wissensintensiven Gesellschaft gelten Humanressourcen zunehmend als zentraler Erfolgsfaktor für Unternehmen. Dieses Buch bietet darauf Bezug nehmend eine vertiefende Einführung in die Grundlagen des Humanressourcen-Managements. Es macht Studierende und interessierte Praktiker in systematischer Form mit einer neuartigen Perspektive vertraut. Dazu gehören zwei Schwerpunktsetzungen: Erstens steht nicht nur die Perspektive der Personalabteilung im Vordergrund. Vielmehr wird der Versuch unternommen, das Management von Humanressourcen aus einer breiteren »General Management-Perspektive« zu betrachten. Zweitens wird für eine verstärkte Strategieorientierung im Humanressourcen-Management plädiert.

Das Buch richtet sich an Studierende und Lehrende des Fachs »Personal«. Darüber hinaus empfiehlt sich das Buch auch Praktikern, die einen grundlegenden Blick auf die zentralen Fragestellungen und Ideen des Humanressourcen-Managements werfen wollen.

Über die Autoren:
Prof. Dr. Max Ringlstetter ist Inhaber des Lehrstuhls für Organisation und Personal an der Kath. Universität Eichstätt-Ingolstadt.

Dr. Stephan Kaiser lehrt und forscht an der Kath. Universität Eichstätt-Ingolstadt zu den Themen Personal, Organisation und Unternehmensführung.

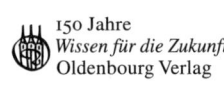

150 Jahre
Wissen für die Zukunft
Oldenbourg Verlag

Bestellen Sie in Ihrer Fachbuchhandlung oder direkt bei uns: Tel: 089/45051-248, Fax: 089/45051-333
verkauf@oldenbourg.de

Oldenbourg

Neue Impulse für die Personalarbeit

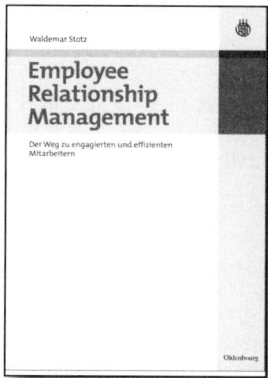

Waldemar Stotz
Employee Relationship Management
Der Weg zu engagierten und effizienten
Mitarbeitern
2007. XV, 212 Seiten, gebunden
€ 34,80, ISBN 978-3-486-58208-6

Der Hinweis auf die Bedeutung der Mitarbeiter als
strategischer Erfolgsfaktor fehlt seit Jahren in keinem Geschäftsbericht und in keinem Personalma-
nagement-Buch. Wie allerdings die international
anerkannte Gallup-Studie zeigt, beträgt der Anteil
der Mitarbeiter mit hoher emotionaler Bindung an
ihre Aufgabe und an ihren Arbeitgeber in Deutschland nur rund 13%. Aufgrund der Arbeitsmarktsi-
tuation verbleiben sie jedoch mangels
Alternativen in ihren Unternehmen. Die bisher
spärliche Literatur zu diesem Thema und die Un-
ternehmenspraxis erheben die „Mitarbeiterbin-
dung" zum Ausweg aus dieser Misere.

Mit seinem Blick über den Zaun zum Anfang der
1980er entwickelte Customer Relationship Management (CRM) geht der Autor einen neuen Weg.
Die Adaption dieser Erkenntnisse und Erfahrungen
kann in einer Zeit, in der Mitarbeiter zunehmend
als interne Kunden bezeichnet werden, überra-
schend schnell zu engagierten und effizienten
Mitarbeitern führen.

Ein Buch für Manager, Mitarbeiter und Studierende der Personalwirtschaft.

Waldemar Stotz berät und konzi-
piert Praxislösungen im Themen-
gebiet Employee Relationship
Management. Seit 2004 ist er
Dozent für Human Resources
Management an Hochschulen in
Deutschland und der Schweiz.

Oldenbourg

Das Original:
Wirtschaftswissen komplett

Artur Woll
Wirtschaftslexikon

10., vollständig neubearbeitete Auflage 2008
863 S. | gebunden
€ 29,80 | ISBN 978-3-486-25492-1

Der Name »Woll« sagt bereits alles über dieses Lexikon. Das Wollsche Wirtschaftslexikon erfüllt das verbreitete Bedürfnis nach zuverlässiger Wirtschaftsinformation in vorbildlicher Weise. Längst ist der »Woll« das Standardlexikon im Ausbildungsbereich. Es umfasst die Kernbereiche Betriebswirtschaftslehre, Volkswirtschaftslehre und die Grundlagen der Statistik, aber auch die wirtschaftlich bedeutsamen Teile der Rechtswissenschaft. Besonderer Wert wurde auf eine möglichst knappe, jedoch zuverlässige Stichwortabhandlung gelegt.

Das Wirtschaftslexikon eignet sich nicht nur für den akademischen Gebrauch, sondern richtet sich auch an Praktiker in Wirtschaft und Verwaltung.

Prof. Dr. Dr. h. c. mult. Artur Woll lehrt Volkswirtschaftslehre an der Universität Siegen.

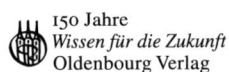 150 Jahre
Wissen für die Zukunft
Oldenbourg Verlag

Bestellen Sie in Ihrer Fachbuchhandlung oder direkt bei uns: Tel: 089/45051-248, Fax: 089/45051-333
verkauf@oldenbourg.de